中等职业学校教学用书（电子技术专业）

数字与脉冲电路
（第 2 版）

徐新艳　主　编
王　波　主　审

電子工業出版社
Publishing House of Electronics Industry
北京 · BEIJING

内 容 简 介

本书主要讲述数字电路的基本原理、外特性及其基本应用，内容包括数字电路分析基础、逻辑门电路、组合逻辑电路、触发器、时序逻辑电路、半导体存储器与可编程器件、脉冲电路、数/模转换与模/数转换。

本书在结构上按照面向实用、重视实践、便于理解的原则，从数字电路的基本概念入手，以通俗的语言、简明的叙述，由小到大、由简到繁的框图式电路结构和大量的应用实例，由浅入深地引导读者从入门到掌握数字电路的基本原理、功能，并逐步掌握数字电路的应用。

本书是中等职业学校电子信息类专业教材，也可以作为从事电子信息技术工作人员的参考书。

本书还配有电子教学参考资料包（详见前言）。

图书在版编目（CIP）数据

数字与脉冲电路 / 徐新艳主编. —2 版. —北京：电子工业出版社，2007.4
中等职业学校教学用书. 电子技术专业
ISBN 978-7-121-03957-7

I. 数… II. 徐… III. ①数字电路－专业学校－教材 ②脉冲电路－专业学校－教材 IV. TN79 TN78

中国版本图书馆 CIP 数据核字（2007）第 029287 号

责任编辑：宋兆武　韩玲玲
印　　刷：北京虎彩文化传播有限公司
装　　订：北京虎彩文化传播有限公司
出版发行：电子工业出版社
　　　　　北京市海淀区万寿路 173 信箱　邮编 100036
开　　本：787×1 092　1/16　印张：12.75　字数：326.4 千字
版　　次：2001 年 9 月第 1 版
　　　　　2007 年 4 月第 2 版
印　　次：2025 年 2 月第 15 次印刷
定　　价：17.60 元

凡所购买电子工业出版社图书有缺损问题，请向购买书店调换。若书店售缺，请与本社发行部联系，联系及邮购电话：（010）88254888，88258888。

质量投诉请发邮件至 zlts@phei.com.cn，盗版侵权举报请发邮件至 dbqq@phei.com.cn。

本书咨询联系方式：（010）88254592，bain@phei.com.cn。

前言

《数字与脉冲电路》第 1 版是 2001 年出版的。六年来，此书一直受到广大读者的欢迎和支持。考虑到在这六年中，电子技术及其应用有了较大的发展，因此在保留第 1 版概念清楚、理论浅显、应用举例多的编写特点的前提下，对第 1 版进行了修订。与第 1 版比较，本书主要有以下几个方面的变化。

1．在介绍基础知识方面，充分考虑当前职业教育的实际需要，删掉了对器件内部的分析，在理论上降低深度和难度；对较深层的知识只作定性解释，而把重点放在知识的应用上。

2．在每章开篇增加了“学习目标”，既包括知识目标，又有技能目标。在介绍知识的同时，本书精选“应用举例”及章后习题和实验内容，使学生能学以致用，使学习更有针对性、实用性和趣味性。

各章末都有实验。实验内容分为基本部分、提高部分和自创性实验。基本部分用以加强对所学知识点的认识并训练基本实践技能，表现为一般的验证性实验；提高部分是对知识点的扩充，帮助学生学会举一反三、触类旁通，以培养学生的应用能力；自创性实验用以培养学生的创造能力，鼓励学生设计新的实验电路、实验方法，使学生在独立解决问题的过程中树立创新意识，锻炼实践能力。

3．体现电子技术新知识、新器件、新工艺的应用。本书内容以集成电路为主，同时考虑基础课程的特点，把握好基础知识与新知识的衔接。增加了现场可编程逻辑器件等新器件、新工艺的介绍，增加了数字电路在现代电子产品中的应用介绍，以使学生能了解电子技术的工程应用方法。

本书参考教学时数 90，带“*”号的内容可作为选学内容，可以根据需要调整第 6、第 7、第 8 章的章次顺序，不影响学习的系统性。

本书由徐新艳、钟卫红、王振华和韩梅编写。其中，钟卫红编写第 1～3 章，王振华编写第 6、第 8 章，韩梅编写实验部分，其余各章由徐新艳编写。由徐新艳任主编并统稿。

本书承王波老师主审，在此表示衷心感谢。

限于作者水平，书中难免存在不足之处，恳请广大读者批评指正。意见或要求请联系作者电子信箱：xuxinyan@btamail.net.cn。

为了方便教师教学，本书还配有教学指南、电子教案及习题答案（电子版），请有此需要的教师登录华信教育资源网（http://www.huaxin.edu.cn）下载或与电子工业出版社联系，我们将免费提供。E-mail：hxedu@phei.com.cn

编　者

2007 年 2 月

目　录

绪论

随着数字技术的发展，数字移动电话、数字音响、计算机等对我们来说已不陌生；高清晰度数字可视电话、画面如身临其境般的数字电视，也走入了我们的生活；而数字移动互联则使我们随时随地都可以上网，在网上学习、洽谈，了解国际国内大事。

如此令人神奇的数字技术，其基础理论却很简单。引入二值形式的数字脉冲信号，利用电路的两个稳定状态来表示，便于电路实现，易于电路集成。本教材正是由此引导读者步步深入学习和掌握数字电路的基本原理和基本应用的，同时学习与之紧密相关的脉冲电路的基本原理和应用。

0.1 脉冲信号与脉冲电路

脉冲信号是指在很短时间内出现的电压或电流信号。更广义地讲，凡不连续的非正弦信号都泛称为脉冲信号。图 0-1 示出了几种常见的脉冲信号波形。

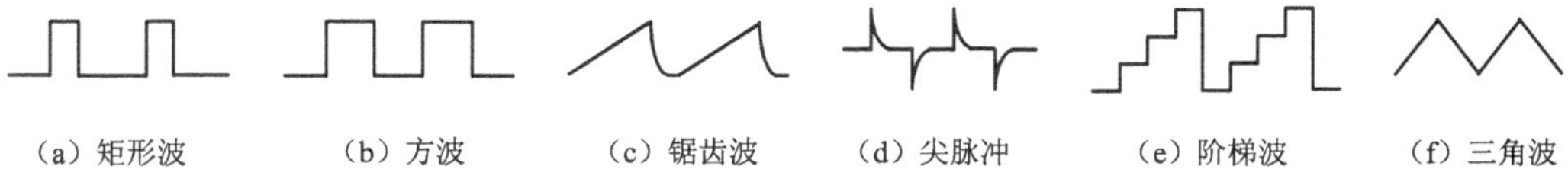

图 0-1　几种常见的脉冲信号波形

脉冲电路是产生各种脉冲信号及对各种脉冲波形进行变换的电路。脉冲技术是脉冲信号产生、变换、测量和应用的技术。

0.2 数字信号与数字电路

在现实生活中，我们遇到的许多物理量一般都具有连续变化的特点，如温度、压力和距离等，这类连续变化的物理量称为模拟量。在工程应用中，为了测量、传输和处理这些物理量，常把它们转换成与之成比例的电压或电流信号。模拟实际物理量的电信号称为模拟信号。模拟信号在一定范围内是连续变量。处理模拟信号的电路称为模拟电路。

数字量的取值是离散的，它只能按有限个或可数的某些数值取值。与数字量相对应的电信号称为数字信号。数字信号的最常见形式是矩形脉冲序列，即可以用数字 0 和 1 表示的序列，如图 0-2 所示。通常规定：0 表示矩形脉冲低电平 U_L；1 表示矩形脉冲高电平 U_H。当然，也可以反过来进行规定。

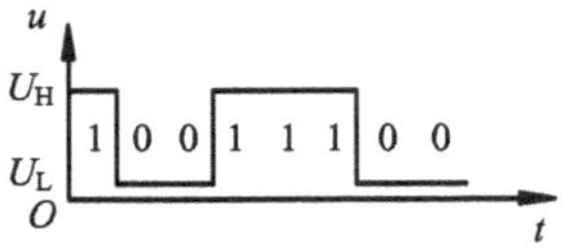

图0-2 矩形脉冲0、1表示法

处理数字信号的电路称为数字电路。数字电路重点考虑的是输出信号状态（低电平或高电平，即0或1）与输入信号状态（低电平或高电平，即0或1）之间的对应关系，也就是逻辑关系，即电路的逻辑功能。数字电路的分析方法是逻辑分析法，所用工具是逻辑代数，所以，有时又将数字电路称为逻辑电路。

第 1 章　数字电路分析基础

本章将介绍分析、设计数字电路的基本工具（包括真值表、函数表达式、逻辑图、卡诺图），以及它们的数学基础（逻辑代数）。

学习目标

1. 熟知二、十、十六进制数的表示方法，掌握数制间的转换；熟知 8421BCD 码，掌握 8421BCD 码与十进制数的相互转换；了解其他编码（余 3 码、循环码等）。
2. 掌握基本逻辑关系及其表示方法、逻辑代数的基本运算和基本定律。
3. 理解不同类型逻辑表达式的相互转换和最简与或表达式。
4. 会用公式法化简逻辑函数表达式为最简与或式。
5. 会用卡诺图化简 4 变量及 4 变量以下的逻辑函数表达式为最简与或式。
6. 能正确使用器件手册。
7. 了解印制电路板的结构及其作用。

1.1　数制与码制

1.1.1　数制

数制即进位计数的方法。在日常生活中，人们常用十进制；而数字系统中常用二进制、八进制、十六进制。

1．十进制

十进制（Decimal System）有 0, 1, …, 9 共十个数码，计数规律是“逢十进一”。通常将计数数码的个数称作基数，因此，十进制的基数是“10”。任意一个 k 位整数、m 位小数的十进制数 N，都可写成

$$\begin{aligned} N_{10}&=d_{k-1}d_{k-2}\cdots d_1d_0.d_{-1}\cdots d_{-m+1}d_{-m}\\ &=d_{k-1}\times10^{k-1}+d_{k-2}\times10^{k-2}+\cdots+d_1\times10^1+d_0\times10^0+d_{-1}\times10^{-1}+d_{-2}\times10^{-2}+\cdots+d_{-m}\times10^{-m}\\ &=\sum_{i=-m}^{k-1}d_i\times10^i \end{aligned} \tag{1-1}$$

式中，i 表示位；d_i 表示第 i 位的系数，是 0～9 中任意一个数码；10^i 称作第 i 位的权，表示 d_i 所代表的数值大小。

例如，将 6765 按权展开为 $6\times10^3+7\times10^2+6\times10^1+5\times10^0$。其中有两个数码是 6，但前一个 6 的权是 10^3，表示 6000；后一个 6 的权是 10^1，表示 60。

2. 二进制

二进制（Binary System）只有 0、1 两个数码，计数规律是“逢二进一”，基数为“2”。任意一个二进制数 N 可表示为

$$\begin{aligned}N_2&=d_{k-1}d_{k-2}\cdots d_1d_0.d_{-1}\cdots d_{-m+1}d_{-m}\\&=d_{k-1}\times2^{k-1}+d_{k-2}\times2^{k-2}+\cdots+d_1\times2^1+d_0\times2^0+d_{-1}\times2^{-1}+d_{-2}\times2^{-2}+\cdots+d_{-m}\times2^{-m}\\&=\sum_{i=-m}^{k-1}d_i\times2^i\end{aligned}\tag{1-2}$$

式中，d_i 表示第 i 位的系数，是 0 和 1 两数码中的任意一个；2^i 是第 i 位的权。

3. 十六进制

十六进制（Hexadecimal System）有 0, 1, …, 9, A, B, C, D, E, F 共 16 个数码，计数规律是“逢十六进一”，基数为“16”。任意一个十六进制数 N 按权展开可写成

$$\begin{aligned}N_{16}&=d_{k-1}\times16^{k-1}+d_{k-2}\times16^{k-2}+\cdots+d_1\times16^1+d_0\times16^0+d_{-1}\times16^{-1}+d_{-2}\times16^{-2}+\cdots+d_{-m}\times16^{-m}\\&=\sum_{i=-m}^{k-1}d_i\times16^i\end{aligned}\tag{1-3}$$

式中，d_i 是 0, 1, 2, 3, 4, 5, 6, 7, 8, 9, A, B, C, D, E, F 中任一数码。

表 1-1 列出的是与十进制数一一对应的部分二进制数、八进制数和十六进制数。

表 1-1 进制数对照表

十进制数	0	1	2	3	4	5	6	7	8	9	10
二进制数	0	1	10	11	100	101	110	111	1000	1001	1010
八进制数	0	1	2	3	4	5	6	7	10	11	12
十六进制数	0	1	2	3	4	5	6	7	8	9	A
十进制数	11	12	13	14	15	16	17	18	32	100	1000
二进制数	1011	1100	1101	1110	1111	10000	10001	10010	100000	1100100	1111101000
八进制数	13	14	15	16	17	20	21	22	40	144	1750
十六进制数	B	C	D	E	F	10	11	12	20	64	3E8

4. 十进制数与其他进制数的转换

（1）非十进制数转换为十进制数，将非十进制数按权展开求和即得相应的十进制数。

例 1-1 将 1010.01_2，$4F.3A_{16}$ 转换为十进制数。

解： $1010.01_2=1\times2^3+0\times2^2+1\times2^1+0\times2^0+0\times2^{-1}+1\times2^{-2}=10.25_{10}$

$$\begin{aligned}4F.3A_{16}&=4\times16^1+F\times16^0+3\times16^{-1}+A\times16^{-2}\\&=4\times16^1+15\times16^0+3\times16^{-1}+10\times16^{-2}=79.2265625_{10}\end{aligned}$$

（2）十进制数转换为非十进制数，将整数部分与小数部分分别转换，合并两部分转换结果即为所求数。

整数部分的转换采用除基取余法，即将十进制数逐次去除所求数的基数并依次记下余数，直到商为 0 止。首次所得余数为所求数的最低位，末次所得余数为所求数的最高位。

例如，将 13_{10} 转换成二进制数。所求数是二进制数，基数是“2”，因此

	余数	
2 | 13		
2 | 6	············1	最低位
2 | 3	············0	↑
2 | 1	············1	
0	············1	最高位

$13_{10}=1101_2$

小数部分的转换采用乘基取整法，即将十进制小数乘所求数的基数，首次乘积的整数为所求数小数的最高位；再用小数部分继续乘所求数的基数，所得乘积的整数为次高位；……依次进行下去。如果乘基取整后的积最终能为 0，则可以精确转换，但部分小数在乘基过程中，取整后的积永远也得不到 0，此时只能按转换精度要求，取有限位进行转换。

例如，将 0.723_{10} 转换成二进制数，要求精确到小数点后第 4 位。所求数基数是“2”，转换位数是 4 位，所以

	整数	
0.723 × 2 = 1.446	············1	最高位
0.446 × 2 = 0.892	············0	↓
0.892 × 2 = 1.784	············1	↓
0.784 × 2 = 1.568	············1	最低位

$0.723_{10} \approx 0.1011_2$

例 1-2 将 493.78125_{10} 转换成十六进制数。

解： 所求数是十六进制数，基数是“16”，因此

16 | 493	
16 | 30	·········13（D）
16 | 1	·········14（E）
0	·········1

0.78125 × 16 = 12.50000	············12（C）
0.5 × 16 = 8.0	············8

所以，$493.78125_{10}=1ED.C8_{16}$

1.1.2 码制

码制是指用多位二进制数表示十进制数或字符的方法。

在数字系统中，经常使用 BCD（Binary Coded Decimal）码。BCD 码用 4 位二进制数表示 1 位十进制数，也称二-十进制代码。由于 4 位二进制数可以表示十六个数，用来表示十进制数时，有六个数未用，因而就有多种 BCD 码，其中最常用的是 8421BCD 码。8421BCD 码是有权码，它选用了 4 位二进制数的前十个数 0000～1001，而未用 1010～1111 六个数，每个代码从左到右的权值分别是 8, 4, 2, 1。见表 1-2。

8421BCD 码和十进制数之间的转换直接按位转换，如

$$13.9_{10}=(0001\quad 0011.\quad 1001)_{8421BCD}=10011.1001_{8421BCD}$$

$$11011000010000_{8421BCD}=(0011,0110,0001,0000)_{8421BCD}=3610_{10}$$

BCD 码除 8421 码外，常用的还有 2421 码、余 3 码、余 3 循环码、BCD 格雷码等，表 1-2 同时列出了其他几种常用的 BCD 码。

表 1-2 常用 BCD 码

编码种类 / 十进制数	8421 码	余 3 码	2421 码	余 3 循环码	BCD 格雷码
0	0000	0011	0000	0010	0000
1	0001	0100	0001	0110	0001
2	0010	0101	0010	0111	0011
3	0011	0110	0011	0101	0010
4	0100	0111	0100	0100	0110
5	0101	1000	0101	1100	0111
6	0110	1001	0110	1101	0101
7	0111	1010	0111	1111	0100
8	1000	1011	1110	1110	1100
9	1001	1100	1111	1010	1000
10	00010000	01000011	00010000	01100010	00010000
权值或特点	权值 8, 4, 2, 1	1．无权码 2．由 8421 码加 0011（即 3_{10}）而得	权值 2, 4, 2, 1	1．无权码 2．相邻码仅一位不同	循环码，即相邻码仅一位不同

1.2 逻辑代数的运算

1.2.1 逻辑代数与逻辑变量

逻辑代数又称开关代数或布尔代数，是按一定逻辑规律运算的代数，是分析数字电路的数学基础。逻辑代数中的变量称为逻辑变量，和普通代数一样，也用字母表示，但其取值只有 0、1 两种。这里的 0、1 不表示数量大小，只表示对立的两种逻辑状态，如电平的高、低，晶体管的导通、截止，事件的真、假等。因此，通常把 1 称为逻辑 1，0 称为逻辑 0，即所谓二值逻辑。

1.2.2 逻辑代数的基本运算

逻辑代数有三种基本运算：与运算，或运算和非运算。

1．与运算

以下结合图 1-1（a）所示电路进行介绍与运算。图中，只有当开关 A 和 B 全部接通时，灯 Y 才亮；否则，灯 Y 不亮。这个例子表明，当决定一个事件发生的全部条件（开关 A、B 接通）同时具备时，事件才发生（灯亮），这种逻辑关系称为“与”。

若用 1 表示开关接通和灯亮，0 表示开关断开和灯灭，用 A、B 表示条件（开关状态），用 Y 表示结果（灯的状态），可列表于图 1-1（b）。这种用“1”、“0”表示条件所有组合及对应结果的表格称为逻辑真值表，简称真值表。

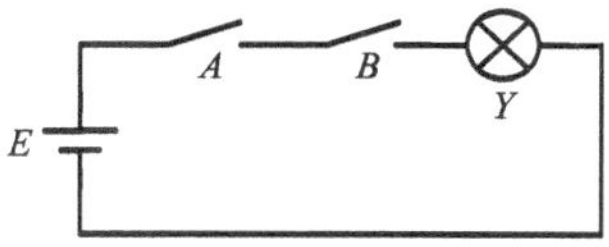

（a）

条件		结果
A	B	Y
0	0	0
0	1	0
1	0	0
1	1	1

（b）

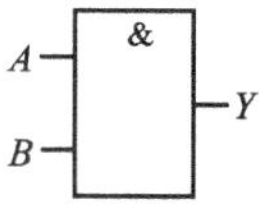

（c）

图 1-1　与运算

为便于运算，常用等式表示一定的逻辑关系，称之为逻辑方程。与逻辑方程为

$$Y=A \cdot B$$

式中，符号“•”读作“与”。在不至发生混淆时，上式常简写为 $Y=AB$。

逻辑与又称为逻辑乘。这是因为它和普通代数的乘法运算规律在形式上一致，即

$$0 \cdot 0=0;\ 0 \cdot 1=0;\ 1 \cdot 0=0;\ 1 \cdot 1=1$$

实现与运算的电路称为与门。图 1-1（c）所示是逻辑“与”的运算符号，它既用于表示逻辑运算，也用于表示相应的门电路。

2. 或运算

图 1-2（a）所示电路中，只要开关 A 和 B 有任意一个或一个以上是接通的，灯 Y 就亮；只有当全部开关断开，灯 Y 才不亮。此例表明，当决定一个事件发生的各个条件中（A 或 B 接通）只要一个或一个以上条件具备时，事件（灯亮）就发生，这种逻辑关系称为或。

与前同理，可列或逻辑真值表于图 1-2（b）。

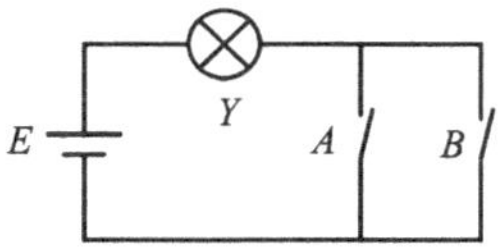

（a）

条件		结果
A	B	Y
0	0	0
0	1	1
1	0	1
1	1	1

（b）

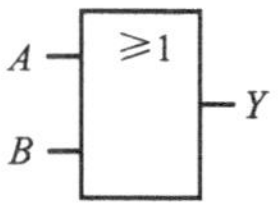

（c）

图 1-2　或运算

或逻辑方程为

$$Y=A+B$$

式中，符号“+”读作“或”。从形式上看，它和普通代数中的加法式子是一致的，所以逻辑或又称逻辑加。运算规律如下：

$$0+0=0;\ 0+1=1;\ 1+0=1;\ 1+1=1$$

逻辑或的运算符号如图 1-2（c）所示。

3. 非运算

当某一条件不具备时，事件就发生，这种逻辑关系称为非。可见，逻辑非就是逻辑反。容易看出，图 1-3（a）所示电路中，开关接通与灯亮之间便是非逻辑关系，即开关 A 断开时（条件不具备），灯 Y 却亮（结果发生）。图 1-3（b）示出的是非逻辑的真值表。

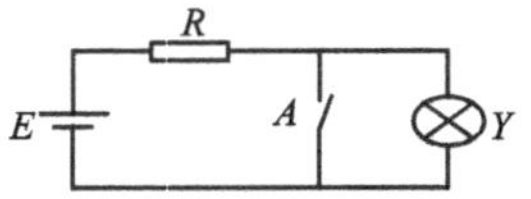

（a）

条件	结果
A	Y
0	1
1	0

（b）

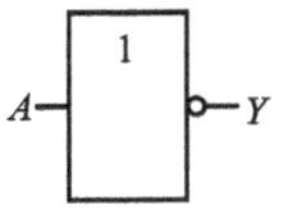

（c）

图 1-3　非运算

非逻辑方程为

$$Y=\overline{A}$$

式中，符号“–”读作“非”。$\overline{A}$ 读作“A 非”或“A 反”。逻辑“非”的运算符号如图 1-3（c）所示。

非运算规律为

$$\overline{0}=1;\quad \overline{1}=0$$

1.2.3　逻辑代数的复合运算

实际逻辑运算往往比与、或、非运算复杂得多，但都可以用与、或、非运算复合实现。最常见的复合逻辑运算有与非、或非、与或非、异或、异或非（同或），逻辑符号如图 1-4 所示。图中符号上的小圆圈表示非运算。表 1-3 是以上各复合逻辑运算的真值表。

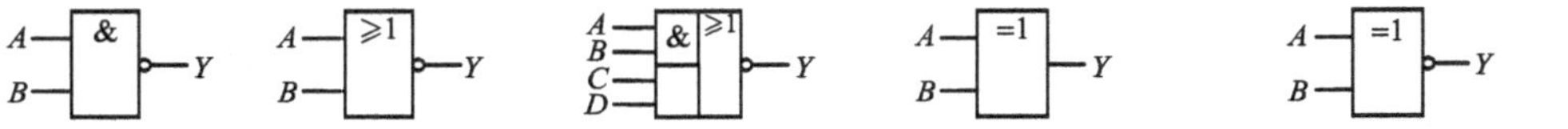

与非 $Y=\overline{AB}$　或非 $Y=\overline{A+B}$　与或非 $Y=\overline{AB+CD}$　异或 $Y=A\oplus B=\overline{A}B+A\overline{B}$　同或 $Y=A\odot B=AB+\overline{A}\overline{B}$

图 1-4　复合逻辑符号

表 1-3　复合逻辑真值表

与非逻辑

A	B	Y
0	0	1
0	1	1
1	0	1
1	1	0

或非逻辑

A	B	Y
0	0	1
0	1	0
1	0	0
1	1	0

与或非逻辑

A	B	C	D	Y
0	0	0	0	1
0	0	0	1	1
0	0	1	0	1
0	0	1	1	0
0	1	0	0	1
0	1	0	1	1
0	1	1	0	1
0	1	1	1	0
1	0	0	0	1
1	0	0	1	1
1	0	1	0	1
1	0	1	1	0
1	1	0	0	0
1	1	0	1	0
1	1	1	0	0
1	1	1	1	0

异或逻辑

A	B	Y
0	0	0
0	1	1
1	0	1
1	1	0

异或非（同或）逻辑

A	B	Y
0	0	1
0	1	0
1	0	0
1	1	1

由表 1-3 中可以看出，异或是这样一种逻辑关系：当 A、B 取值不同时，即 A、B 相异时，Y 为 1；而 A、B 相同时，Y 为 0。异或运算可以由非、与、或运算组合完成，即

$$A\oplus B=A\overline{B}+\overline{A}B$$

同或与异或相反，同或是当 A、B 取值相同时，Y 为 1；而 A、B 不同时，Y 为 0。同或运算也可以由非、与、或运算组合完成，即

$$A\odot B=AB+\overline{A}\,\overline{B}$$

异或和同或互为反运算，即

$$A\oplus B=\overline{A\odot B};\ A\odot B=\overline{A\oplus B}$$

1.3　逻辑函数的表示方法

1.3.1　逻辑函数

前面介绍的逻辑运算讨论了逻辑变量的几种逻辑关系。在实际逻辑电路中，逻辑变量常是多个，逻辑运算也不单一。若把条件视为自变量，结果视为因变量，则每给自变量一组取值，因变量便有一个确定的值与之对应，自变量与因变量之间有确定的逻辑关系。这种逻辑关系就称为逻辑函数。

以三变量逻辑函数为例，逻辑函数一般式可表示为

$$Y=F(A, B, C)$$

式中，A, B, C 称作输入逻辑变量；Y 是变量 A, B, C 的函数，也称输出逻辑变量；F 表示函数关系。

1.3.2　逻辑函数表示方法

逻辑函数常用的表示方法有四种：表达式，真值表，逻辑图和卡诺图。本节介绍前三种。

1．表达式

将输出逻辑变量按照对应的逻辑关系表示为输入逻辑变量的与、或、非复合运算形式，就得到逻辑函数表达式。如

$$Y=A\overline{B}+\overline{A}B$$

应注意：

（1）逻辑函数表达式的运算顺序是先括号内，后括号外；先与，后或。

（2）非号下面有一个括号时，括号可以省去。如 $\overline{(A+B)}$ 可以写成 $\overline{A+B}$ 。

2．真值表

真值表的概念前面已介绍。真值表的优点是能直观反映输入、输出变量取值的对应关系。

真值表与表达式能够相互转换。由表达式转换真值表时，只需将输入变量的所有取值组合代入表达式，求出相应函数值并列表即得，如表 1-4 即为 $Y=A\overline{B}+\overline{A}B$ 的真值表。

由真值表转换表达式时，将真值表中函数值等于 1 的输入变量组合取出来，输入变量值为 1 的写成原变量，为 0 的写成反变量，再把各变量相与，这样，对应函数值为 1 的每一种输入变量组合可写成一个“与项”，最后把这些与项相加，即得逻辑函数与或表达式。例如，表 1-5 中，Y 等于 1 的输入变量组合有两种：00，11。每一组合对应一个与项，则有 $\overline{A}\,\overline{B}$ 及 AB。将两个与项相加，即得表达式为 $Y=\overline{A}\,\overline{B}+AB$。

表 1-4　$Y=A\overline{B}+\overline{A}B$ 的真值表

A	B	Y
0	0	0
0	1	1
1	0	1
1	1	0

表 1-5　真值表

A	B	Y
0	0	1
0	1	0
1	0	0
1	1	1

3. 逻辑图

逻辑图是用逻辑符号及连线表示逻辑函数的电路图。逻辑图与逻辑函数表达式（或真值表）也能互相转换。

由逻辑图写表达式，可根据逻辑门的连接方式和每个门的逻辑功能写出。例如，图 1-5 所示的逻辑图，从输出向输入反推可得 $Y=Y_1+Y_2=\overline{A}B+A\overline{B}$。当然也可以从输入向输出推写。

由表达式转换逻辑图，将式中运算用逻辑符号表示即得。例如，$Y=\overline{A}\,\overline{B}+AB$，式中 $\overline{A}$、$\overline{B}$ 都是非运算，用非门实现；$\overline{A}\,\overline{B}$、$AB$ 都是与运算，用与门实现；$\overline{A}\,\overline{B}$ 和 AB 之间是或运算，用或门实现，因此，Y 逻辑图如图 1-6 所示。

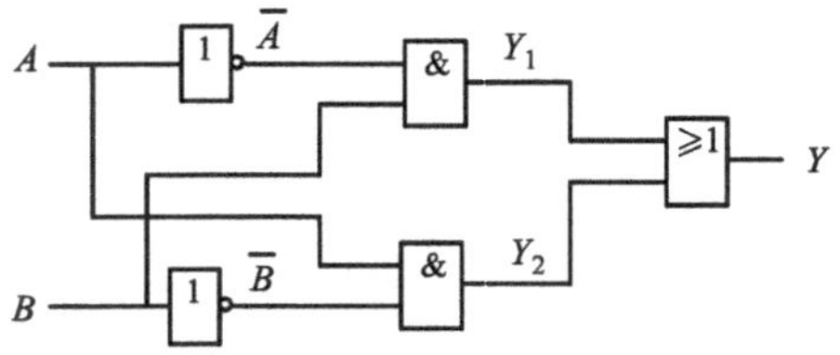

图 1-5　逻辑图

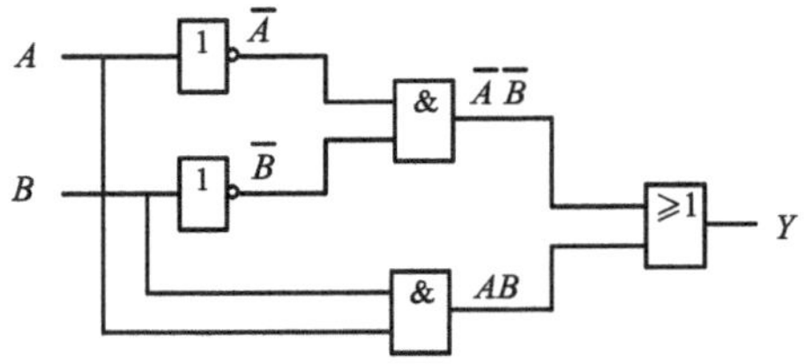

图 1-6　$Y=\overline{A}\,\overline{B}+AB$ 的逻辑图

1.3.3 逻辑函数相等

设逻辑函数 Y_1 和 Y_2 均是变量 $A_1, A_2, \cdots, A_k$ 的函数，如果对应 $A_1, A_2, \cdots, A_k$ 任意一组取值，Y_1 和 Y_2 均相同，则称 Y_1 和 Y_2 相等，记作 $Y_1=Y_2$。亦若 $Y_1=Y_2$，则 Y_1 和 Y_2 具有相同的真值表。因此，要证明两逻辑函数相等，只要分别列出它们的真值表并加以比较即可。

1.4 逻辑代数的基本定律与规则

1.4.1 逻辑代数的基本定律与公式

（1）0、1 律

① $A+1=1$　　　　①′ $A\cdot 0=0$

（2）自等律

② $A+0=A$　　　②′ $A\cdot 1=A$

（3）重叠律

③ $A+A=A$　　　③′ $A\cdot A=A$

（4）互补律

④ $A+\overline{A}=1$　　　④′ $A\cdot \overline{A}=0$

（5）还原律

⑤ $\overline{\overline{A}}=A$

（6）交换律

⑥ $A+B=B+A$　　　⑥′ $A\cdot B=B\cdot A$

（7）结合律

⑦ $(A+B)+C=A+(B+C)$　　　⑦′ $(A\cdot B)\cdot C=A\cdot(B\cdot C)$

（8）分配律

⑧ $A+B\cdot C=(A+B)(A+C)$　　　⑧′ $A\cdot(B+C)=AB+AC$

（9）反演律（又称狄·摩根定律）

⑨ $\overline{A+B}=\overline{A}\cdot\overline{B}$　　　⑨′ $\overline{AB}=\overline{A}+\overline{B}$

（10）扩展律

⑩ $A=A(B+\overline{B})=AB+A\overline{B}$　　　⑩′ $A=(A+B)(A+\overline{B})$

（11）吸收律

⑪ $A+AB=A$　　　⑪′ $A(A+B)=A$

⑫ $A+\overline{A}B=A+B$

⑬ $AB+\overline{A}C+BC=AB+\overline{A}C$

（BC：冗余项）

证明上述公式，只需列出等号两边式子的真值表即可。例如，公式⑨与⑨′的证明见表 1-6。

表 1-6　反演律证明

A	B	$\overline{A}$	$\overline{B}$	$\overline{A+B}$	$\overline{A}\,\overline{B}$	$\overline{AB}$	$\overline{A}+\overline{B}$
0	0	1	1	1	1	1	1
0	1	1	0	0	0	1	1
1	0	0	1	0	0	1	1
1	1	0	0	0	0	0	0

1.4.2　逻辑代数的基本规则

逻辑代数有三个基本规则：代入规则，反演规则和对偶规则。

1. 代入规则

代入规则是指，任何一个逻辑等式，若以同一逻辑函数替换式中的某一变量，等式仍然成立。

代入规则用以扩展公式和证明恒等式。例如，$\overline{A\cdot B}=\overline{A}+\overline{B}$，若用 $Y=BC$ 代替式中的 B，则 $\overline{A\cdot(BC)}=\overline{A}+\overline{BC}$，即 $\overline{A\cdot B\cdot C}=\overline{A}+\overline{B}+\overline{C}$。由此推论，可得多个逻辑变量的反演律为

$$\overline{A+B+C+\cdots}=\overline{A}\cdot\overline{B}\cdot\overline{C}\cdots$$

$$\overline{A\cdot B\cdot C\cdots}=\overline{A}+\overline{B}+\overline{C}+\cdots$$

2．反演规则

求逻辑函数 Y 的反函数 $\overline{Y}$ 时，将 Y 中“·”变为“+”，“+”变为“·”；常量“0”变为“1”，“1”变为“0”；原变量变为反变量，反变量变为原变量，即得 $\overline{Y}$。这就是反演规则。

反演规则用以求一个逻辑函数的反函数。使用时应注意：

（1）Y 中的与项最好先分别加括号，再用反演规则，这样运算顺序不易出现错误。

（2）覆盖两个及两个以上变量的非号，非号下各变量、常量及运算符号变化，而非号本身不变。

例如，

$$Y=\overline{A}B\overline{C}+C\overline{D}(EQ+\overline{E}\,\overline{Q})+\overline{A+B}=(\overline{A}B\overline{C})+\{C\overline{D}[(EQ)+(\overline{E}\,\overline{Q})]\}+\overline{A+B}$$

则

$$\overline{Y}=(A+\overline{B}+C)\{\overline{C}+D+[(\overline{E}+\overline{Q})(E+Q)]\}\overline{\overline{A}\,\overline{B}}$$

$$=(A+\overline{B}+C)[\overline{C}+D+(\overline{E}+\overline{Q})(E+Q)]\overline{\overline{A}\,\overline{B}}$$

3．对偶规则

将逻辑函数 Y 中“·”变为“+”，“+”变为“·”；“0”变为“1”，“1”变为“0”；而变量不变，就得到一个新函数式 Y'，Y' 称为 Y 的对偶式，而且 Y 与 Y' 互为对偶式。例如，$Y=(A+\overline{B})(A+C)$，则 $Y'=A\overline{B}+AC$。

对偶规则是指，逻辑等式等号两边表达式的对偶式也相等。例如，$A+BC=(A+B)(A+C)$，则有 $A(B+C)=AB+AC$。

在基本定律中，不带“′”与带“′”的公式都互为对偶式。这样，只要记住一半公式，利用对偶规则便可以推出另一半公式。

利用上述定律及规则，能够写出一个逻辑函数的多种表示形式。

例如，$Y=AB+\overline{A}C$　（与或式）

$$\xlongequal{\text{两次取非}}\overline{\overline{AB+\overline{A}C}}$$

$$\xlongequal{\text{反演律}}\overline{\overline{AB}\;\overline{\overline{A}C}}\quad\text{（与非-与非式）}$$

$$\xlongequal{\text{反演律}}\overline{(\overline{A}+\overline{B})(A+\overline{C})}\quad\text{（或与非式）}$$

$$\xlongequal{\text{去括号}}\overline{\overline{A}A+A\overline{B}+\overline{A}\,\overline{C}+\overline{B}\,\overline{C}}$$

$$\xlongequal{\text{吸收律}}\overline{A\overline{B}+\overline{A}\,\overline{C}}\quad\text{（与或非式）}$$

1.5　逻辑函数的化简

一般来说，一个逻辑函数的表达式越简单，相应的逻辑图越简单，使用器件就少，电路可靠性就高。因此，有必要对逻辑函数化简。逻辑函数的表达形式不同，最简标准也不相同，以最常用的与或表达式为例，化简的最简标准有两条：

（1）表达式中所含与项个数最少；

（2）每个与项中变量个数最少。

需要指出的是，在用中、大规模集成电路设计数字逻辑电路时，通常以集成块最少、引线端最少为标准。

1.5.1　公式化简法

公式化简法就是利用基本定律对逻辑函数进行化简。下面介绍几种常用的方法。

（1）合并项法

利用 $A+\overline{A}=1$，将两项合并成一项，消去一个变量。例如，

$$Y=A\overline{B}C+A\overline{B}\,\overline{C}=A\overline{B}(C+\overline{C})=A\overline{B}$$

（2）吸收法

利用 $A+AB=A$，消去多余与项。例如，

$$Y=AB+AB\overline{C}\,\overline{D}(\overline{E}+F)=AB[1+\overline{C}\,\overline{D}(\overline{E}+F)]=AB$$

（3）消元法

利用 $A+\overline{A}B=A+B$ 消去多余因子。例如，

$$Y=\overline{A}+AB+ADE=\overline{A}+B+ADE=\overline{A}+B+DE$$

（4）配项法

利用 $A=AB+A\overline{B}$，将某一与项乘以$(A+\overline{A})$，把一项变为两项，再与其他项合并化简。例如，

$$\begin{aligned}Y&=A\overline{B}+B\overline{C}+\overline{B}C+\overline{A}B=A\overline{B}+B\overline{C}+\overline{B}C(A+\overline{A})+\overline{A}B(C+\overline{C})\\&=\underline{A\overline{B}}+\underline{B\overline{C}}+\underline{A\overline{B}C}+\overline{A}\,\overline{B}C+\overline{A}BC+\underline{\overline{A}B\overline{C}}\\&=(A\overline{B}+A\overline{B}C)+(B\overline{C}+\overline{A}B\overline{C})+(\overline{A}\,\overline{B}C+\overline{A}BC)=A\overline{B}+B\overline{C}+\overline{A}C\end{aligned}$$

在实际化简时，往往是以上几种方法的综合运用。

例 1-3　化简 $Y=\overline{A}\,\overline{B}+AC+BC+\overline{B}\,\overline{C}\,\overline{D}+B\overline{C}E+\overline{B}CF$。

解：利用吸收律公式⑬添加多余项$\overline{B}C$，然后将 BC 与$\overline{B}C$ 合并，得

$$\begin{aligned}Y&=\overline{A}\,\overline{B}+AC+\overline{B}C+BC+\overline{B}\,\overline{C}\,\overline{D}+B\overline{C}E+\overline{B}CF=\overline{A}\,\overline{B}+\underline{AC}+\underline{C}+\overline{B}\,\overline{C}\,\overline{D}+B\overline{C}E+\underline{\overline{B}CF}\\&=\overline{A}\,\overline{B}+\underline{C}+\underline{\overline{B}\,\overline{C}\,\overline{D}}+\underline{B\overline{C}E}=\overline{A}\,\overline{B}+C+\overline{B}\,\overline{D}+BE\end{aligned}$$

以上例子都是对与或式的化简。如果是或与式，可以利用对偶规则进行化简。

例 1-4 化简 $Y=\overline{A}(A+C)(\overline{B}+C)(B+\overline{C})(\overline{A}+\overline{C})$

解： $Y'=\overline{A}+AC+\overline{B}C+B\overline{C}+\overline{A}\ \overline{C}=\overline{A}+C+\overline{B}C+B\overline{C}=\overline{A}+C+B\overline{C}=\overline{A}+C+B$

$Y=\overline{A}CB$

1.5.2 卡诺图化简法

用公式法化简逻辑函数，要熟记逻辑代数公式，并具备一定技巧，且不易判断结果是否最简。采用卡诺图化简法，可以快而准确地得出逻辑函数的最简表达式。

1. 逻辑函数卡诺图表示法

（1）最小项

设有 k 个逻辑变量，组成具有 k 个变量的与项，每个变量以原变量或反变量在与项中出现且仅出现一次，这个与项就称为最小项，记作 m。k 个变量，共有 2^k 个最小项。如 A, B, C 三个变量，有 $2^3=8$ 个最小项。对于其中任意一个最小项，只有一组变量的取值使它为 1，见表 1-7。我们约定，对应最小项取值为 1 的变量取值组合就为该最小项编号。如 $\overline{A}BC$ 取值为 1 的变量组合为 011，则 $\overline{A}BC=m_3$。

表 1-7 三变量最小项

变量取值	最小项							
ABC	$\overline{A}\,\overline{B}\,\overline{C}$ m_0	$\overline{A}\,\overline{B}C$ m_1	$\overline{A}B\overline{C}$ m_2	$\overline{A}BC$ m_3	$A\overline{B}\,\overline{C}$ m_4	$A\overline{B}C$ m_5	$AB\overline{C}$ m_6	ABC m_7
000	1	0	0	0	0	0	0	0
001	0	1	0	0	0	0	0	0
010	0	0	1	0	0	0	0	0
011	0	0	0	1	0	0	0	0
100	0	0	0	0	1	0	0	0
101	0	0	0	0	0	1	0	0
110	0	0	0	0	0	0	1	0
111	0	0	0	0	0	0	0	1

任一逻辑函数都可以表示成唯一一组最小项之和，称之为逻辑函数的标准与或式，也称最小项表达式。

例 1-5 将逻辑函数 $Y=AB+B\overline{C}+\overline{A}B\overline{C}$ 表示为最小项表达式。

解： 变量个数不同，最小项就不同。如与项 ABC 对三变量逻辑函数是最小项，而对四变量逻辑函数就不是。因此，求函数最小项表达式时，首先判断变量个数。上式是一个包含 A, B, C 三变量的逻辑函数，因此，在与项 AB 中缺少 C，用 $(C+\overline{C})$ 乘 AB；$B\overline{C}$ 中缺少 A，用 $(A+\overline{A})$ 乘 $B\overline{C}$，再经一定的变换，即得最小项表达式。

$$Y=AB+B\overline{C}+\overline{A}B\overline{C}=AB(C+\overline{C})+B\overline{C}(A+\overline{A})+\overline{A}B\overline{C}$$
$$=ABC+AB\overline{C}+AB\overline{C}+\overline{A}B\overline{C}+\overline{A}B\overline{C}=ABC+AB\overline{C}+\overline{A}B\overline{C}=m_7+m_6+m_2=\Sigma m(2, 6, 7)$$

由于最小项对应的变量取值组合能够使函数值取 1，所以由最小项表达式可直接写出函数真值表，见表 1-8。

表 1-8　最小项表达式与真值表的对应关系

A	B	C	所含最小项	Y
0	0	0		0
0	0	1		0
0	1	0	m_2	1
0	1	1		0
1	0	0		0
1	0	1		0
1	1	0	m_6	1
1	1	1	m_7	1

（2）卡诺图

卡诺图也称最小项方格图，是将最小项按一定规则排列而成的方格阵列。设函数输入变量数为 k，卡诺图中就有 2^k 个方格，每个方格和一个最小项相对应，方格编号和最小项编号相同，由方格外的行、列变量取值决定。图 1-7 所示是四变量卡诺图，其中 A, B 是行变量，C, D 是列变量。约定：

（1）方格编号以行变量为高位组，列变量为低位组。例如，AB=10、CD=01 的方格对应的编号为 1001，即最小项 m_9，便在相应方格中填 m_9。

（2）行、列变量按照循环码 00, 01, 11, 10 顺序排列。这样可以保证相邻方格只有一个变量取值不同，该特性称为卡诺图的相邻性。例如，m_5 与 m_7 几何位置相邻，又 $m_5=\overline{A}B\overline{C}D$，$m_7=\overline{A}BCD$，两者只有变量 C 不同，这称为逻辑相邻。因此，按循环码标注的逻辑变量取值顺序，能够用几何相邻实现逻辑相邻。

特别指出，卡诺图每行、列两端的最小项也具有逻辑相邻性，如图中的 m_0 和 m_2，m_4 和 m_6，m_{12} 和 m_{14}，m_8 和 m_{10}，m_0 和 m_8，m_1 和 m_9，m_3 和 m_{11}，m_2 和 m_{10}。

图 1-8 所示是二变量、三变量卡诺图。

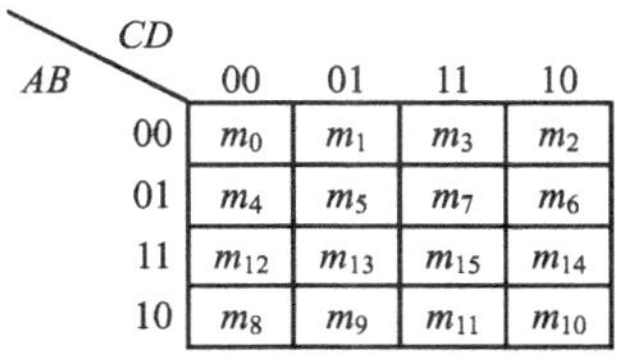

图 1-7　四变量卡诺图

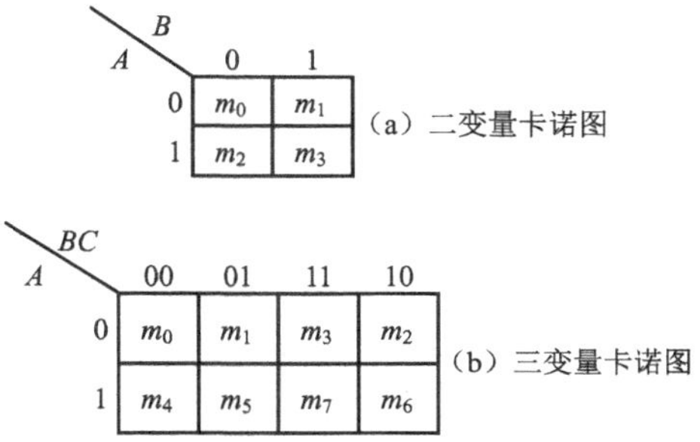

图 1-8　卡诺图

（3）用卡诺图表示逻辑函数

因为卡诺图方格与最小项（或真值表）是一一对应的，所以根据最小项表达式画图时，式中有哪些最小项，就在相应方格中填 1，而其余方格填 0。如果根据真值表画图，凡使 Y=1 的变量取值组合在相应方格中填 1，其余填 0。

例 1-6　画出 $Y=\overline{A}BC+A\overline{B}C+A\overline{B}\,\overline{C}+ABC+AB\overline{C}$ 的卡诺图。

解： Y 是三变量函数。先画三变量卡诺图，然后将 Y 所含的最小项 m_3, m_5, m_4, m_7, m_6 填入对应方格并用 1 表示，而其余方格填 0，如图 1-9 所示。

A \ BC	00	01	11	10
0	0	0	1	0
1	1	1	1	1

图 1-9　例 1-6 卡诺图

若逻辑函数不是与或式，应先将其变成与或式（不必是最小项表达式），然后把含有各与项的最小项在对应方格中填 1，即得卡诺图。

例 1-7　画出 $Y=A\overline{B}C+\overline{A}BC+AB$ 的卡诺图。

解： 式中的 $A\overline{B}C$、$\overline{A}BC$ 已是最小项。含有与项 AB 的最小项有两个：$AB\cdot C$ 和 $AB\cdot\overline{C}$。故在 m_5, m_3, m_7, m_6 对应方格中填 1，如图 1-10 所示。

A \ BC	00	01	11	10
0	0	0	1	0
1	0	1	1	1

图 1-10　例 1-7 卡诺图

2．逻辑函数卡诺图化简法

（1）合并最小项规律

根据卡诺图的相邻性，两相邻方格所表示的最小项能够合并为一项并消去一个互反（也称互补）变量；四相邻方格的可合并为一项同时消去两个互补变量；八相邻方格的可合并成一项同时消去三个互补变量。这里，合并规律以三变量、四变量卡诺图举例，如图 1-11 所示。

（2）用卡诺图化简逻辑函数

化简过程一般分三步：

① 将逻辑函数用卡诺图表示。

② 按上述合并最小项规律，将相邻的“1”方格圈起来（简称圈“1”），直到所有的“1”方格被圈完为止。

③ 将每个圈所表示的与项相加，得逻辑函数最简与或式。

为得到最简与或式，圈“1”时应注意：

① 圈的范围尽量大，圈的个数尽量少。圈越大，消去变量越多；圈数越少，与项越少。

② 先圈八格组，再圈四格组，后圈二格组，孤立方格单独成圈。

③ 方格可重复被圈，但每圈必有新格。否则，该圈所表示的与项是多余的。

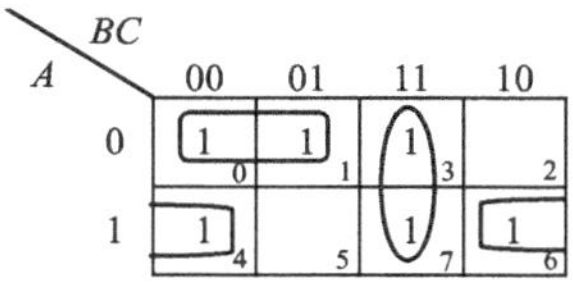

$m_0+m_1=\overline{A}\,\overline{B}$

$m_3+m_7=BC$

$m_4+m_6=A\overline{C}$

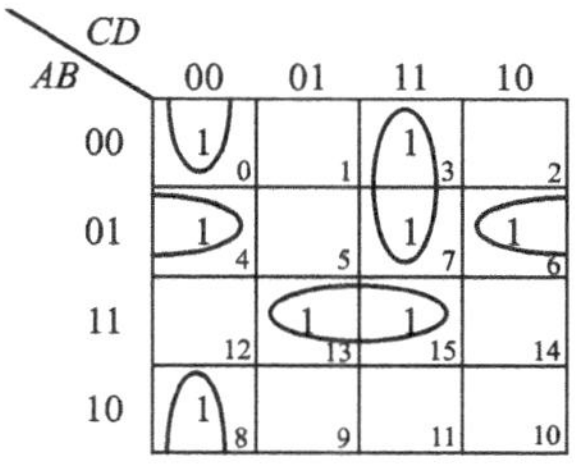

$m_0+m_8=\overline{B}\,\overline{C}\,\overline{D}$

$m_3+m_7=\overline{A}\,CD$

$m_4+m_6=\overline{A}\,B\overline{D}$

$m_{13}+m_{15}=ABD$

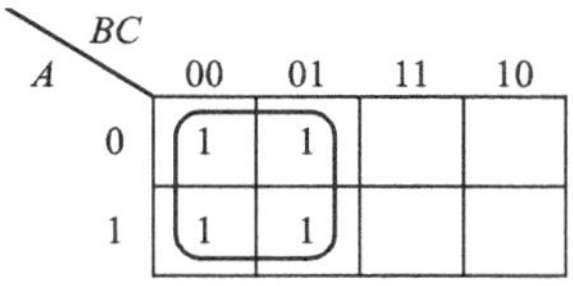

$m_0+m_1+m_4+m_5=\overline{B}$

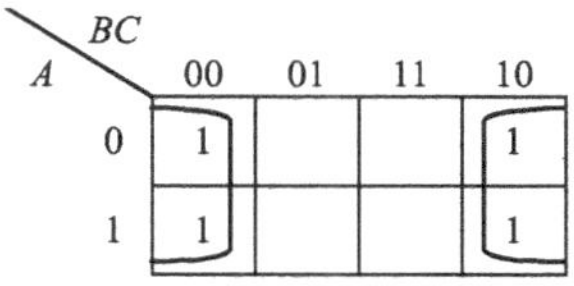

$m_0+m_2+m_4+m_6=\overline{C}$

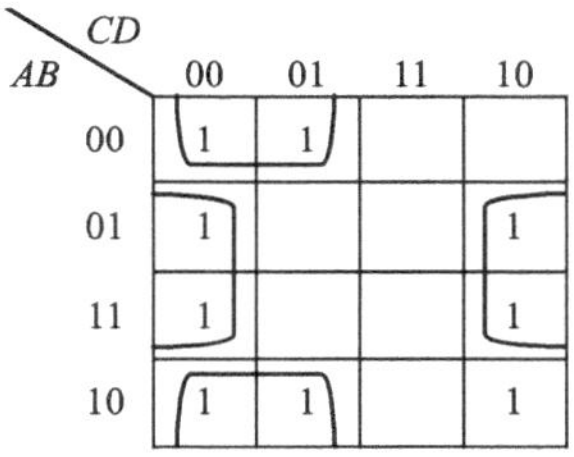

$\Sigma m(0, 1, 8, 9)=\overline{B}\,\overline{C}$

$\Sigma m(4, 6, 12 ,14)=B\overline{D}$

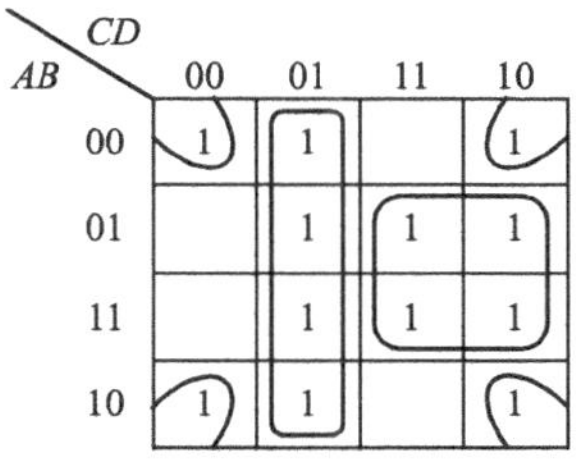

$\Sigma m(1, 5, 9, 13)=\overline{C}D$

$\Sigma m(6, 7, 14, 15)=BC$

$\Sigma m(0, 2, 8, 10)=\overline{B}\,\overline{D}$

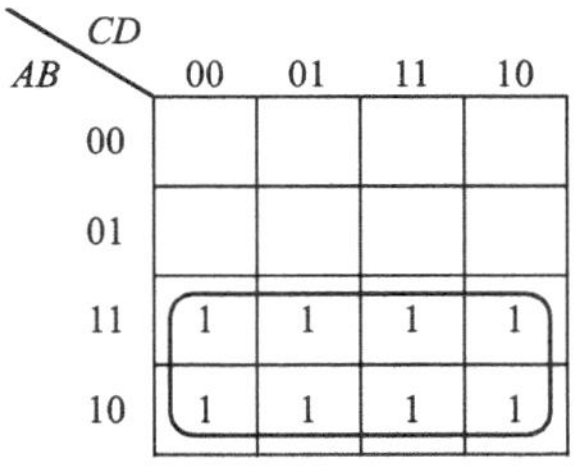

$\Sigma m(8, 9, 10, 11, 12, 13, 14, 15)=A$

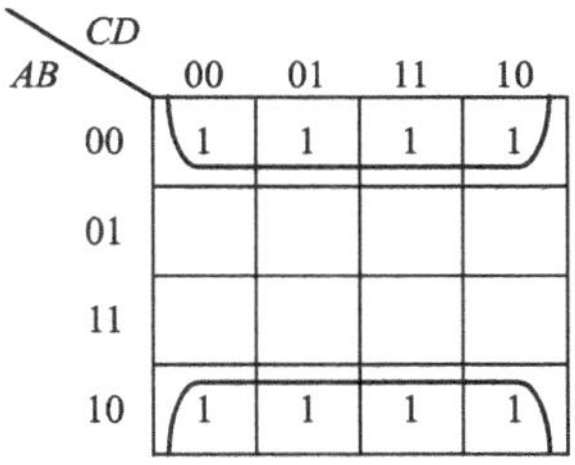

$\Sigma m(0, 1, 2, 3, 8, 9 ,10, 11)=\overline{B}$

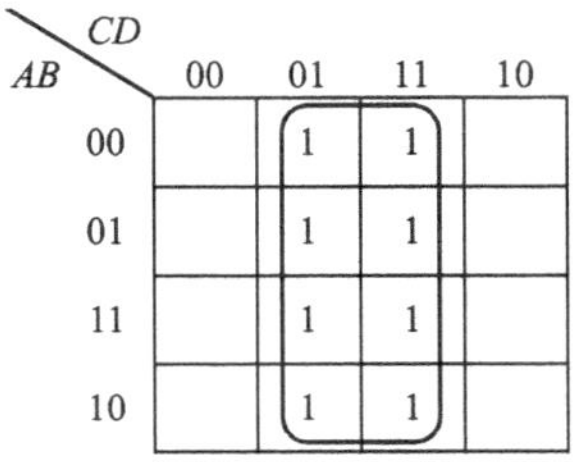

$\Sigma m(1, 3, 5, 7, 9, 11, 13, 15)=D$

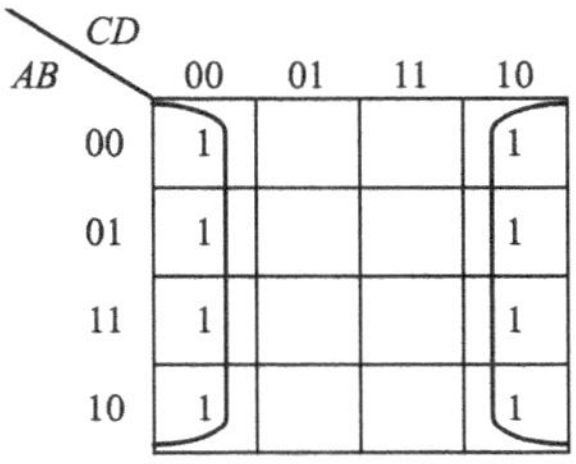

$\Sigma m(0, 2, 4, 6, 8, 10, 12, 14)=\overline{D}$

图 1-11　合并最小项

例 1-8　化简 $Y=ABD+A\overline{B}D+\overline{A}BCD$。

解：根据前述画逻辑函数卡诺图的方法，画出 Y 卡诺图，按合并规律画圈，如图 1-12 所示。由图可见，$\Sigma m(9, 11, 13, 15)=AD$，$\Sigma m(7, 15)=BCD$。把每圈所表示的与项相加，得最简与或式为

$$Y=AD+BCD$$

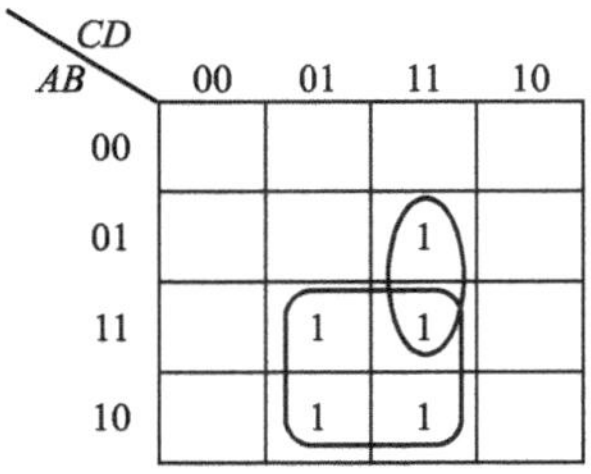

图 1-12　例 1-8 图

例 1-9　化简 $Y=\Sigma m(2, 3, 5, 7, 8, 10, 12, 13)$。

解：Y 是四变量函数，画 Y 卡诺图并做两种圈法，如图 1-13（a）、（b）所示。由图（a）得

$$Y=A\overline{C}\,\overline{D}+B\overline{C}D+\overline{A}CD+\overline{B}C\overline{D}$$

由图（b）得

$$Y=\overline{A}\,\overline{B}C+\overline{A}BD+AB\overline{C}+A\overline{B}\,\overline{D}$$

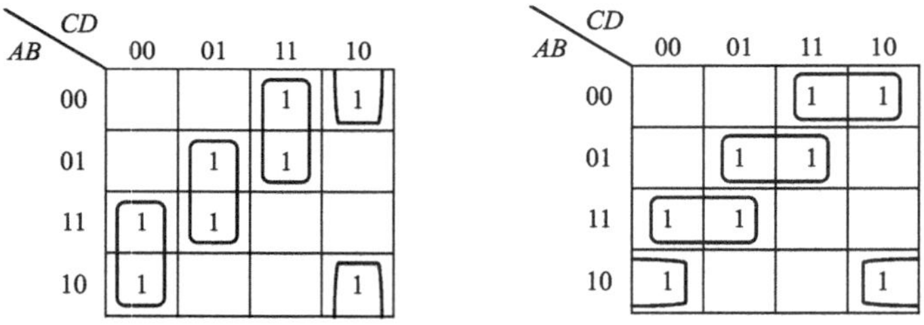

（a）　　（b）

图 1-13　例 1-9 图

以上两种圈法都能得到最简与或式。此例说明，有时由于圈格方法不止一种，所以结果不唯一，但它们之间可以转换。

例 1-10　化简 $Y=\Sigma m(3, 4, 5, 7, 9, 13, 14, 15)$。

解：画 Y 卡诺图并按合并规律圈“1”，如图 1-14 所示。由图（a）可见，圈 $\Sigma m(5, 7, 13, 15)$方格均被其他圈圈过，所以该圈所对应与项是多余的。由图（b）得

$$Y=\overline{A}B\overline{C}+A\overline{C}D+ABC+\overline{A}CD$$

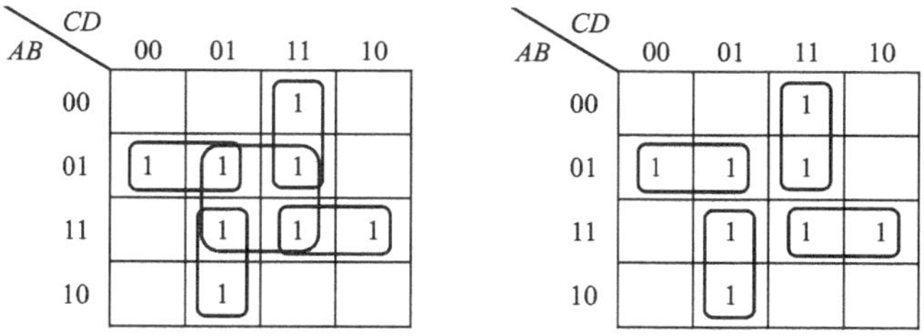

（a）　　（b）

图 1-14　例 1-10 图

此外，利用合并最小项方法圈“0”，可以方便地求逻辑函数反函数的最简与或式。

例 1-11　求 $Y=\sum m(0, 1, 4, 5, 9, 11, 13, 14, 15)$的反函数$\overline{Y}$ 的最简与或式。

解：画 Y 卡诺图并按合并规律圈“0”，如图 1-15 所示，写出与或式即为$\overline{Y}$ 的最简与或式

$$\overline{Y}=\overline{A}C+A\overline{C}\,\overline{D}+A\overline{B}\,\overline{D}$$

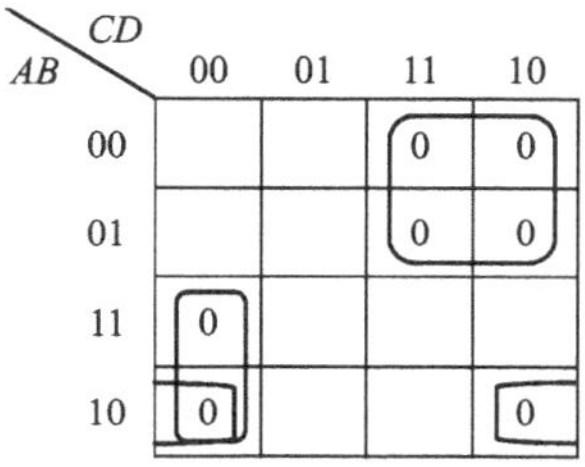

图 1-15　例 1-11 图

1.5.3　具有约束项的逻辑函数的化简

1．约束项与约束条件

在实际逻辑问题中，输入逻辑变量的取值组合有时不是任意的，而受到一定条件的限制。例如，用变量 $ABCD$ 按 8421BCD 码表示一位十进制数时，只用 0000～1001 十种组合，而其余六种组合 1010～1111 是不允许出现的。通常，这种限制条件称为约束条件，不会出现的变量取值组合所对应的最小项称为约束项。由于约束项所对应的变量取值组合不会出现，所以把这些变量取值组合所对应的逻辑函数值看作 1 或者 0，对函数值不会产生影响，在卡诺图中用“×”表示。

约束条件通常用约束方程表示。由于逻辑变量的每一种取值组合都使一个且仅有一个最小项的值为 1，所以限制某些输入变量的取值组合不能出现时，可以用它们对应的最小项等于 0 来表示。这样，前述例子的约束条件便可表示为

$$\text{约束条件}\begin{cases} A\overline{B}C\overline{D}=0 \\ A\overline{B}CD=0 \\ AB\overline{C}\,\overline{D}=0 \\ AB\overline{C}D=0 \\ ABC\overline{D}=0 \\ ABCD=0 \end{cases}$$

或写成

$$A\overline{B}C\overline{D}+A\overline{B}CD+AB\overline{C}\,\overline{D}+AB\overline{C}D+ABC\overline{D}+ABCD=0$$

即

$$AB+AC=0$$

上式即为约束方程。

2．具有约束项的逻辑函数的化简

由于约束项所对应的逻辑函数值取 0 或取 1，对函数值没有影响。因此，在化简过程中合理利用约束项，将使逻辑函数的化简结果更加简单。

例 1-12 化简 $F(A, B, C, D)=\sum m(0, 2, 3, 4, 8, 9)+\sum m_{\times}(6, 7, 12, 13, 14, 15)$。

解： 画 F 卡诺图并在约束项对应的方格填“×”，如图 1-16 所示。按合并规律画圈时，合理利用约束项，即把有利于化简的约束项看作 1（图中把 m_6, m_7, m_{12}, m_{13} 看作 1），其余的（如 m_{14}, m_{15}）看作 0，化简得

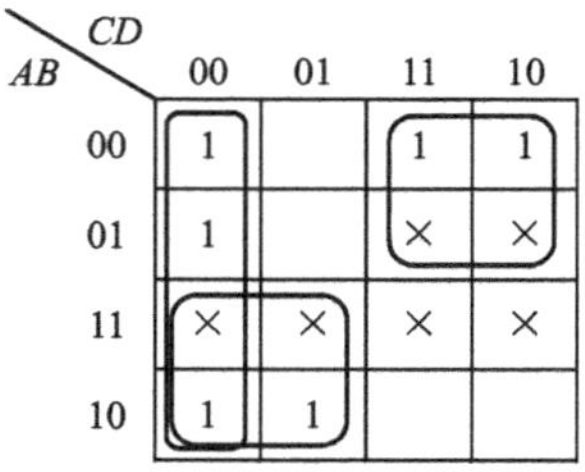

图 1-16 例 1-12 图

$$F=\overline{C}\,\overline{D}+A\overline{C}+\overline{A}C$$

应当指出：

（1）因为约束项不能构成输入，因此与函数值无关，所以用卡诺图化简时不能单独圈“×”。

（2）利用约束项化简可使逻辑电路简单，但对输入变量也提出了要求，即输入变量必须满足给定的约束条件。如前述中，8421BCD 码不允许输入变量出现 1010～1111 的取值组合。

例 1-13 若 Y 是互相排斥的一组变量 A, B, C 的函数，试列 Y 的真值表，并求 Y 的最简与或式。

解： 互相排斥的变量是指，在一组变量中如果有一个变量值取 1，则其他变量值就一定是 0，即不允许出现两个及两个以上变量同时为 1 的情况。由此可知，若 A, B, C 中有一个变量为 1，其他两个变量一定为 0，且 Y=1；只有 A, B, C 都为 0，Y=0。据此列真值表，见表 1-9。可见，约束项为 $\sum m_{\times}(3, 5, 6, 7)$。画卡诺图如图 1-17 所示，利用约束项化简，得

$$Y=A+B+C$$

表 1-9 Y 的真值表

A	B	C	Y
0	0	0	0
0	0	1	1
0	1	0	1
0	1	1	×
1	0	0	1
1	0	1	×
1	1	0	×
1	1	1	×

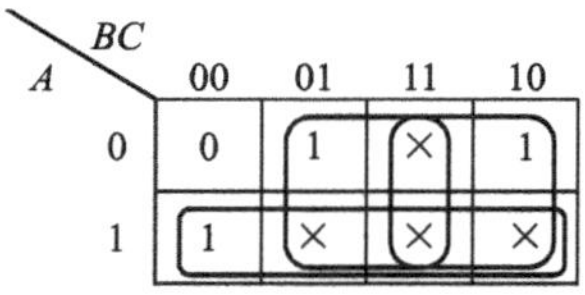

图 1-17 例 1-13 图

本例结果表明，变量互斥的逻辑函数可直接写成各变量相加。在组合逻辑电路编码器的设计中，就利用了这一结论。

1.6　本章小结

1．二进制数只有 0、1 两个数码，便于表示两种不同的电路状态，所以在数字电路中得到广泛的应用。在数字电路中还经常利用 BCD 码来表示十进制数。

2．逻辑代数是研究数字逻辑电路的数学工具，利用逻辑代数可以把逻辑问题描述为数学表达式，从而进行电路分析和设计。

逻辑代数的三个规则是：代入规则，反演规则，对偶规则。

逻辑代数中常用的公式有

$$A+AB=A$$
$$A+\overline{A}B=A+B$$
$$AB+A\overline{B}=A$$
$$AB+\overline{A}C+BC=AB+\overline{A}C$$
$$AB+\overline{A}C+BCD=AB+\overline{A}C$$
$$\overline{A\overline{B}+\overline{A}B}=\overline{A}\,\overline{B}+AB$$

3．逻辑函数表示方法一般有表达式、真值表、逻辑图和卡诺图等，它们之间可以相互转换。其中，表达式与逻辑图不具有唯一性，而真值表与卡诺图都是逻辑函数的最小项表示法，具有唯一性。

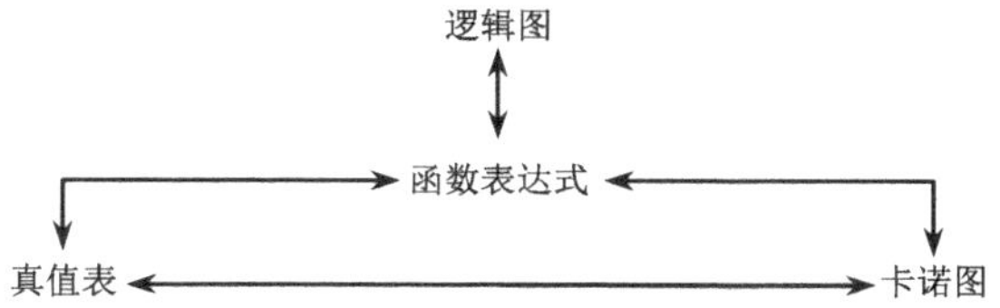

4．本章介绍了逻辑函数的两种化简方法：公式法和卡诺图法。公式法要求熟练掌握逻辑函数的公式，并具有一定的技巧和经验；卡诺图法比较直观，易于掌握，易于得到最简结果，但不适合于化简变量多于 5 个的逻辑函数。

1.7　习题 1

1-1　将下列数按权展开。

（1）　272_{10}　　（2）　50.675_{16}　　（3）　32.625_{8}　　（4）　110010_{2}　　（5）　11.10101_{2}

1-2　将下列十进制数转换成二进制数。

（1）　35　　（2）　88　　（3）　0.125　　（4）　5.75

1-3　完成下列十进制数与 8421BCD 码的转换。

（1）　$18_{10}=(\qquad\qquad)_{8421BCD}$　　（2）　$256.49_{10}=(\qquad\qquad)_{8421BCD}$

（3）　$0001001110010101_{8421BCD}=(\qquad)_{10}$　　（4）　$101111000.001011_{8421BCD}=(\qquad)_{10}$

1-4　已知逻辑函数 Y 的真值表，见表 P1-1。试写出相应逻辑函数的表达式，并画出逻辑图。

表 P1-1

A	B	C	Y
0	0	0	0
0	0	1	0
0	1	0	0
0	1	1	0
1	0	0	0
1	0	1	1
1	1	0	1
1	1	1	1

1-5 写出下列函数的对偶式。

（1） $Y_1=\overline{\overline{\bar{A}B}\ \bar{C}}$　　（2） $Y_2=(A+B+C)\,\bar{A}\ \bar{B}\ \bar{C}$

（3） $Y_3=(\overline{A+B+\bar{C}}+\bar{D})\ \overline{\bar{A}B}$　　（4） $Y_4=A[\bar{E}+(C\bar{D}+\bar{C}D)B]$

1-6 求下列函数的反函数。

（1） $Y_1=AB+C$　　（2） $Y_2=A+\overline{B+\bar{C}+\overline{D+E}}$

（3） $Y_3=\overline{\bar{A}\ \bar{B}+ABC}\ (A+B+C)$　　（4） $Y_4=A[\bar{B}+(C\bar{D}+\bar{C}D)E]$

1-7 用公式法化简下列函数。

（1） $Y_1=\bar{A}\ \bar{B}+AC+\bar{B}C$　　（2） $Y_2=\overline{\bar{A}BC}+\overline{A\bar{B}}$

（3） $Y_3=A+B+C+D+\bar{A}\ \bar{B}\ \bar{C}\ \bar{D}$　　（4） $Y_4=\bar{A}(C\bar{D}+\bar{C}D)+B\bar{C}D+A\bar{C}D+\bar{A}C\bar{D}$

1-8 证明下列等式。

（1） $(A+\bar{C})(B+D)(B+\bar{D})=AB+B\bar{C}$　　（2） $AB+\bar{B}CD+\bar{A}C+\bar{B}C=AB+C$

1-9 化简逻辑函数

$$Y=\overline{(\bar{A}+B+C)(A+\bar{B}+C)(\bar{B}+C)}$$

并分别转换成与或非表达式、与或表达式、或与表达式、与非-与非表达式。

1-10 将下列函数化为最小项表达式。

（1） $Y_1=A+B+CD$　　（2） $Y_2=A\bar{B}\ \bar{C}D+BCD+AC$

1-11 用卡诺图化简下列函数。

（1） $F=\bar{A}\ \bar{B}+AC+\bar{B}C$　　（2） $F(A, B, C)=\Sigma m(0, 1, 2, 5, 6, 7)$

（3） $F=AD+A\bar{C}+\bar{A}\ \bar{D}+\bar{A}\ \bar{B}C+\bar{D}(B+C)$　　（4） $F=ABC+ABD+CD+A\bar{B}C$

（5） $F=\Sigma m(0, 1, 2, 5, 8, 9, 10, 12, 14)$　　（6） $F=\Sigma m(3, 4, 5, 7, 9, 13)$

（7） $F(A, B, C)=\Sigma m(0, 1, 2, 4)$，约束条件：$m_3+m_5+m_6+m_7=0$

（8） $F=\Sigma m(3, 5, 6, 9, 12, 13, 14, 15)+\Sigma m_{\times}(0, 1, 7)$

（9） $F(A, B, C, D)=C\bar{D}(A\oplus B)+\bar{A}B\bar{C}+\bar{A}\ \bar{C}D$，约束条件：$AB+CD=0$

1-12 已知：$Y=A\bar{B}\ \bar{C}D+\bar{A}\ \bar{B}\ \bar{C}D+A\bar{B}C\bar{D}+\bar{A}\ \bar{B}C\bar{D}+A\bar{B}\ \bar{C}\ \bar{D}$ 且 A, B, C, D 不允许同时为 0；A, B 也不能同时为 1。试用卡诺图化简此逻辑函数。

1.8 实验

实验 1. 器件手册的使用

1. 实验用资料

器件手册数本，数字集成电路数块。

2. 器件手册介绍

器件手册是提供器件特性数据的书籍，是正确使用器件的依据。器件手册的种类很多，常用的有《常用晶体管手册》、《中国集成电路大全》、《标准集成电路数据手册》等。在一些电子类技术图书中，有许多以附录形式介绍器件参数的资料，也能起到与手册相同的作用，但介绍内容一般仅限于与书中有关的器件。对于国外一些著名公司生产的器件，特别是新器件，还可以到这些公司的网站下载有关器件的特性数据。

器件手册的基本内容一般包括以下几个部分：

（1）器件型号索引部分。以器件型号序号为序，列出器件型号及器件名称，并以此为序在正文中依次介绍器件数据。

（2）器件功能索引部分。将具有相同功能的器件分类列在一起，便于读者按器件功能迅速而方便地找到相应的器件及数据。

（3）器件型号说明。集成电路型号的命名，目前尚无统一的标准，各制造商都有自己的一套命名方法。我国现执行国家标准 GB 3430—89《半导体集成电路型号命名方法》。该标准规定了半导体集成电路的品种、系列、产品序号和等级、工作温度和封装形式等的表示方法，通常由 5 部分组成，各组成部分的符号及意义见实验表 1-1。

实验表 1-1　半导体集成电路型号命名法

第 0 部分		第 1 部分		第 2 部分	第 3 部分		第 4 部分	
用字母表示器件符合国家标准		用字母表示器件的类型		用阿拉伯数字和字符表示器件的系列和品种代号	用字母表示器件的工作范围		用字母表示器件的封装	
符号	意义	符号	意义		符号	意义	符号	意义
C	符合国家标准	T	TTL 电路		C	0～70°C	F	多层陶瓷扁平
		H	HTL 电路		G	−25～70°C	B	塑料扁平
		E	ECL 电路		L	−25～85°C	H	黑瓷扁平
		C	CMOS 电路		E	−40～85°C	D	多层陶瓷双列直插
		M	存储器		R	−55～85°C	J	黑瓷双列直插
		μ	微型机电路		M	−55～125°C	P	塑料双列直插
		F	线性放大器				S	塑料单列直插
		W	稳压器				K	金属菱形
		B	非线性电路				T	金属圆形
		J	接口电路				C	陶瓷芯片载体
		AD	模/数转换器				E	塑料芯片载体
		DA	数/模转换器				G	网格阵列
		D	音响、电视电路					
		SC	通信专用电路					
		SS	敏感电路					
		SW	钟表电路					

命名示例如下：

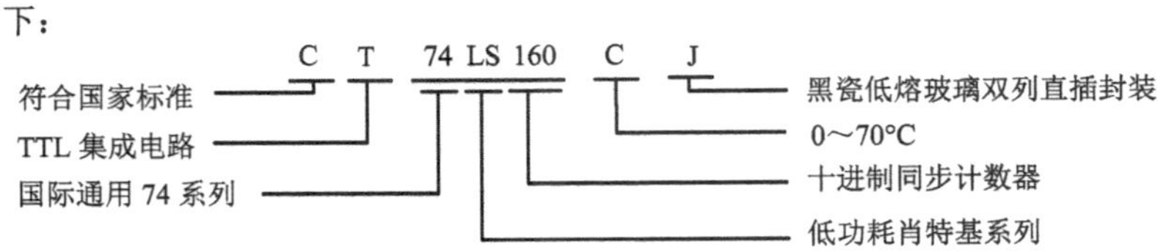

有些手册只介绍进口器件，如《线性集成电路应用指南》（电子工业出版社）只介绍美国国家半导体公司生产的器件，型号说明在前言中（所以应养成阅读前言的习惯）。

（4）器件参数、参数意义、参数测试条件。有些手册还同时给出测试电路。如果手册所收入的集成电路类型不同，这部分内容将在介绍各具体器件数据时一并给出。

（5）器件数据部分是手册正文，详细列出器件的各种数据，包括参数数据、封装、外形尺寸和引出端排列顺序。有些还给出器件内部电路、外部电路接线图、典型应用电路、实用参考电路、印制电路板图等。

数字集成电路多采用双列直插式封装（简称 DIP）、小引线封装（简称 SOIC），以及片状芯片载体封装（简称 LCC）和片状塑料芯片载体封装（简称 PLCC），如实验图 1-1 所示。引脚序号排列顺序：双列直插式或小引线封装将正面（印有商标和型号）朝上，半圆缺口向左，左下角第 1 引线端序号为 1，其余按逆时针顺序依次为 2, 3, …。对片状载体封装，将正面朝上，四角中有特殊标记的一角（如小缺角）置于左上角，上边正中间的引线端（或者有特殊标记的）序号为 1，其余按逆时针顺序排列，依次为 2, 3, …

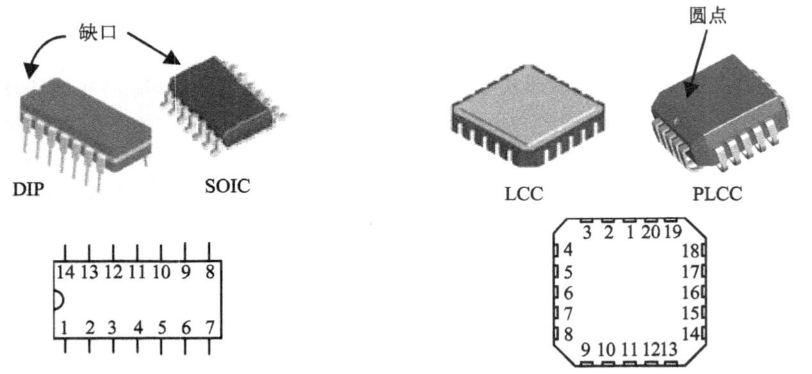

实验图 1-1 数字集成电路

在标注集成块引脚时，除了标注序号外，还常采用符号标注，以表示各个引脚的功能。在引脚符号标注中，部分常用符号的意义如下：GND——地；COM——公共端；NC——空脚；V_{CC}——双极型电路集电极正电源；V_{EE}——双极型电路发射极正电源；V_{DD}——MOS 电路漏极电源；V_{SS}——MOS 电路源极电源。

本书所用集成电路，如不特别说明，均采用双列直插式封装。

（6）一些手册给出器件质量的评定方法。

（7）一些手册编入了国内外型号对照表、已废型的早期国产集成电路有关数据等，便于读者用国产器件替换进口器件，用新型器件替换旧型器件。

（8）附录。要注意留心附录介绍的内容，有时会得到意想不到的帮助。

3．实验内容

（1）认识数字集成电路，能识别各种类型的数字器件和封装。

（2）练习使用器件手册。

通常在以下两种情况下需要使用器件手册。

（1）已知器件型号，查阅其特性数据。这种情况多在维修中遇到。此时应先根据器件型号判断器件的类型、用途，然后选择相应手册。例如，应查线性集成电路手册，还是非线性集成电路手册，或者数字电路手册。对于进口器件，最好也能根据电路的功能，大致估计其用途，以确定选择查阅何种手册。

查阅时一定先看目录，根据目录内容，便可进一步找到所需要的数据。

查阅手册，了解 74LS47/138/148/160/161/162/163/190/194/395, 4508, 7492 特性数据。

（2）已知器件功能，确定器件型号。这种情况多在设计电路或替换器件中遇到。仍是先根据器件用途，选择相应手册，根据目录，找到器件功能的索引部分，进一步查找器件数据，并对同一功能的器件比较、选用。原则是，在基本功能和参数满足要求的前提下，尽可能选择其他功能少的电路，这样价格就低。不要以序号高低作为选用的依据，序号低的器件并不一定功能少、价格低。此外，如果替换器件，还要保证器件的封装形式、尺寸、引线排列顺序与原器件完全相同。

查阅手册，确定四 2 输入与非门、三 3 输入与门、双 4 输入与非缓冲器、4-10 线译码器（BCD 输入）、4 位双稳态锁存器、十二分频计数器、8-3 线优先编码器、8 位移位寄存器的产品型号。

4．实验报告

实验报告的内容，一般应包括以下五个基本部分：

（1）实验科目，实验题目，实验者姓名，同组实验者姓名，实验台编号。

（2）实验目的。

（3）实验电路，所用器材、仪器、资料。

（4）实验数据。将实验数据记录在表格中，原则上不允许不用表格记录数据。对于所有要求观察记录的波形，必须记录在坐标纸上，并标注波形的各项参数（特别注明的除外）。

（5）实验结果分析。对实验数据进行分析，并作出结论。此外，实验结果分析还应包括实验中遇到的问题和应注意事项。

实验 2．认识印制电路板与面包板

1．实验用材料

单面、双面、四层、六层印制电路板数块。宽条型结构和窄条型结构面包板数块。

2．实验内容

（1）认识印制电路板，掌握其电气特性。

各种电子设备要实现电子元器件之间的电气连接、固定等，几乎都要使用印制电路板（也称印刷电路板或印制板，简称 PCB）。

覆铜箔层压板（简称覆铜板）是制造印制板的基板材料，它是利用一定的制造工艺，在绝缘性能非常好的基材上覆盖一层导电性能良好的铜箔制成的。将覆铜板制成印制板，目前使用最多的方法是蚀刻法，即按照设计好的印制电路图，在一定尺寸的覆铜板上蚀刻出元器件之间的连接导线（称为印制导线或布线）、元器件的焊接点（称为焊盘），有些还蚀刻印制元件（工艺复杂），然后钻出元器件引线的安装孔、印制板的定位孔等，便制成一块印制板，如实验图 2-1 所示。安装了元器件的印制板如实验图 2-2 所示。在整个印制电路板中，覆铜板主要起导电、绝缘和支撑三方面的作用。印制板的性能、质量和制造成本，在很大程度上取决于覆铜板。

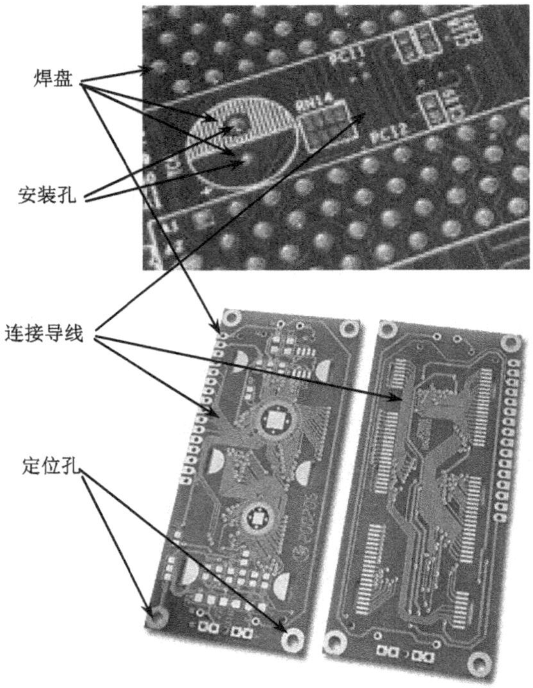

实验图 2-1　印制板实物图

实验图 2-2　安装了元器件的印制板

根据布线层数，印制板分为单面板、双面板和多层板。单面板是在覆铜板的一面布线，双面板是上下两面布线，多层板则是用数片双面板并在每层板间放进一层绝缘层后粘牢（压合）制成的。实验图 2-3 所示是四层印制板的结构示意图。

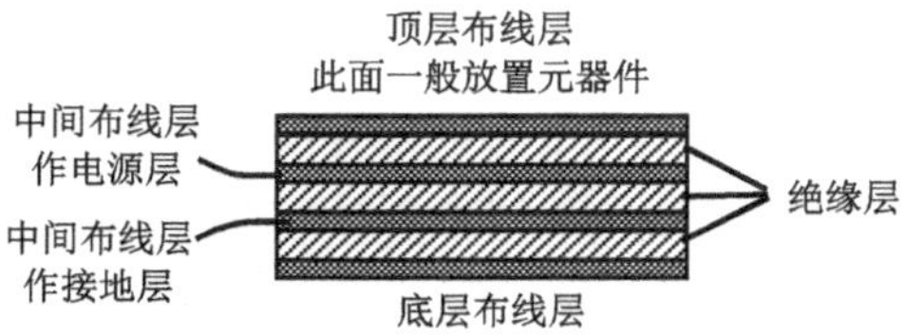

实验图 2-3　四层印制板结构示意图

此外，按照所用基材不同，印制板又分为硬性（或称刚性）印制板、软性（或称柔性、挠性）印制板及硬软结合印制板。

硬性板的基材主要有酚醛纸板、环氧纸板、环氧玻璃布板。基材不同，覆铜板的绝缘性能、最高工作频率、耐热性能等也不相同。

软性板（简称 FPC）的基材以聚酰亚胺为主，最终产品要在印制板外层压制一层兼有机械保护和电气绝缘性能良好的覆盖膜。与硬性板比较，软性板的特点是可以自由弯曲、折叠，可依照空间布局的要求任意安排，并在三维空间任意移动和伸缩。利用软性板可缩小电子产品的体积，可使电子产品向高密度、小型化、低成本方向发展。软性板的主要缺点是元器件的承载能力差。

印制板的设计与制作有很高的工艺要求，并要使用相关的设计软件和加工设备。有兴趣的读者可进一步参阅这方面的专业书籍和资料。

（2）用万用表测量面包板，确定其电气连通情况。

由于实验过程中需要经常变化实验电路，所以实验所用的电路板通常是面包板，以方便搭接各种不同的电路。面包板分为宽条型结构和窄条型结构，如实验图 2-4 所示。宽条型结构由中间一条隔离凹槽和上、下各 5 行的插孔构成，在同一列的 5 个插孔是相互连通的，列和列之间及凹槽的上、下部分则是不连通的。窄条型结构有两行插孔，行和行之间电气不连通，每 5 个插孔为一组，以中间为界，左边 5 组相通，右边 5 组相通。孔与孔之间的尺寸按照通用数字集成电路引脚间的标准尺寸设计。

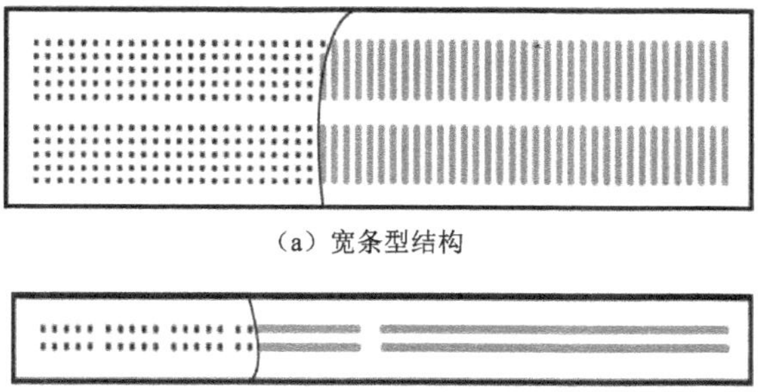

（a）宽条型结构

（b）窄条型结构

实验图 2-4　面包板结构示意图

第 2 章　逻辑门电路

逻辑门电路简称门电路，是构成数字电路的基本单元。本章将首先讨论分立元件门电路，在此基础上，重点介绍集成 TTL 门电路和 CMOS 门电路的特性及其使用。

学习目标

1. 了解 TTL 和 CMOS 门电路的基本组成，能简要分析 TTL 与非门的工作原理。
2. 理解门电路的主要参数及其外部特性。
3. 熟悉常用的集成逻辑门电路的功能及典型应用，掌握其使用常识。
4. 会查阅数字集成电路手册，能根据逻辑功能选用和代换集成门电路。

2.1　分立元件门电路

2.1.1　二极管门电路

利用二极管开关特性可以构成二极管与门、或门。

1. 二极管开关特性

一个理想的开关应满足以下条件：开关闭合时，开关电阻为零，开关两端不产生压降；开关断开时，开关电阻无穷大，开关中没有电流流过。二极管具有导通和截止两种可以明显区分的状态，因此常作开关使用。下面首先讨论二极管的开关等效电路。

在图 2-1（a）中，设二极管为硅管。当 u_i 为高电平 U_{IH} 且大于二极管门限电平 U_T（约 0.5 V）时，二极管导通。二极管充分导通后，等效为一个具有 0.7 V 压降的闭合开关，如图（b）所示；当 u_i 为低电平 U_{IL} 且小于 0 V 时，二极管截止，等效为一个断开的开关，如图（c）所示。图 2-2 所示是将二极管视作理想开关时的等效电路，可见，当 u_i>0 V 时，二极管导通，等效为导线；当 u_i<0 V 时，二极管截止，等效为断开。

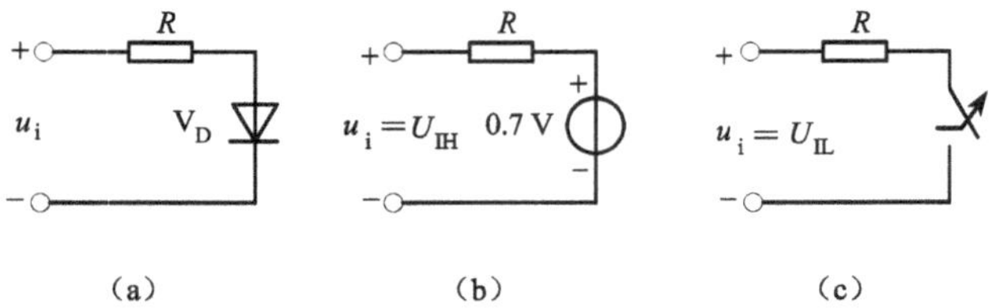

图 2-1　二极管开关及其等效电路

（条件：V_D 正向电阻≪R≪V_D 反向电阻）

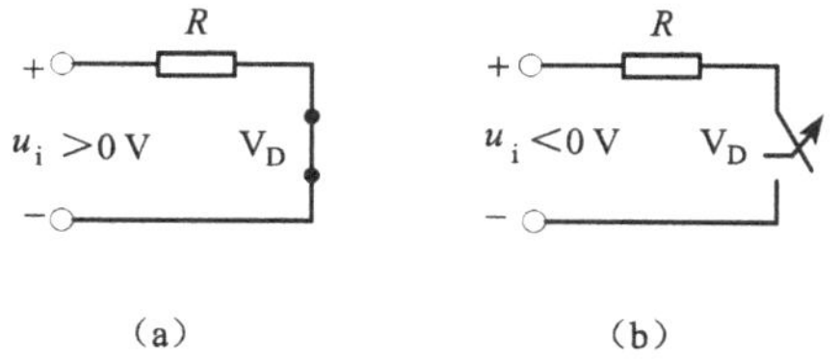

图 2-2　将二极管视作理想开关的等效电路

2．二极管门电路

在具体分析门电路之前，首先规定：本书采用正逻辑，即用逻辑 1 表示高电平，逻辑 0 表示低电平。负逻辑表示方法与之相反。

（1）二极管与门

二极管与门如图 2-3（a）所示，电路有两个输入端 *A*、*B* 和一个输出端 *F*。下面讨论在输入端加不同电平时，输出端 *F* 的取值情况。

设二极管具有理想开关特性。图中，由于二极管正极连在一起，因此负极电位最低的二极管优先导通。所以，当 u_{iA} 与 u_{iB} 中有一个为低电平 0.3 V 时，u_{oF} 为低电平 0.3 V；只有当 u_{iA} 与 u_{iB} 全部为高电平 3 V 时，u_{oF} 才为高电平 3 V，见表 2-1。若用“1”表示高电平，“0”表示低电平，可由电平真值表转换得逻辑真值表，同列于表 2-1。由逻辑真值表得表达式 $F=AB$，可见，电路实现了与运算。逻辑符号如图 2-3（b）所示。

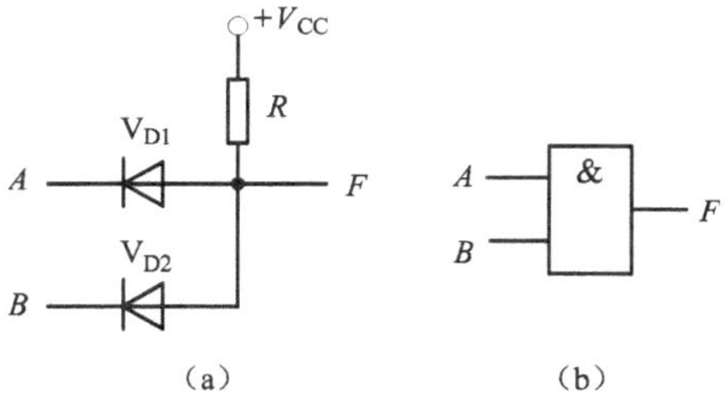

图 2-3　二极管与门

表 2-1　与门真值表

电平真值表（单位：V）			逻辑真值表		
输入		输出	输入		输出
u_{iA}	u_{iB}	u_{oF}	*A*	*B*	*F*
0.3	0.3	0.3	0	0	0
0.3	3	0.3	0	1	0
3	0.3	0.3	1	0	0
3	3	3	1	1	1

（2）二极管或门

二极管或门如图 2-4（a）所示。由于二极管负极连在一起，因此正极电位最高的二极管优先导通。所以，只要 u_{iA} 或 u_{iB} 中有一个或一个以上输入为高电平时，u_{oF} 就是高电平；当 u_{iA} 与 u_{iB} 都输入低电平时，u_{oF} 为低电平，见表 2-2。表中还同时列出了逻辑真值表，由逻辑真值表得表达式 $F=A+B$，可见，电路实现了或运算。图 2-4（b）所示是其逻辑符号。

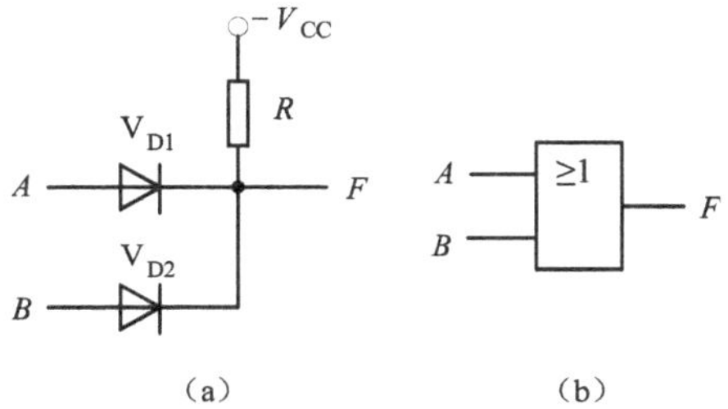

图 2-4　二极管或门

表 2-2　或门真值表

电平真值表（单位：V）			逻辑真值表		
输入		输出	输入		输出
u_{iA}	u_{iB}	u_{oF}	*A*	*B*	*F*
0.3	0.3	0.3	0	0	0
0.3	3	3	0	1	1
3	0.3	3	1	0	1
3	3	3	1	1	1

应用举例

与门和或门在数字电路中经常被用作控制门，如数字频率计、数字电压表等都有使用。A 控与门如图 2-5 所示，当控制端 A 为高电平 1 时，B 端输入的矩形脉冲能够传送到输出端，这时称与门打开；而当 A 端为低电平 0 时，输出恒为 0，B 端信号被禁止，不能传送，这时称与门被关闭或封锁。

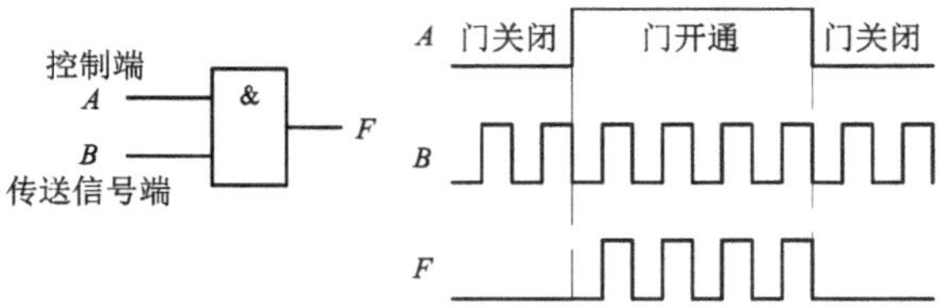

图 2-5 A 控与门

A 控或门如图 2-6 所示。当控制端 A 为 0 时，B 端输入脉冲能够传送，这时或门打开；而当 A 端为 1 时，输出恒为 1，B 端信号被禁止，不能传送，这时或门被关闭。

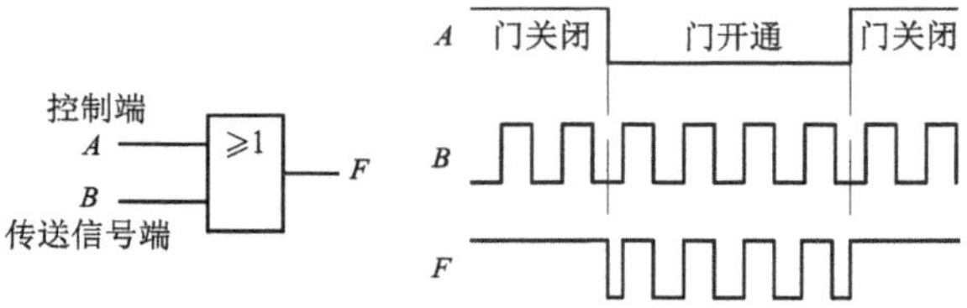

图 2-6 A 控或门

2.1.2 三极管门电路

利用三极管可以构成非门。非门也称反相器，其输入信号与输出信号的变化方向相反。

1. 三极管反相器的静态特性

三极管的发射结和集电结分别加不同的偏置电压时，可使三极管工作在放大区、截止区或饱和区。利用三极管的截止与饱和特性，能够构成三极管开关电路，如图 2-7（a）所示。图中 R_B 为基极限流电阻。基极 B 是控制电极，集电极 C 和发射极 E 分别是开关的两个接点。改变基极输入电压 u_i，可以控制开关两个接点的通、断。C、E 两极间的电压作为开关电路的输出电压 u_o。

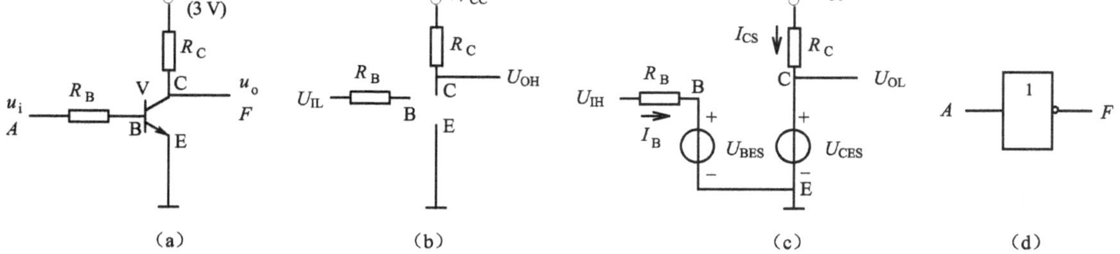

图 2-7 三极管开关电路

三极管开关电路就是一个反相器。反相器的静态特性是指，在输入电压作用下，输出电平与输入电平取值的对应关系。具体又分为截止特性和饱和特性。

（1）截止特性

已知三极管的截止条件是

$$u_{BE} \leqslant U_T$$

式中，U_T 为三极管死区电压，又称阈值电压或门限电平。

设三极管为硅管，则 $U_T \approx 0.5\,V$。当输入电压 u_i 为低电平 $U_{IL} < U_T$ 时，三极管截止，此时 $I_B \approx 0$，$I_C \approx 0$，$I_E \approx 0$，三极管三个电极间相当于断开的开关，等效电路如图 2-8（a）所示。反相器输出电压为高电平，$u_o = U_{OH} = V_{CC}$，参见图 2-7（b）。

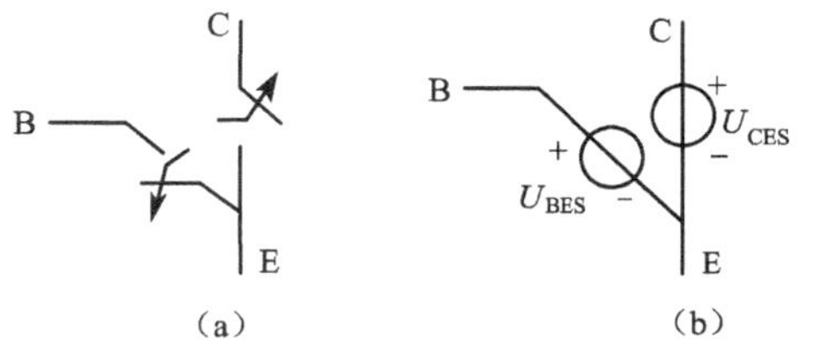

图 2-8　三极管开关等效电路

（2）饱和特性

当 u_i 为高电平 $U_{IH} > U_T$ 且能够使三极管饱和时，三极管各极电压为

$$U_{BE} = U_{BES};\quad U_{CE} = U_{CES}$$

式中，U_{BES} 是 B-E 间饱和压降；U_{CES} 是 C-E 间饱和压降。

一般硅管 $U_{BES} = 0.7 \sim 0.8$ V，$U_{CES} = 0.1 \sim 0.3$ V。图 2-8（b）所示是三极管饱和时的等效电路。

三极管饱和时反相器的等效电路如图 2-7（c）所示，由图得三极管饱和时的集电极电流 I_{CS} 为

$$I_{CS} = \frac{V_{CC} - U_{CES}}{R_C} \approx \frac{V_{CC}}{R_C}$$

由式可见，I_{CS} 是集电极电流所能达到的最大值。设三极管临界饱和基极电流为 I_{BS}。在临界饱和时，三极管能够满足

$$I_{BS} = \frac{I_{CS}}{\beta}$$

而在饱和区，$i_B > I_{BS} = I_{CS}/\beta$，亦即三极管进入饱和区，增大 i_B，i_C 基本保持 I_{CS} 不变。i_B 大于 I_{BS} 越多，三极管饱和越深。

可见，当输入为高电平 U_{IH} 时，反相器输出低电平，$u_o = U_{OL} = U_{CES} \approx 0.3$ V。

非门真值表见表 2-3，逻辑表达式为 $F = \overline{A}$。逻辑符号见图 2-7（d）。

表 2-3　非门真值表

电平真值表（单位：V）		逻辑真值表	
输入	输出	输入	输出
u_i	u_o	A	F
0.3	3	0	1
3	0.3	1	0

2. 三极管反相器的动态特性

三极管反相器的动态特性是指，三极管由饱和变为截止或由截止变为饱和时的转换特性。在图 2-7（a）的电路输入一个矩形脉冲 u_i 时，得到集电极电流 i_C 与输出电压 u_{CE} 的波形如图 2-9 所示。可见，i_C 与 u_{CE} 不但产生了上升沿与下降沿，并且相对 u_i 还产生了一定的延迟时间。图 2-9 中给出了四个时间参数：延迟时间 t_d，上升时间 t_r，存储时间 t_s，下降时间 t_f。并且将 $t_d+t_r=t_{ON}$ 称为开启时间，将 $t_s+t_f=t_{OFF}$ 称为关闭时间。

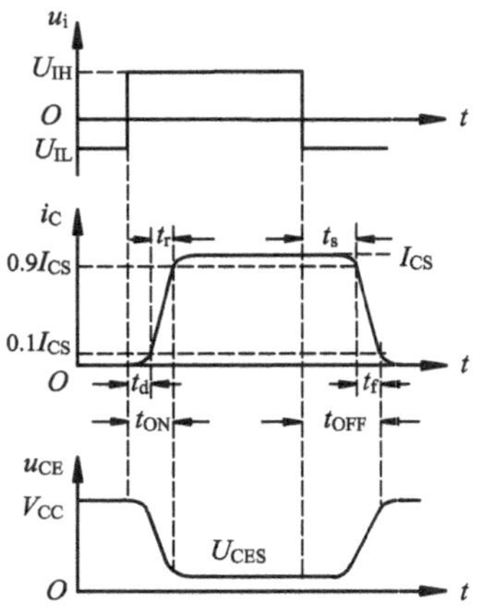

图 2-9　三极管开关时间

时间参数是衡量三极管开关速度的重要参数。延迟时间越小，三极管开关速度越快。

*形成三极管开关时间的原因如下：

（1）当输入电压由 U_{IL} 跳变为 U_{IH} 时，发射结由反偏变为正偏，发射区开始向基区发射载流子，载流子渡过基区，逐渐到达集电极，开始形成集电极电流 i_C，这就形成了延迟时间 t_d。

（2）t_d 之后，发射区不断向基区注入载流子，载流子在基区积累并向集电区扩散，形成集电极电流 i_C。载流子浓度在基区不断增加，i_C 也逐渐增大，直到 i_C 达到饱和值 I_{CS}。上升时间 t_r 就是载流子在基区积累所需要的时间。

（3）当三极管工作在饱和区时，$i_B>I_{BS}$，集电极不能收集从发射区注入基区的全部载流子，基区就有过剩的存储电荷。当输入电压由 U_{IH} 跳变为 U_{IL} 时，过剩存储电荷不能立即消散。只要过剩存储电荷没有消失，i_C 就维持 I_{CS} 不变。随着过剩存储电荷的减少，三极管饱和程度变浅。当过剩存储电荷全部消失时，三极管开始脱离饱和。过剩存储电荷消失所需要的时间就是存储时间 t_s。

显然，三极管饱和越浅，过剩存储电荷越少，t_s 越小；发射结所加反向电压越大，反向基极电流越大，基区过剩存储电荷消失得越快，t_s 越小。

（4）随着基区存储电荷的继续消散，基区中载流子浓度下降，i_C 下降，产生了下降时间 t_f。

2.2　集成 TTL 门电路

集成电路（IC，Integration Circuit）是指将晶体管、电阻、电容及连接导线等集中制作在一块很小的半导体硅片（亦称芯片）上并加以封装，构成的具有一定功能的电路。根据电路中晶体管的导电类型，集成电路分为双极型电路和单极型电路两类。

通常，单块芯片上集成元器件数量的多少称为集成度。据此把集成电路分为小规模、中规模、大规模、超大规模集成电路。小规模集成电路（SSI，Small Scale Integration）包含 10～100 个元器件或 1～10 个门电路，如集成逻辑门和集成触发器；中规模集成电路（MSI，Medium Scale Integration）包含 100～1000 个元器件或 10～100 个门电路，如集成计数器、寄存器和译码器等；大规模集成电路（LSI，Large Scale Integration）包含 1 000～10 000 个元器件或 100～1 000 个门电路，如存储器和某些设备的控制器等；超大规模集成电路（VLSI，Very Large Scale Integration）包含 10 000 个以上的元器件，如单片微型计算机等。

集成 TTL（Transistor Transistor Logic）门电路就是集成晶体管-晶体管逻辑门电路，是双极型电路，有与非门、与门、OC 门、三态门等多种类型。下面重点分析与非门的原理及特性。

2.2.1　与非门

TTL 与非门基本电路如图 2-10 所示，电路组成分为三级。输入级由多发射极晶体管 V_1 和电阻 R_1 组成，等效电路如图 2-11 所示，是一个与门电路。V_1 集电结起电平移动作用。V_2、V_6 等组成中间级。由 V_2 集电极和发射极输出一对极性相反的信号驱动输出级。输出级由 V_3～V_5、R_3 和 R_4 组成，此输出结构称为有源推拉输出或图腾柱输出。

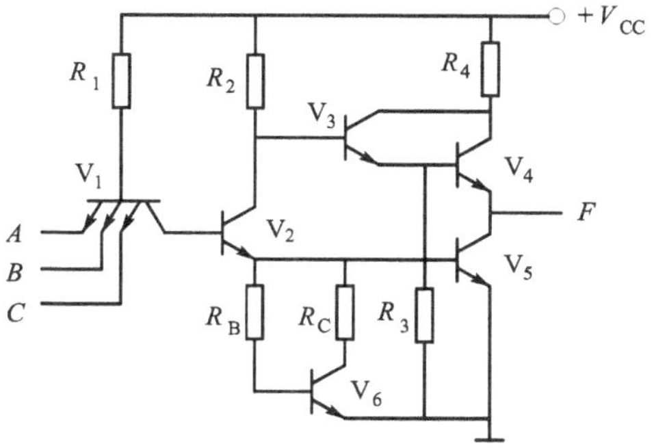

图 2-10　TTL 与非门电路

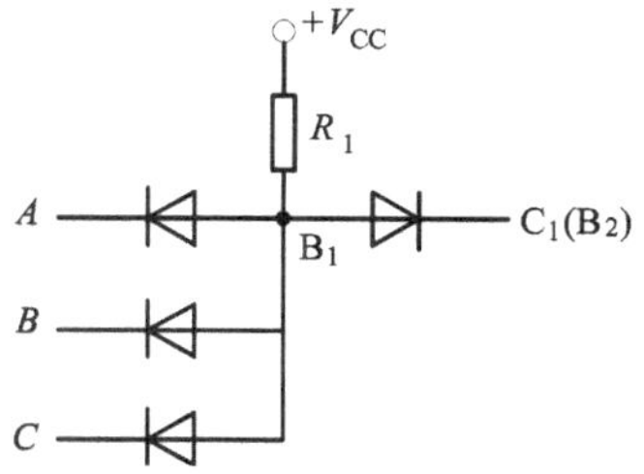

图 2-11　输入级等效电路

1. 工作原理

图 2-10 所示电路中，输入信号有一个为低电平 0.3 V 时，V_1 基极电位 u_{B1} 被限定在 0.3 V +0.7 V =1 V。若使 V_2、V_5 导通，u_{B1} 必须达 2.1 V，因此 V_2、V_5 截止。V_{CC} 通过 R_2 使 V_3、V_4 导通，$u_{C2}=V_{CC}-I_{B3}R_2\approx V_{CC}$，$u_o=u_{C2}-U_{BE3}-U_{BE4}\approx V_{CC}-0.7\text{ V}-0.7\text{ V}=3.6\text{ V}$，输出为高电平 U_{OH}。

当输入信号全为高电平 3.6 V 时，u_{B1} 升高，使 V_2、V_5 饱和，将 u_{B1} 限定在 2.1 V，V_1 倒置（集电极与发射极颠倒使用），电流放大系数只有 0.05 左右，发射极电流很小。又 $u_{C2}=U_{CES2}+U_{BES5}=0.3\text{ V}+0.7\text{ V}=1\text{ V}$，所以 V_3 导通、V_4 截止，$u_o=U_{CES5}=0.3\text{ V}$，输出为低电平 U_{OL}。

综上所述，当输入 A, B, C 中有一个是低电平时，输出 F 为高电平；只有全部输入都为高电平时，输出 F 才为低电平。输入与输出的逻辑关系为

$$F=\overline{ABC}$$

下面讨论有源推拉输出结构与 V_6 管的作用。

输出级输出高电平时，V_3 和 V_4 组成的射随器工作，V_5 为射随器的有源负载，V_5 截止，使输出电阻很低，仅为几十欧。而输出为低电平时，V_5 饱和，V_4 为 V_5 的有源负载，V_4 截止，使输出电阻小于 100 Ω。总之，由于采用有源推拉输出，减小了输出电阻，增强了带负载能力。

应当指出，此结构的输出端不可直接与地线或电源线相连。与地短路时，V_3、V_4 将因电流过大而损坏；与电源线短接时，V_5 会因电流过大而烧毁。输出端也不能直接相连（如图 2-12 所示），否则会有很大的电流流过两个门中导通的输出管，造成管子损坏。

图 2-10 中，R_B、R_C 和 V_6 的作用是提高工作速度。当输入电平由高变低时，V_2 截止，V_5、V_6 随之截止。因 V_6 基极和集电极分别通过 R_B 和 R_C 接到 V_5 基极，所以在 V_5 尚未截止时，V_6 发射结仍正偏，使 V_6 导通，V_5 基区存储的电荷通过 V_6 泄放。V_6 集电极电流很大，

从 V_5 基区抽走电荷的能力很强，从而加快了 V_5 截止的速度，提高了电路的工作速度。

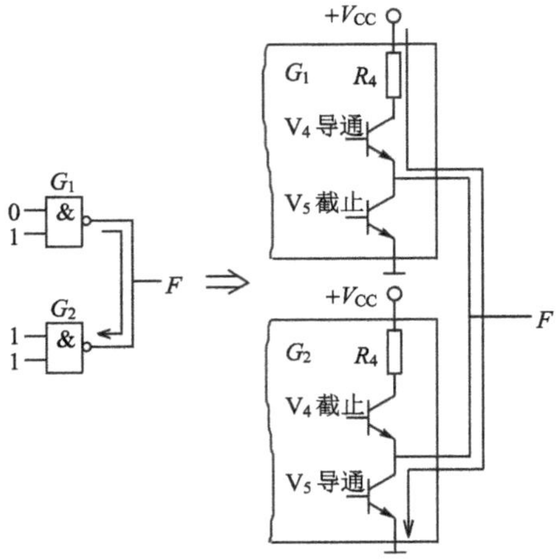

图 2-12 有源推拉式输出不能并联

2. 电气特性

门电路的电气特性是正确选择、使用门的依据之一，主要包括传输特性、输入特性和输出特性等。

（1）传输特性

传输特性是指输出电压 u_o 随输入电压 u_i 变化的曲线。以图 2-10 所示电路为例，图 2-13 所示是测量其传输特性的电路及实测曲线。曲线可以分为三段：

① AB 段，u_i<0.8 V，则 $u_{B1}=u_i+U_{BE1}=(u_i+0.7\text{ V})<1.5\text{ V}$，所以 V_2、V_5 截止，输出保持为高电平 U_{OH}=3.6 V。因此，AB 段中的 u_o 不随 u_i 变化，这时称门处于关闭状态。

② BC 段，0.8 V<u_i<1.4 V，1.5 V<u_{B1}<2.1 V，V_2、V_5 转入导通，但不具备饱和条件而处于放大区，当 u_i 增大时，u_{C2} 减小，通过 V_3、V_4 跟随作用，u_o 减小，所以 BC 段为下降段。

③ CD 段，u_i>1.4 V，由于 u_{B1}=2.1 V，V_2、V_5 饱和。V_5 饱和，$u_o=U_{CES5}$ 不再变化，保持为低电平 U_{OL}，这时称门处于开通状态。

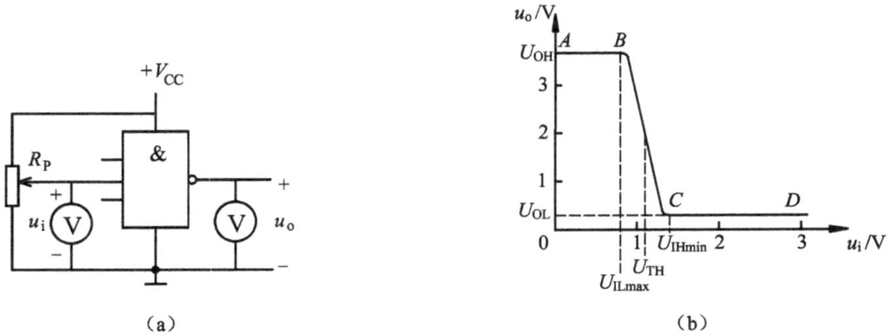

图 2-13 TTL 与非门传输特性

利用传输特性，能够求出与非门的几个重要参数，参见图 2-13（b）。

① 输出高电平 U_{OH}、低电平 U_{OL}，分别为传输特性曲线上门处于关闭、开通时的输出电压。

② 输入低电平 U_{IL}、高电平 U_{IH}，分别为门关闭和开通时的输入电平值。U_{IL} 与 U_{IH} 都有

一定的取值范围。为保证输出为高电平，最大输入低电平为 U_{ILmax}。为保证输出为低电平，最小输入高电平为 U_{IHmin}。求得 $U_{ILmax}=0.8$ V，$U_{IHmin}=1.4$ V。

③ 门限电平又称阈值电压，记作 U_{TH}。一般取

$$U_{TH}=\frac{U_{ILmax}+U_{IHmin}}{2}$$

可得

$$U_{TH}=1.1\ \text{V}$$

通常认为，当 $u_i<U_{TH}$ 时门关闭，$u_i>U_{TH}$ 时门开通。

④ 低电平噪声容限 U_{NL} 与高电平噪声容限 U_{NH}。U_{NL} 指输入低电平时允许的最大正向干扰幅度。U_{NH} 指输入高电平时允许的最大负向干扰幅度。噪声容限越大，门电路抗干扰能力越强。

门电路在组成系统电路时，前级门（称为驱动门）输出往往就是后级门（称为负载门）输入，如图 2-14 所示，由此可求得噪声容限为

$$U_{NL}=U_{ILmax}-U_{OLmax},\quad U_{NH}=U_{OHmin}-U_{IHmin}$$

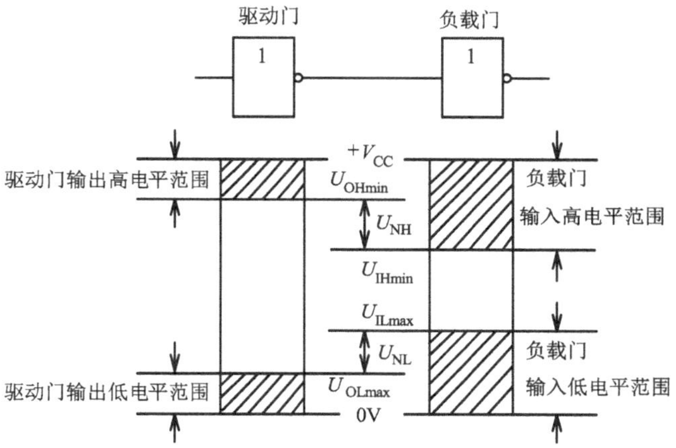

图 2-14　与非门噪声容限

（2）输入特性

输入特性分为输入伏安特性和输入负载特性。

① 输入伏安特性是指 u_i 与 i_i 之间的关系曲线。测量电路及实测曲线如图 2-15 所示。

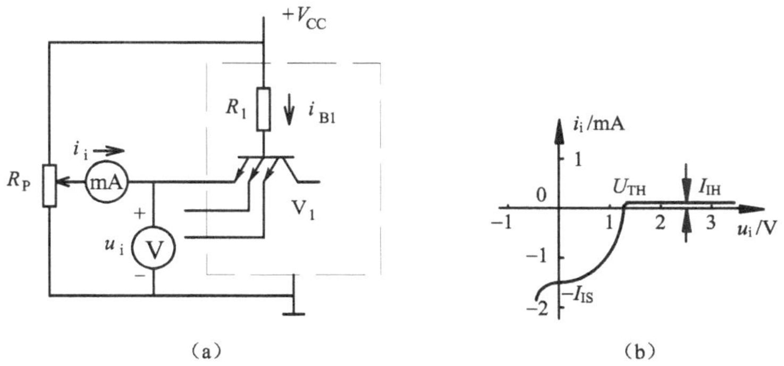

图 2-15　输入伏安特性

曲线上，电流 i_i 为负值时表示电流实际是流出输入端，i_i 为正值时则表示电流实际是流入输入端。曲线表明：当输入电压 u_i 小于 U_{TH} 时，输入端流出电流；当 u_i 大于 U_{TH} 时，输入端流入电流。

通常将输入低电平 $U_{IL}=0$ V（输入端对地短路）时流出门输入端的电流称作输入端短路电流 I_{IS}，其值较大；而将输入高电平时流入门输入端的电流称做输入端漏电流 I_{IH}，其值很小。

② 输入负载特性是指 u_i 随输入端外接电阻 R_i 变化的曲线，如图 2-16 所示。由图可见，R_i 增加，u_i 增大，当 u_i 增大到 U_{TH} 时，门开通，此时 R_i 值称为开门电阻 R_{ON}。通常认为，$R_i<R_{ON}$，门关闭，输出高电平；$R_i>R_{ON}$，门开通，输出低电平。所以，TTL 与非门不用的输入端悬空，相当于接逻辑高电平。

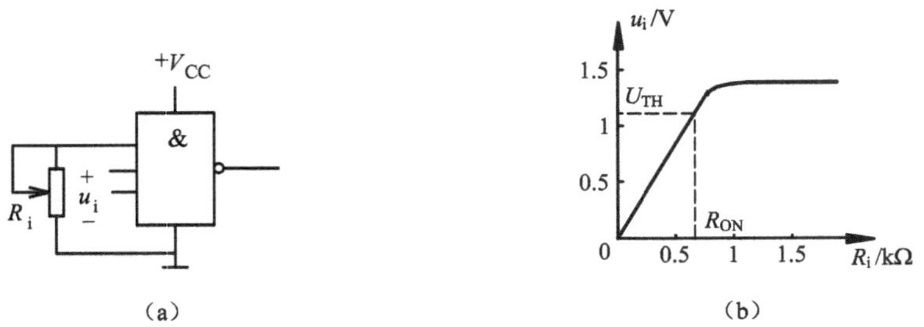

图 2-16 输入负载特性

（3）输出特性

在分析门的输出特性之前，首先讨论门的负载能力。实际应用中，驱动门输出端一般总接有几个负载门，如图 2-17 所示。驱动门的输出电流称为驱动电流。流经驱动门又流经负载门的电流称为负载电流。根据负载电流的实际流向，通常将负载分为以下两种。

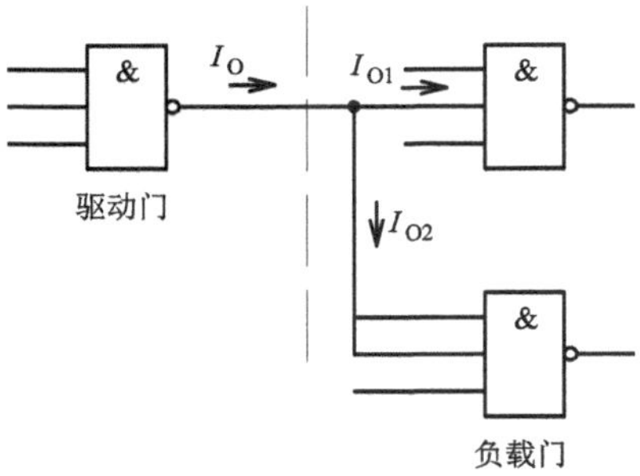

图 2-17 与非门的负载

① 灌流负载。如图 2-18 所示，驱动门带两个负载门。当驱动门开通时，V_5 饱和，$u_o=U_{OL}$，负载门输入低电平，负载门电流 I_{OL1}、I_{OL2} 实际由负载门灌入驱动门输出端，因此，称驱动门此时带灌流负载。

驱动门开通时，V_5 应处于饱和状态，以保证输出 u_o 为低电平。由于驱动门电路结构一定，为维持 V_5 饱和，最大允许集电极电流也一定，所以驱动门所允许的灌流负载最大值 $I_{OL\max}$ 也一定，所允许带相同负载门的最大数目 $N_{L\max}$ 也一定。设 $I_{OL1}=I_{OL2}\approx I_{IS}$，则 $N_{L\max}=I_{OL\max}/I_{IS}$，$N_{L\max}$ 称为驱动门灌流负载能力。

② 拉流负载。如图 2-19 所示，当驱动门关闭时，V_4 导通，$u_o=U_{OH}$，负载门输入高电平，负载电流从驱动门输出端流向负载门输入端，这时称驱动门带拉流负载。

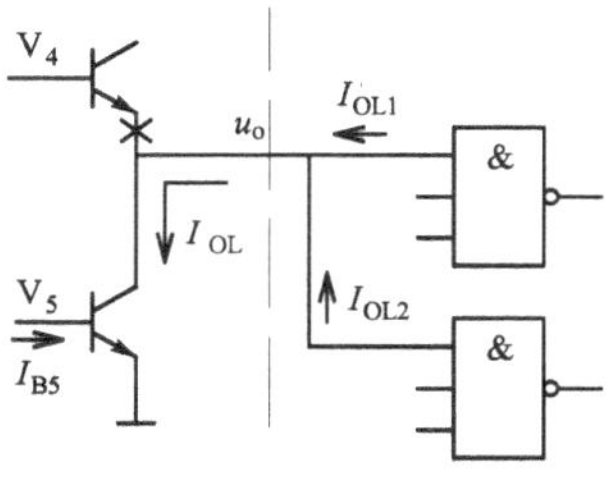

图 2-18　与非门的灌流负载

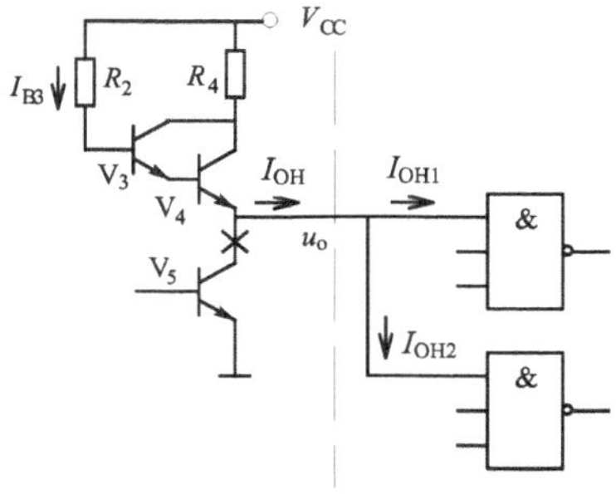

图 2-19　与非门的拉流负载

为保证与非门的逻辑功能，对 U_{OH} 下限值有一定要求。例如，图 2-10 所示的电路，要求 $U_{OH\,min} \geqslant 2.4$ V。因此驱动门所允许的拉流负载最大值 $I_{OH\,max}$ 被确定下来，即允许带相同负载门的最大数目 $N_{H\,max}$ 被确定：$N_{H\,max} = I_{OH\,max}/I_{IH}$。$N_{H\,max}$ 称为驱动门的拉流负载能力。

因为 $I_{IS} \gg I_{IH}$，所以在计算负载能力时按最坏情况考虑，通常取 $I_{OL\,max}$ 计算。因此，$N_O = N_{L\,max} = I_{OL\,max}/I_{IS}$。$N_O$ 称为扇出系数，即一个门能驱动同类型门的个数。一般 TTL 门 $N_O \geqslant 8$。

输出特性是指门电路输出电压与电流之间的关系曲线。输出电平不同，曲线也不同。

① 输出高电平时带拉电流负载，等效电路如图 2-20（a）所示，V_4 工作在射随状态，负载电流实际流出输出端，拉电流增加，输出电平减小，变化情况如图 2-20（b）所示。

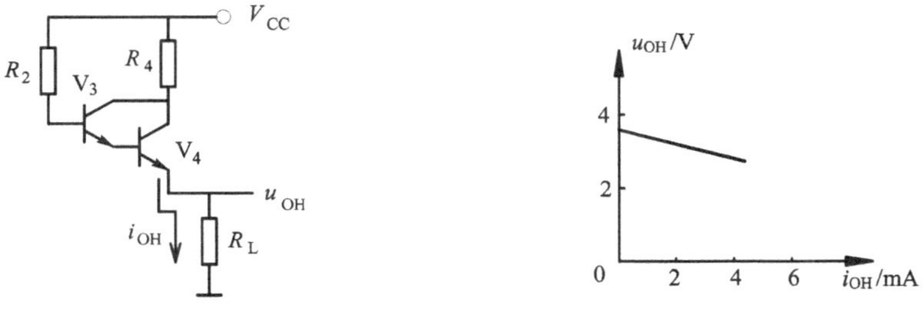

（a）　　（b）

图 2-20　输出高电平特性

② 输出低电平时带灌电流负载。此时 V_5 饱和，负载电流由 V_{CC} 经负载灌入输出端，如图 2-21（a）所示。若灌入电流增加，则 V_5 饱和程度变浅，输出低电平值增大，如图 2-21（b）中曲线所示。

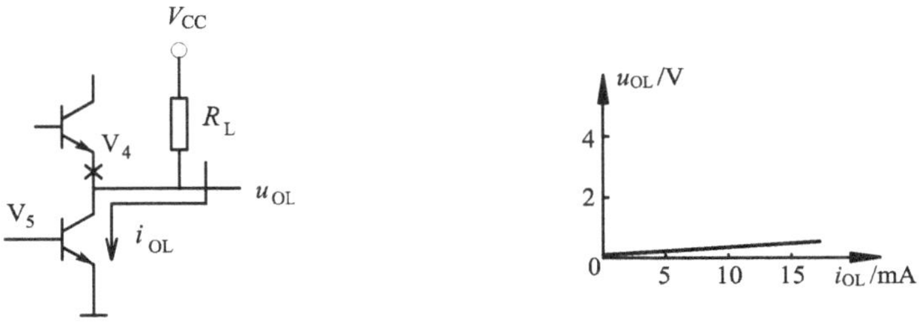

（a）　　（b）

图 2-21　输出低电平特性

（4）传输延迟特性

由于三极管开关延迟特性等因素影响，当与非门输入电平发生跳变时，经过一段时间延迟，与非门输出电平才能变化，如图 2-22 所示，这一动态延迟称为传输延迟。其中，输出由低电平变高电平的延迟时间为 t_{pLH}，由高电平变低电平的延迟时间为 t_{pHL}。

传输延迟时间是反映门电路工作速度的重要参数，其值越小，工作速度越快。通常根据传输延迟时间，将门划分为低速门、中速门、高速门几种。

（5）功耗

功耗是指器件工作时所消耗的功率。器件手册中通常给出空载时，门电路输出高电平与低电平时的电源电流值。由给定电源电流值可计算静态功耗，即电源电流与电源电压的乘积。图 2-10 中电路的静态功耗为 32 mW，某些 TTL 门的功耗可为几毫瓦。

特别指出，与非门在状态转变时，有一个阶段 V_4 和 V_5 同时导通，这时会有一个很大的电流流过两管，使电源瞬时电流增加，特别是输出电平由低向高转变时，通过电源的尖峰电流脉冲可达十几毫安，如图 2-23 所示。显然，这将导致门电路在翻转过程中产生的动态功耗随着工作频率的升高而加大。因此，在工作频率较高时不能忽视尖峰电流对门电路功耗的影响。

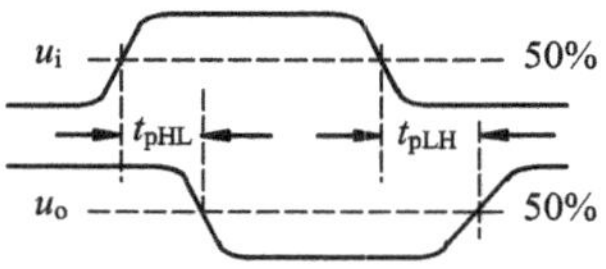

图 2-22　延迟时间

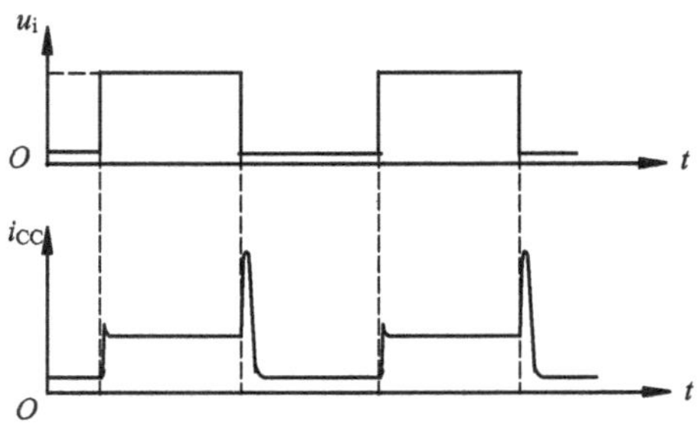

图 2-23　电源动态尖峰电流

2.2.2　其他功能的门电路

在集成 TTL 电路系列产品中，除了常用的与非门外，还有与门、或门、非门、或非门、与或非门、异或门、集电极开路门、三态门、扩展器等。下面介绍其中几种。

1．与或非门

与或非门电路如图 2-24 所示，它比图 2-10 中的电路多了 V_1'、V_2'和 R_1'，这部分电路的作用与 V_1、V_2 和 R_1 的作用完全相同。因 V_2 与 V_2'输出端并联，所以其中任何一个管导通，都能使 V_5 导通，输出低电平；只有 V_2 和 V_2'同时截止，V_5 才截止，输出高电平。可见，V_2、V_2'输出端并联具有或逻辑功能，整个电路的逻辑功能是与或非，即

$$F=\overline{A_1A_2+B_1B_2}$$

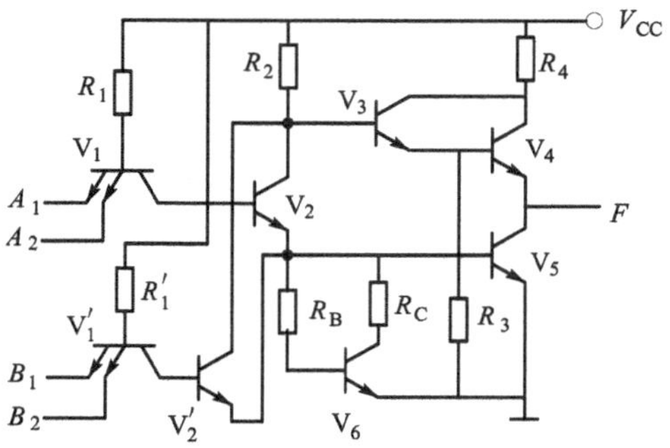

图 2-24　与或非门

2. 扩展器

门的扇入系数就是门的输入端数。TTL 门的扇入系数一般为 2, 3, 4。使用扩展器可以增加扇入系数。扩展器有与扩展器和与或扩展器。

与扩展器实际就是一个多发射极晶体管，图 2-25（a）中虚线框内的电路即为与扩展器。在使用时，扩展器必须与带有扩展端的门电路相配合。对图 2-25（a），有

$$F=\overline{ABC \cdot A'B'C'}$$

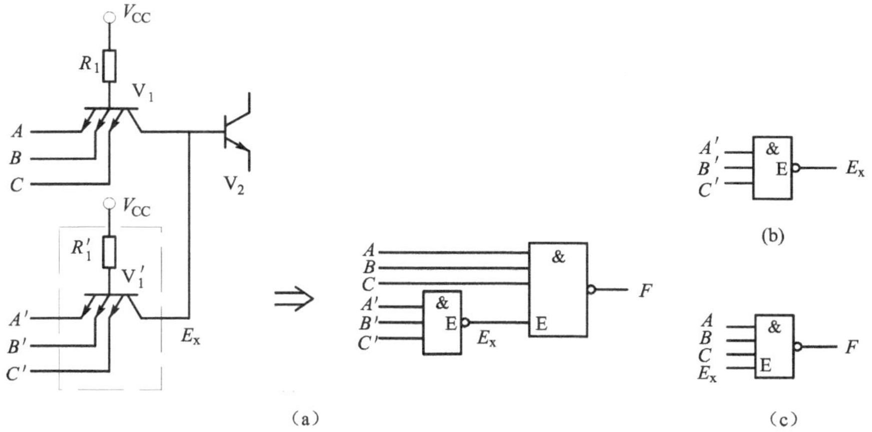

图 2-25　扩展与非门的扇入系数

图 2-25（b）所示为与扩展器的逻辑符号，图 2-25（c）所示为带扩展端的与非门的逻辑符号。

与或扩展器要和带有与或扩展端的与或非门配合使用，如图 2-26（a）所示，有

$$F=\overline{AB+CD+A'B'+C'D'}$$

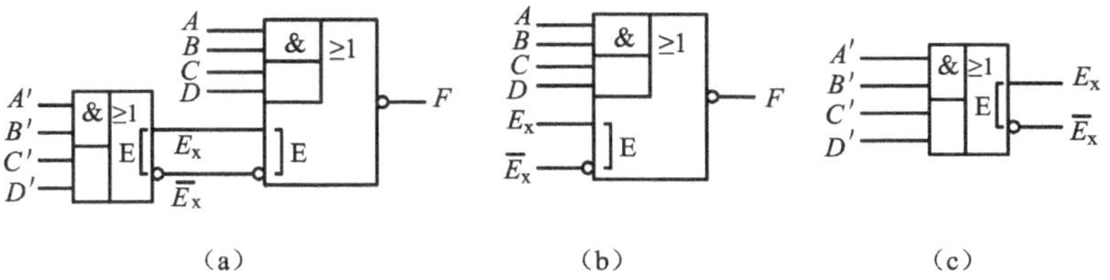

图 2-26　扩展与或非门的扇入系数

图 2-26（b）、（c）所示分别为带扩展端的或非门和或扩展器的逻辑符号。

3. 集电极开路门

在数字系统中广泛使用线逻辑。所谓线逻辑就是将门电路输出或输入端直接相连而实现的逻辑。由于这种逻辑功能是在连接点处实现的，所以又称点逻辑。

利用集电极开路门（即 OC 门）可实现线与逻辑。图 2-27（a）所示是 OC 与非门的电路图及逻辑符号。由于 V_3 集电极开路，使用时必须在输出端与电源之间串电阻 R_L，如图 2-27（b）所示，R_L 称为上拉电阻，其阻值选取方法请参考本章习题 2-5。R_L 所接电源 V_{CC}' 根据实际情况选择，在 R_L 支路所需电流较小的情况下，可与 OC 门使用同一电源 V_{CC}。

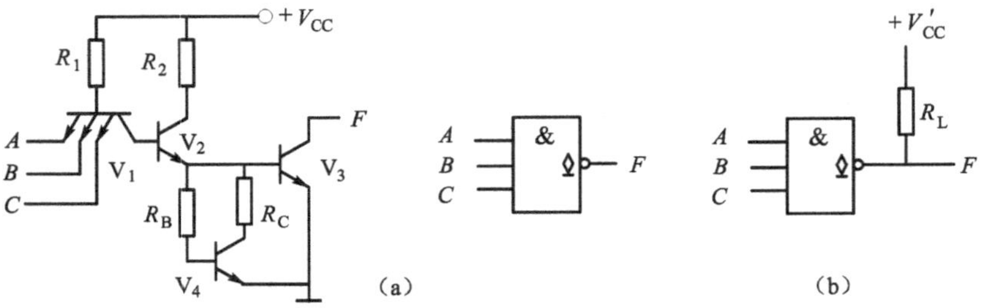

图 2-27　OC 与非门

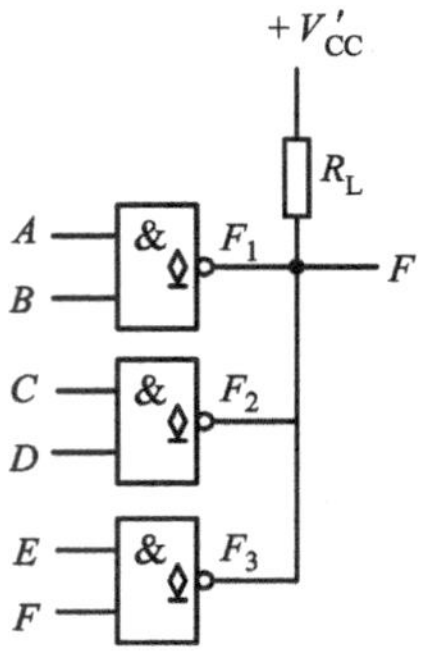

图 2-28　OC 门线与

图 2-28 所示是将几个 OC 门输出端直接相连实现线与。当任一 OC 门输出低电平时，输出 F 为低电平，只有所有 OC 门的输出都是高电平时，F 才为高电平，即

$$F=F_1 \cdot F_2 \cdot F_3=\overline{AB} \cdot \overline{CD} \cdot \overline{EF}$$

应用举例

OC 门能实现线逻辑，可以作接口电路，也可直接驱动各种负载。图 2-29（a）所示是用 OC 门驱动发光二极管 LED。图 2-29（b）所示是驱动大功率照明灯 L，由于 OC 门提供的电流较小，不能直接驱动大功率照明灯，而继电器的触点可以承受高电压和大电流，所以通过驱动继电器来实现对灯 L 的控制。

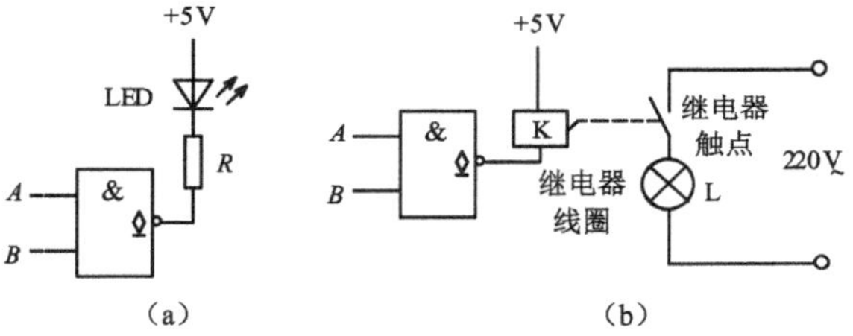

图 2-29　OC 门驱动 LED 和继电器

4．三态门

三态门又称 TS 门或 3S 门。上述所介绍的门电路具有 0、1 两种状态，都是低阻输出。3S 门的第三态是高阻态 Z，此状态输出端相当于断开。

三态 TTL 与非门如图 2-30（a）所示，增加了一个控制端（或称使能端、允许端）EN。当 EN 为高电平（即 EN=1）时，二极管 V_D 截止，对电路无影响，$F=\overline{AB}$；当 EN 为低电平（即 EN=0）时，V_D 导通，使 u_{C2} 下降，V_4 截止，又 EN 为低电平使 V_5 截止，所以从输出端看，电路是高阻状态。可见，EN=0 时输出为高阻态，而 EN=1 时实现与非功能，因此称之为高电平有效的三态门。图 2-30（b）所示是其逻辑符号。

图 2-31 所示是低电平有效的三态门，即 $\overline{EN}$=1 时输出为高阻，而 $\overline{EN}$=0 时，$F=\overline{AB}$。由于使能端信号低电平有效，所以在逻辑符号使能端上加小圆圈表示，控制信号 EN 上加“–”表示。

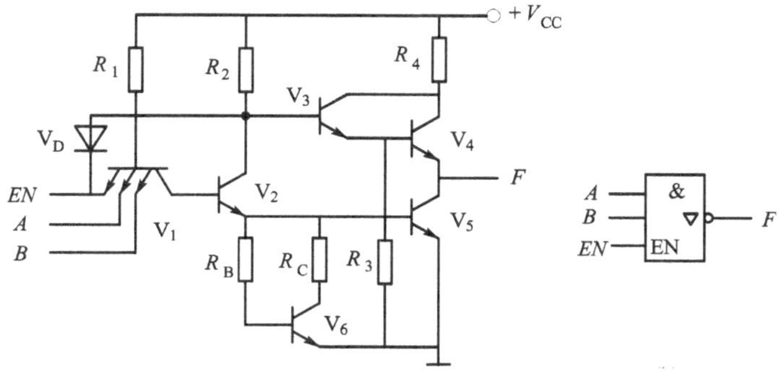

(a)　　(b)

图 2-30　三态门

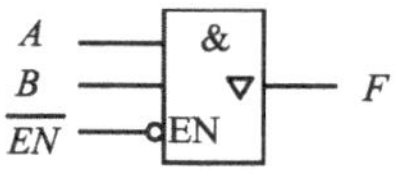

图 2-31　低电平有效三态门

应用举例

三态门的典型应用是在通信设备或计算机中构成总线结构，实现分时传送信号。总线是一组导线，是信息的公共传输线。任一瞬时，一条总线上只能有一个信息在传送。图 2-32 中，在一条总线上连接了六个三态门。当 EN_1, EN_2, EN_3 轮流接高电平时，A, B, C 端的信号就可以轮流送到数据总线上，并由 G_4, G_5, G_6 中使能端为高电平的门把信号接收下来。

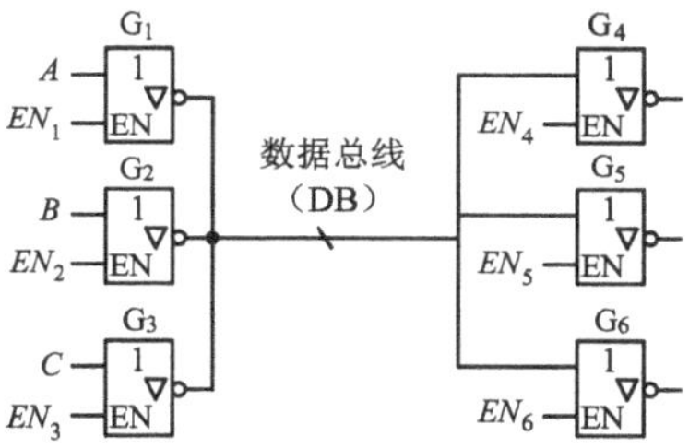

图 2-32　三态门应用举例

5．驱动门和缓冲门

驱动门又称功率门、驱动器，具有强带负载能力，扇出系数一般可达 50。缓冲门在电路中起隔离作用，也具有强带负载能力，从这种意义上说，缓冲门也可视作驱动门。图 2-33（a）所示是与非驱动器，图（b）所示是与缓冲器（OC），图（c）所示是反相缓冲器/驱动器，图（d）所示是缓冲器（3S）。图（d）所示使能端上的三角符号是低电平有效的另一表示方法，称为极性指示。

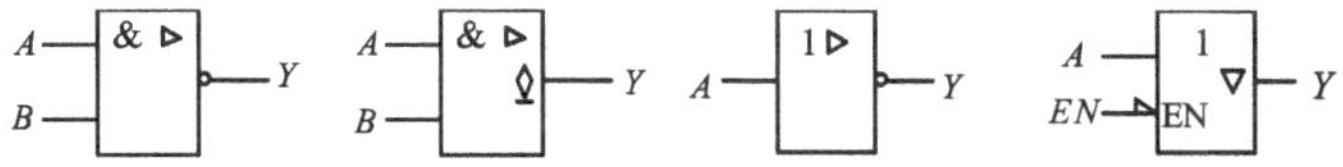

（a）　（b）　（c）　（d）

图 2-33　驱动器和缓冲器

2.2.3　门电路的改进

对 TTL 电路的改进，主要从两方面进行：一是提高工作速度，二是降低功耗。因此就出现了各具特色的子系列门电路。

1. 肖特基 TTL 门（S 系列）

三极管在进行状态转换时需要转换时间，尤其是由饱和转为截止。饱和越深，转换时间越长。为减小转换时间，提高工作速度，肖特基 TTL 门电路采用了抗饱和晶体管。抗饱和晶体管如图 2-34 所示，它在普通三极管的集电结并联了肖特基二极管。肖特基二极管导通电压约 0.4～0.5 V，开关速度比一般二极管快一万倍。加了肖特基二极管，并不影响三极管的截止工作，而只限制饱和时三极管的集电结正向电压仅在 0.4 V 左右，三极管工作在浅饱和区，减小了转换时间。

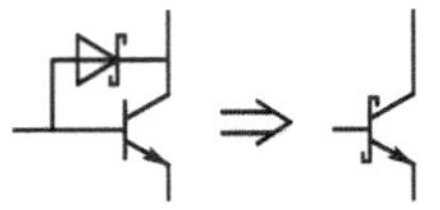

图 2-34　肖特基三极管

2. 低功耗肖特基 TTL 门（LS 系列）

LS 系列是 TTL 电路的主要产品。相对 S 系列门电路，LS 系列 TTL 门电路在电路结构上进行了一定改进，适当加大了电路中部分电阻的阻值，因而功耗低，但速度低于 S 系列。

3. 先进肖特基 TTL 门（ASTTL 系列）

ASTTL 电路主要是在制造工艺上对 TTL 门电路进行了改进，使器件达到了更高的性能。

比较以上三种系列的门电路：STTL 门传输延迟时间约数纳秒，功耗约几十毫瓦；LSTTL 门传输延迟时间约十几纳秒，功耗约数毫瓦；ASTTL 门传输延迟时间约 2 ns，功耗约 4 mW。

2.2.4　TTL 门电路的使用注意事项

（1）电源及电源干扰的滤除

电源电压 V_{CC} 应满足 74 系列 5 V±5%、54 系列 5 V±10%的要求。考虑到电源通断瞬间及其他原因在电源线上产生的干扰冲击电压，在印制电路板上每隔 5 块左右的集成电路，加接一个 0.01～0.1 μF 的电容，以滤除干扰。

电源 V_{CC} 和地线一定不能颠倒，否则将引起大电流而造成电路损坏。

（2）未用输入端的处理

与门、与非门可将未用输入端接上电压（其值在 2.4 V 至输入电压最大值之间选取），如接电源 V_{CC}。或门、或非门可将未用输入端接地。输入端也能并联使用，但这会增加对驱动电流的要求。

注意

① 输入端不能直接与高于 5.5 V 和低于−0.5 V 的低内阻电源连接，以免过流而烧坏。

② 不要将未用输入端悬空；否则易接收外界干扰，产生错误运算。

（3）输出端

有源推拉输出结构不允许输出端直接连接。输出端不能过载，更不允许对地短路，也不允许直接接电源。当输出端接容性负载时，电路从断开到接通瞬间有很大的冲击电流流过输出管，因此，为防止输出管损坏，应接限流电阻。一般容性负载 C_L>100 pF 时，限流电阻取 180 Ω。

（4）其他

为避免损坏电路，在焊接时最好选用中性焊剂、45 W 以下的烙铁。焊接后严禁将电路连同印制电路板放入有机溶液浸泡清洗，只允许用少量酒精轻微擦洗管脚上的焊剂。

2.3　集成 CMOS 逻辑门电路

单极型 MOS 数字集成电路是数字集成电路的一个重要系列，具有功耗低、抗干扰性能好、制造工艺简单、易于大规模集成等优点，目前，在大规模集成电路中得到广泛应用。但其工作速度相对 TTL 电路低，因而其使用受到限制。

MOS 集成电路有 PMOS, NMOS, CMOS 电路。PMOS 电路生产工艺简单；NMOS 电路工作速度快；CMOS 电路抗干扰能力强，电源电压范围宽，功耗很小，速度较快，是目前应用最为广泛的集成电路。

下面首先复习 MOS 管的特性，然后讨论 CMOS 反相器及各种 CMOS 门电路。

2.3.1　MOS 管的特性

增强型 NMOS 管的转移特性如图 2-35（a）所示，图中 U_T 为开启电压。由图可见，当 $u_{GS} \leqslant U_T$ 时，管子截止，$i_D=0$，NMOS 管漏极 D 与源极 S 间的截止电阻 R_{DS} 很大，相当于开路；当 $u_{GS} \geqslant U_T$ 时，NMOS 管导通，$i_D \neq 0$，漏极 D 与源极 S 间的导通电阻 R_{DS} 很小，约几百至几千欧姆。

PMOS 管的转移特性与 NMOS 管一致，只是工作电压的极性与之相反，如图 2-35（b）所示。

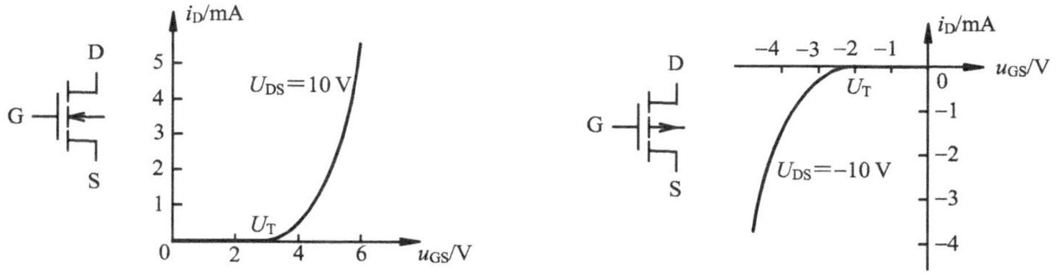

图 2-35　增强型 MOS 管转移特性

2.3.2　CMOS 反相器

CMOS 电路是由增强型 PMOS 管和 NMOS 管组成的电路，又称互补 MOS 电路。CMOS 反相器如图 2-36 所示，NMOS 管 V_1 与 PMOS 管 V_2 串接，V_1、V_2 的栅极连在一起，作为反相器的输入端；漏极连在一起，作为反相器的输出端。为使电路正常工作，要求

$$V_{DD} > |U_{TP}| + U_{TN}$$

式中，U_{TP} 为 PMOS 管的开启电压；U_{TN} 是 NMOS 管的开启电压。

当输入低电平（即 $u_i=0$ V）时，$u_{GS1}=0$ V，满足 $u_{GS1}<U_{TN}$，V_1 截止；$u_{GS2}=-V_{DD}$，满足 $|u_{GS2}|>|U_{TP}|$，V_2 导通，由于 $R_{DS2\,导通} \ll R_{DS1\,截止}$，两管分压的结果，使反相器输出高电平，$u_o \approx V_{DD}$。当输入高电平（即 $u_i=V_{DD}$ 时），有 $u_{GS1}>U_{TN}$，V_1 导通；而 $u_{GS2}=0$ V，满足 $|u_{GS2}|<|U_{TP}|$，V_2 截止，$R_{DS1\,导通} \ll R_{DS2\,截止}$，分压的结果使反相器输出低电平，$u_o \approx 0$ V。

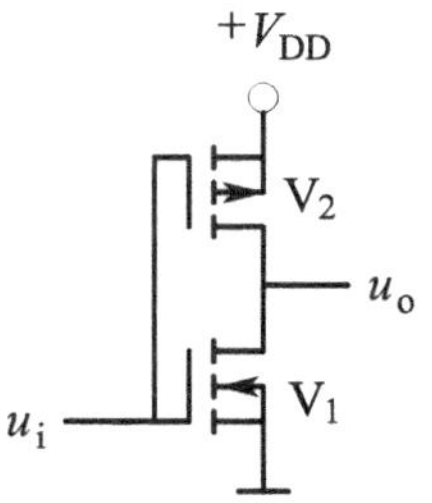

图 2-36　CMOS 反相器

由上述分析可知，无论反相器输出低电平还是高电平，V_1、V_2

中必有一个截止，电源仅向反相器提供纳安级的漏电流，因此功耗很低，在微瓦级以下。

2.3.3 CMOS 逻辑门电路

1. CMOS 与非门

CMOS 与非门如图 2-37（a）所示，NMOS 管 V_1 与 V_2 串联，PMOS 管 V_3 与 V_4 并联。当输入 A、B 同时为高电平时，V_1 和 V_2 同时导通，V_3 和 V_4 截止，输出 F 为低电平。当 A、B 中有一个为低电平时，V_1、V_2 中必有一个截止，而 V_3、V_4 中必有一个导通，F 为高电平。所以，该电路实现了与非功能，即 $F=\overline{AB}$。通常，CMOS 门电路都带有一级或二级输出缓冲级。图 2-37（b）所示是带有二级反相器缓冲级的与非门。

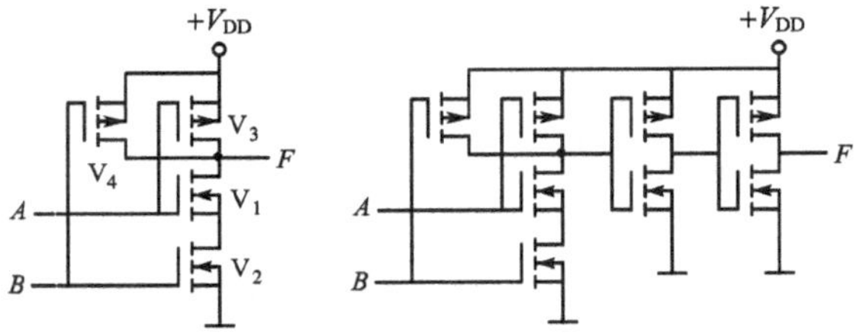

（a）　　（b）

图 2-37　CMOS 与非门

2. CMOS 或非门

CMOS 或非门如图 2-38 所示，其中 V_1、V_2 为 NMOS 管，V_3、V_4 为 PMOS 管。请读者自行分析其逻辑功能。

3. CMOS 传输门

传输门由参数一致的 PMOS 和 NMOS 管并联构成，如图 2-39（a）所示，因两管参数相同，所以 $U_{TN}=|U_{TP}|=U_T$，并且满足 $V_{DD}\geqslant 2U_T$。为分析方便起见，设 $V_{DD}=2U_T$。C 和 $\overline{C}$ 是一对互补控制端。u_i 在 0V～V_{DD} 内取值。

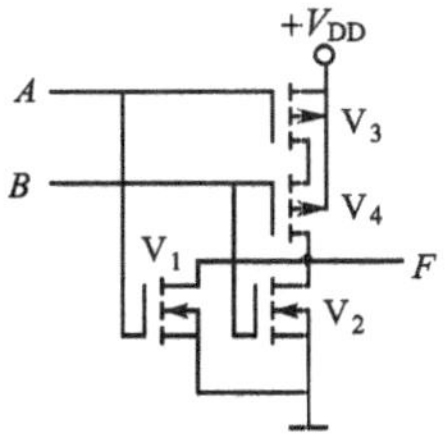

图 2-38　CMOS 或非门

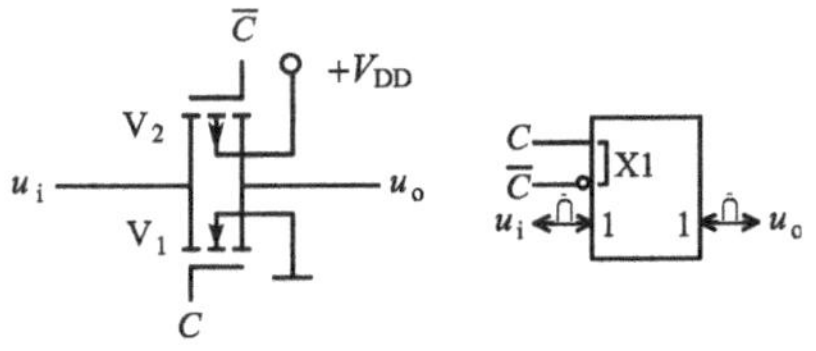

（a）　　（b）

图 2-39　CMOS 传输门

（1）$C=1$ 时（即 C 端为高电平 V_{DD}，$\overline{C}$ 端为低电平 0 V），传输门导通。

当 $0V\leqslant u_i<U_T$ 时，$u_{GS1}=u_{G1}-u_{S1}=V_{DD}-u_i>U_T$，$u_{GS2}=u_{G2}-u_{S2}=0-u_i$，有 $|u_{GS2}|<U_T$，V_1 导通，V_2 截止，因 V_1 导通电阻很小，所以 $u_o\approx u_i$。而 $U_T<u_i\leqslant V_{DD}$ 时，$u_{GS1}<U_T$，$|u_{GS2}|>U_T$，V_1 截止，V_2 导通，$u_o\approx u_i$。

（2）$C=0$（即 C 端为低电平 0 V，$\overline{C}$ 端为高电平 V_{DD}），当 u_i 在 0V～V_{DD} 内取值时，V_1

和 V_2 均截止，u_i 不能传输到输出端，传输门断开。

综上可见，传输门实为一个可控开关，在控制信号 C 作用下，或接通或断开。又由于 MOS 管具有对称结构，源、漏极可互换使用，所以传输门的输入、输出端可互换使用，因此，传输门是双向开关。传输门不仅传输数字信号，还可以传输模拟信号，故又称为模拟开关。

传输门逻辑符号如图 2-39（b）所示。图中符号“∩”表示能够传输模拟信号。

4．CMOS 三态门

CMOS 三态门有多种电路形式。图 2-40 所示是用 CMOS 传输门和反相器构成的三态门。当使能端 EN=1 时，$F=\overline{A}$；当 EN=0 时，传输门断开，输出为高阻态。

2.3.4 CMOS 门的使用注意事项

MOS 管因其结构特点，在使用中有一些问题要特别注意。

（1）电源

电源电压不得超过极限值。电源极性不能接反。

（2）输入端

① 实际中，为保护输入级 MOS 管的氧化层不被击穿，CMOS 电路一般都有输入二极管保护网络，如图 2-41 所示。正常工作时，二极管截止，当输入电压超过允许值（即 u_i<−0.5 V 或 u_i>（V_{DD}+0.5）V）时，二极管导通，对氧化层起保护作用。R_1、R_2 是二极管导通时的限流电阻。因此，为防止二极管因正偏电流过大而烧坏，要求输入信号在 V_{SS}～V_{DD} 之间取值。一般，$V_{SS} \leqslant U_{IL} \leqslant 0.3V_{DD}$，$0.7V_{DD} \leqslant U_{IH} \leqslant V_{DD}$。输入信号极限值为（$V_{SS}$−0.5）V、（$V_{DD}$+0.5）V。一般，$V_{SS}$=0 V。

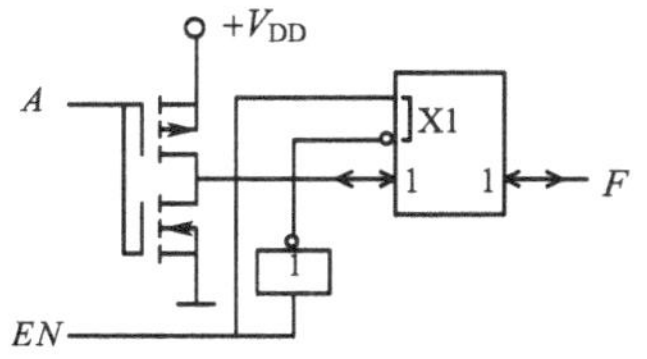

图 2-40　CMOS 三态门

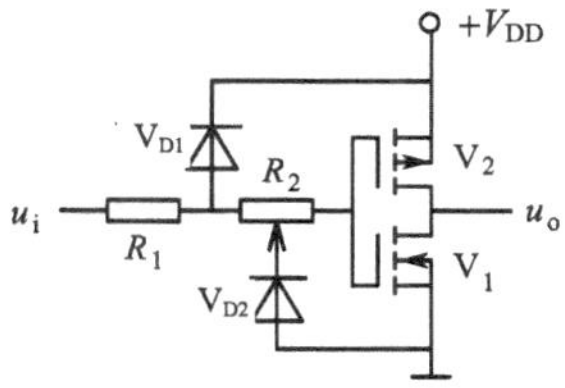

图 2-41　CMOS 电路输入保护网络

② 未使用端的处理方法：与门、与非门未用端接正电源端或高电平，或门、或非门未用端接地或低电平。

未用端绝不允许悬空。因为悬空会使 MOS 管的栅极易产生感应静电荷，使该端可能是逻辑 1，也可能是逻辑 0，从而造成电路逻辑混乱；甚至有可能造成 MOS 管氧化层被击穿。

③ 为滤除噪声干扰，一般在输入或输出端接电容 C，这时要加限流电阻，如图 2-42 所示。C 值不能超过 200 pF，否则会因充、放电电流太大，使动态功耗增加，引起电路性能变坏。

（3）输出端

① 输出端不能直接与 V_{DD}、V_{SS} 端连接，否则将造成电流过大而使输出管失效。

② 为提高电路的驱动能力，同一芯片上相同的门电路可并联使用，如图 2-43 所示。

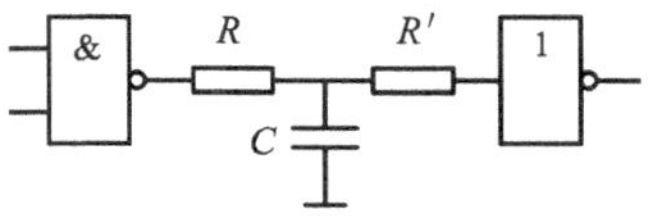

图 2-42　输入、输出端加滤波电容

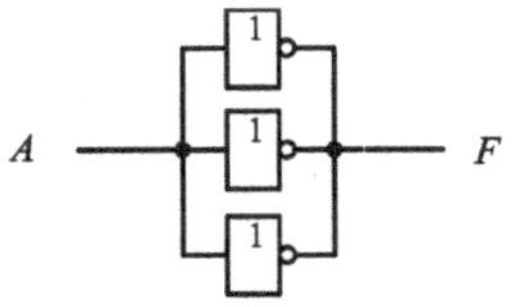

图 2-43 增大 CMOS 电路驱动能力的方法

（4）其他

① 存放时忌用塑料容器，应放在金属容器中或用铝箔包装。使用时取出一块焊接一块。

② 需要矫直引线或手工焊接时，所用设备要接地良好。工作台不铺塑料板、橡皮垫等易带静电物体，最好用金属材料覆盖，并且接地良好。

③ 实验、测量、调试时，先接入直流电源，后接信号源电源。断电时，先关闭信号源电源，后关闭直流电源。电源接通期间，严禁插拔器件。

还有一些要求，可参见使用 TTL 电路的注意事项。

2.4 接口电路

数字系统中，常有不同类型的集成电路混合使用的情况。由于输入逻辑电平、输出逻辑电平、负载能力等参数不同，相互连接时，就需要使用接口电路。接口电路就是驱动门与负载门之间的转接电路，其作用是：输入电平与驱动门输出电平相配合；输出电平与负载门输入电平相配合，具有负载门所要求的驱动能力。驱动门与接口电路、接口电路与负载之间的具体要求是：

（1）输出低电平最大值小于输入低电平最大值。

（2）输出高电平最小值大于输入高电平最小值。

（3）输出低电平电流最小值大于输入低电平电流最大值。

（4）输出高电平电流最小值大于输入高电平电流最大值。

下面主要介绍 TTL 与 CMOS 电路之间的接口电路。为此，首先介绍 TTL 与 CMOS 电路产品及有关的电路参数。

2.4.1 TTL 与 CMOS 电路产品

国际通用的逻辑集成电路中有 HTL, TTL, ECL 及 NMOS, CMOS 等电路结构，其中 TTL 和 CMOS 是两种产量大、应用广的主流产品。

TTL 电路主要有 54、74 两大系列，其中 54 系列为军用产品，74 系列为商用（又称民用）产品。54 系列允许电源电压波动范围大，工作温度范围宽，一般为−55～125 ℃，而 74 系列工作温度为 0～70 ℃。储存温度都为−65～150 ℃。各系列根据性能又分为 8 个子系列：××（普通型），L××（低功耗型），S××（肖特基型），LS××（低功耗肖特基型），ALS××（先进低功耗肖特基型），AS××（先进肖特基型），F××及 H××（高速型）。其中 LS 系列的市场占有率最高。不同子系列的同一代号电路，性能参数不同，但其功能、引出端排列相同。

CMOS 电路包括 4 个子系列。其中 4000 系列具有微功耗、高抗干扰性、电源电压范围宽（3～18 V）等优点，但速度低于 TTL，只能用于 5 MHz 以下的低速系统。其余 3 个子系列为高速 CMOS 电路：54/74HC 系列，54/74HCT 系列，54/74HCU 系列。HC 系列的电源电压 2～6 V，电平与 4000 兼容；HCT 为 TTL 电平，电源电压 4.5～5.5 V，可与 54/74LS 系列互换使用；HCU 系列为无缓冲 CMOS 电路，只有一个产品 54/74HCU04。高速 CMOS 电路与同一代号 TTL 电路的逻辑功能和引脚排列相同，速度达到 LS 系列水平，工作频率可达 50 MHz，但静态功耗为微功耗。

TTL 与 CMOS 电路的典型参数见表 2-4。

表 2-4 TTL 与 CMOS 非开路门输入、输出参数典型值（电源电压：+5 V）

产品种类 / 参数名称	TTL				CMOS		
	74	74LS	74AS	74ALS	4000	74HC	74HCT
U_{OHmin}（V）	2.4	2.7	2.7	2.7	4.6	4.4	4.4
U_{OLmax}（V）	0.4	0.5	0.5	0.5	0.05	0.1	0.1
U_{IHmin}（V）	2	2	2	2	3.5	3.5	2
U_{ILmax}（V）	0.8	0.8	0.8	0.8	1.5	1	0.8
I_{OHmax}（mA）	−0.4	−0.4	−2	−0.4	−0.51	−4	−4
I_{OLmax}（mA）	16	8	20	8	0.51	4	4
I_{IHmax}（μA）	40	20	200	20	0.1	0.1	0.1
I_{ILmax}（mA）	−1.6	−0.4	−2	−0.2	-0.1×10^{-3}	-0.1×10^{-3}	-0.1×10^{-3}

2.4.2 TTL 电路驱动 CMOS 电路

根据表 2-4 提供的参数，TTL 电路可直接驱动 HCT 系列。驱动 4000 系列或 HC 系列时，输出高电平与 CMOS 电路输入的高电平不兼容，必须提高输出高电平到 3.5 V 以上。在 TTL 电路与 CMOS 电路间加电阻 *R*（称为上拉电阻），便可解决上述问题，如图 2-44 所示。*R* 值不能太大，通常取几千欧姆。

当 CMOS 电路电源电压较高，要求输入高电平值超过 TTL 电路输出范围时，可使用 OC 门，或带电平转移的 CMOS 接口电路，如四低-高电压电平转换器（3S）40109，如图 2-45 所示。图中只画了 1/4 40109。

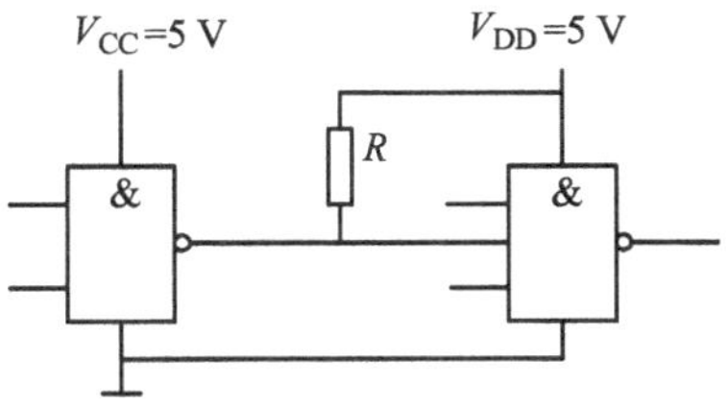

图 2-44 上拉电阻提高 TTL 电路输出高电平

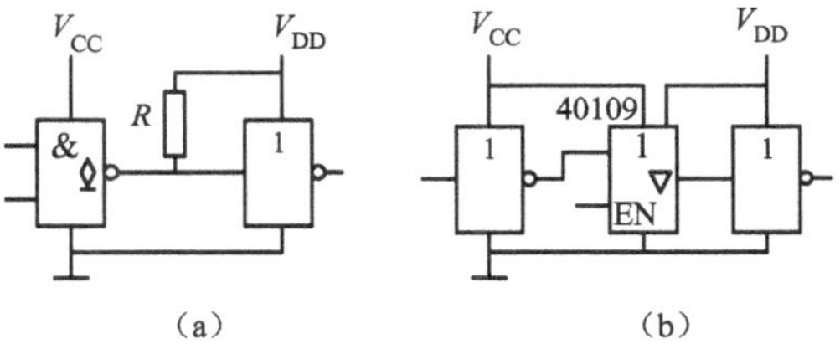

图 2-45 TTL 与 CMOS 电路的接口电路

2.4.3 CMOS 电路驱动 TTL 电路

CMOS 电路输出电平与 TTL 电路输入电平可以兼容，但输出功率较小，驱动能力不够，一般不能直接驱动 TTL 电路，这时可将同一芯片 CMOS 电路并联使用，或在 CMOS 电路输出端增加一级驱动器，也可采用如图 2-46 所示的具有驱动作用的接口电路，图（a）使用了七 MOS/TTL 转换器 CJ75270（只画了 1/7）；图（b）所示是用三极管构成接口电路。

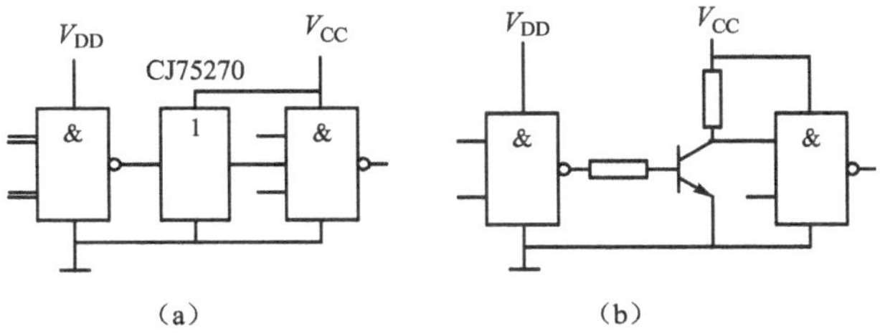

图 2-46 CMOS 电路与 TTL 电路的接口电路

2.4.4 CMOS4000 与 54/74HC 间的接口

4000 与 HC 互连很普遍。当它们工作在同一电源时，输入、输出电平完全兼容，可直接相连。由于两者的输入电流都很小，因此没有扇出限制。当 4000 工作在 9～15 V，HC 工作在 5 V 时，就需要电平转换。

4000 驱动 HC 有两种方法，如图 2-47 所示。图（a）采用六电平转换器，如 4049（只画了 1/6）；图（b）采用电阻分压器（当然，分压器要消耗功率）。

HC 驱动 4000 可采用带有上拉电阻的开漏极缓冲器，如 74HCT05，如图 2-48 所示。

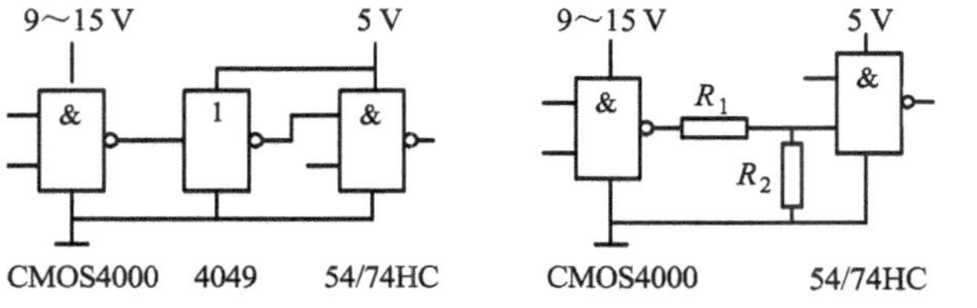

（a）（b）

图 2-47 CMOS4000 驱动 54/74HC

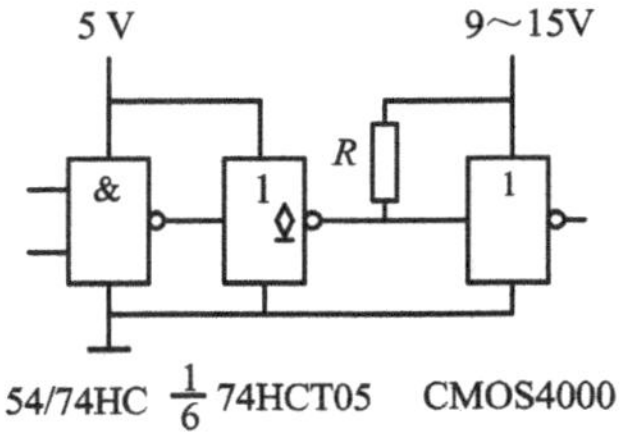

图 2-48 54/74HC 驱动 CMOS4000

本章最后，表 2-5 示出了部分逻辑门符号的等效逻辑符号。考虑目前所用的电子电路设计软件多为欧美国家产品，故一并对应示出其使用的常规（Normal）符号。表 2-6 列出了部分集成 TTL 门及 CMOS 门电路产品。

表 2-5 逻辑符号一览表

名称	逻辑符号	等效逻辑符号	Normal 符号
与门	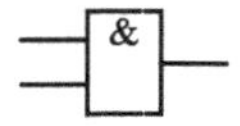	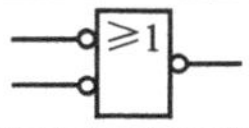	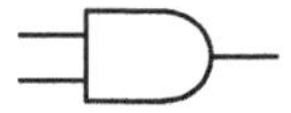
与非门	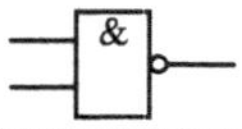	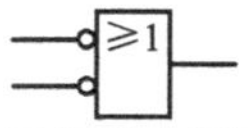	
或门	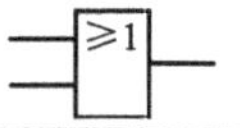	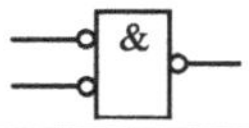	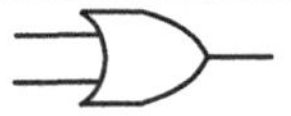
或非门	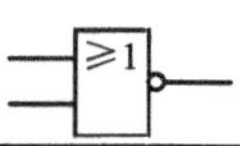	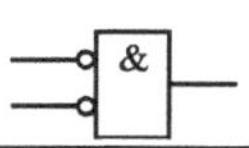	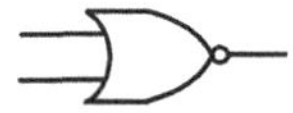
非门	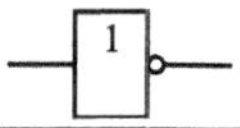	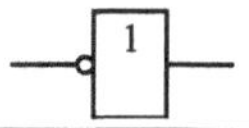	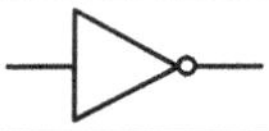
缓冲门	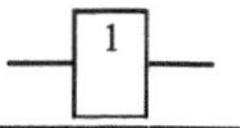	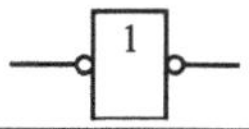	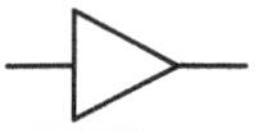

表 2-6 常用集成 TTL 门和 CMOS 门电路

门类型	功　能	型　号		
与	四 2 输入与门	74 08	74LS08	74HC08
	三 3 输入与门	74 11	74LS11	74HCT11
	三 3 输入与门（OC）	74 15	74LS15	74ALS15
	二 4 输入与门	74 21	74LS21	CC4082

续表

门类型	功　能	型　号
与非	8 输入与非/与门	4078　74HC4078　CC4078
	四 2 输入与非门	74LS00　74HC00
	三 3 输入与非门	74 10　74LS10　74HC10
	二 4 输入与非门	74 20　74LS20　74ALS40
	8 输入与非门	74LS30　74HC30　74ALS30
或	四 2 输入或门	74 32　74HC32　74AS32
	二 4 输入或门	CC4072
或非	四 2 输入或非门	74LS02　74ALS02　CC4001
与或非	2×2 输入双与或非门	4806　CC4085B
反相器	六反相器	74 04　74LS04　74HC04
扩展器	4 输入与扩展器	74 60
	三 3 输入与扩展器	74H61
缓冲门	六缓冲门	74 34　74LS34
	四 2 输入与非缓冲门	74 37　74LS37
	四 2 输入或非缓冲门	74 28　74LS28
驱动门	六缓冲门/驱动门（OC）	74 07　74LS07
	四 2 输入或非缓冲器	74 28
	六缓冲器	74 34

2.5　本章小结

1．集成逻辑门电路分为双极型与单极型两大类。双极型门电路中，使用最多的是集成 TTL 门电路，TTL 门电路工作速度较高，但功耗较大，其中 LSTTL 应用普遍。集成 CMOS 门电路愈来愈被重视，其功耗小，易集成，但工作速度较 TTL 门电路略低。

2．由于不同类型的门电路输入、输出的逻辑电平不同，负载能力不同，故相互连接时，需要考虑是否使用接口电路。

2.6　习题 2

2-1　图 P2-1 所示是用与非门作控制门使用。试画在图示控制信号 A 作用下，输出信号 F 的波形。

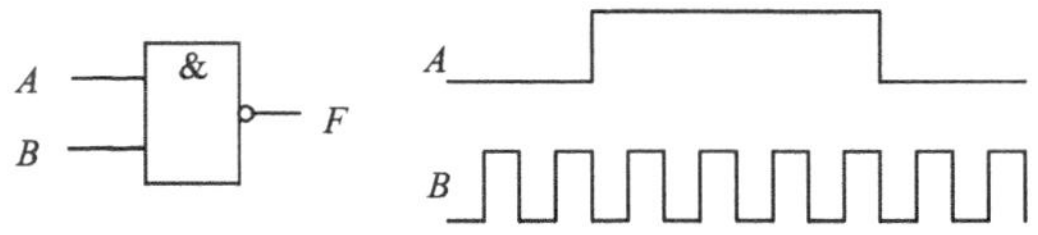

图 P2-1

2-2　判断图 P2-2 中各门的输出是 1 还是 0。已知开门电阻 R_{ON}=700 Ω。

2-3　图 P2-3 中，已知输入信号 u_{i1}、u_{i2} 的波形，门 G_1～G_5 的传输延迟时间 t_{PLH}、t_{PHL} 均为 20 ns。试分别画出不考虑传输延迟和考虑传输延迟两种情况下，输出电压 u_o 的波形图。

2-4　若驱动门的输出高电平为 2.4 V、低电平为 0.3 V，负载门允许的输入最低高电平为 1.8 V、最高低电平为 0.8 V，求噪声容限。

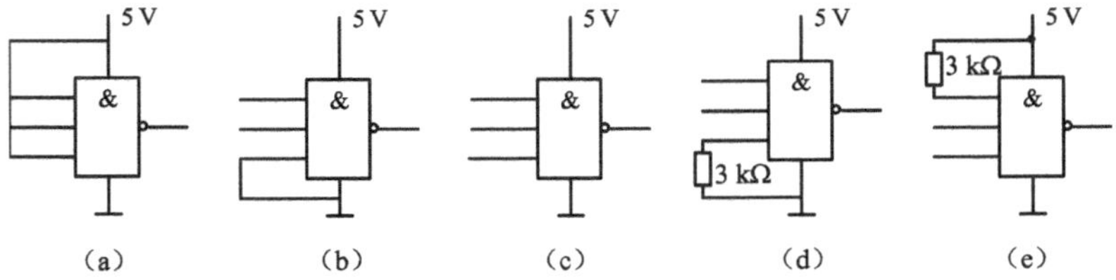

图 P2-2

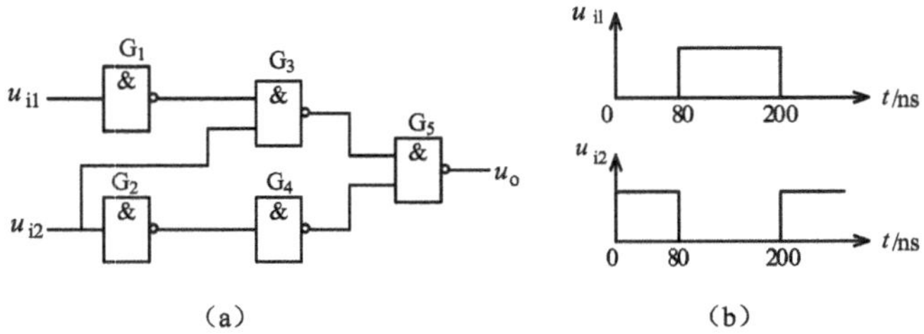

图 P2-3

2-5　用四个 4 输入 OC 门，输出线与后驱动 8 个 TTL 与非门组成电路，如图 P2-4 所示。设 OC 门参数 I_{OH}≤500 μA，I_{OL}=48 mA；与非门参数 I_{IS}≤1.6 mA，I_{IH}≤20 μA，U_{IL}≤0.5 V，U_{IH}≥2.8 V。试确定 R_L 的取值范围。

2-6　某电路如图 P2-5 所示，写出输出 F 的逻辑表达式。

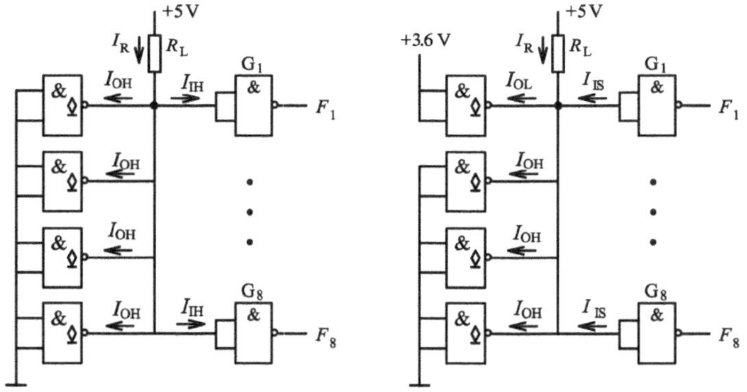

图 P2-4

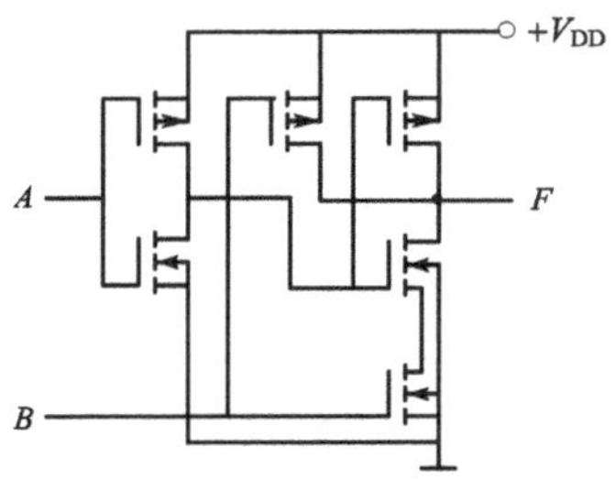

图 P2-5

2-7　写出图 P2-6 中 F_1、F_2 和 F_3 的逻辑表达式。

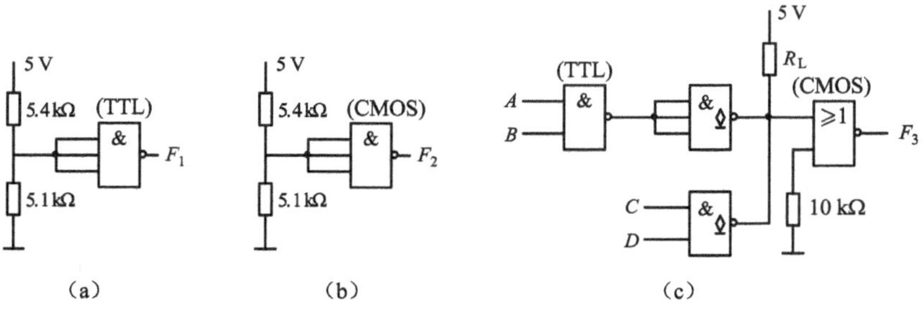

图 P2-6

2-8　图 P2-7（a）所示是用四总线缓冲器（3S）74 125 构成的双向总线收发器，每个缓冲器的逻辑图如图 2-7（b）所示。“总线”符号表示一组导线，所含导线数目视具体电路而定。请分析该电路的工作原理。

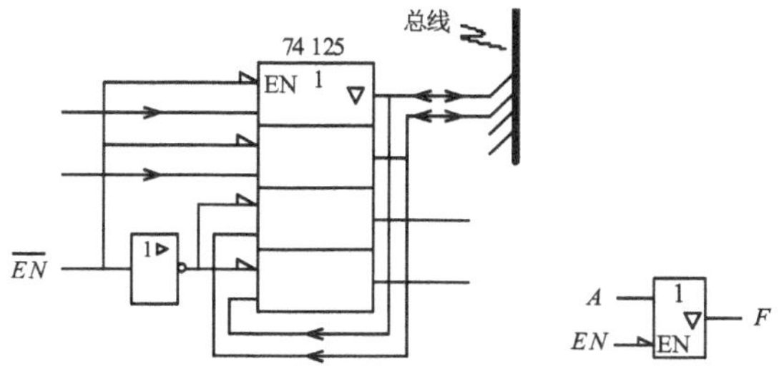

（a）　　　（b）

图 P2-7

2-9　使用 TTL 门电路与 CMOS 门电路应注意哪些问题？门电路中未用的输入端应如何处理？为什么 TTL 与非门不允许在输入端加负电压？它的电源电压是否可以在较大范围内变动？CMOS 门电路的电源电压是否也有类似的限制？

2.7　实验

实验 3. 门电路的性能与功能测试

实验目的：掌握门电路外特性及功能测试方法。

实验用器件：四 2 输入与非门 74LS00 与四 2 输入或非门 4001 各一片，引线排列见实验图 3-1。

实验用设备及仪器：数字电路通用实验仪，万用表。

注意事项：实验前检查实验仪电源是否正常，然后按实验电路连好接线，**特别注意 V_{CC}（V_{DD}）及地线不能接错或漏接**，检查线路连接无误后方可允许接通电源。实验过程中需改接连线时，必须关断电源后才能拆、接线。

1．门电路传输特性测试与比较

74LS00 测试电路参考图 2-13，取 R_P=1.5 kΩ。由于 4001 是或非门，测试时应将未用的输入端接地，测试电路如实验图 3-2 所示。

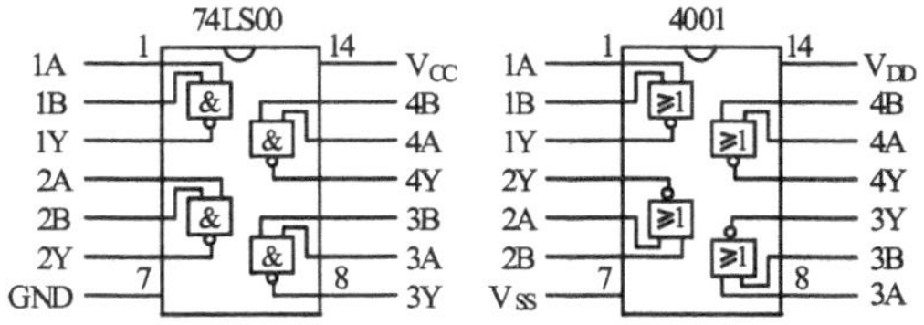

实验图 3-1

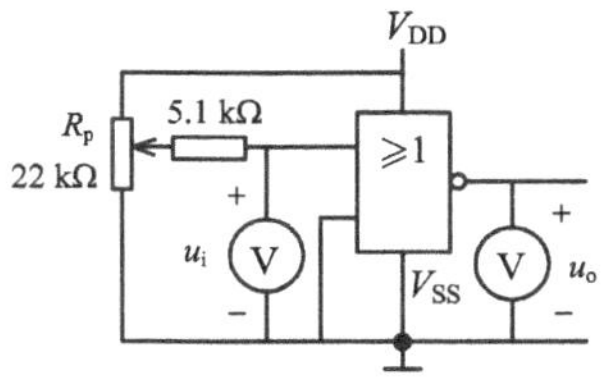

实验图 3-2

（1）令 V_{CC}（V_{DD}）=+5 V，调节 R_P，测 u_i、u_o，记录有关数据并画传输曲线，比较两个门电路的传输特性。

（2）单独测试 4001 的传输特性，令 V_{DD}=+15 V。

（3）求门电路参数：U_{OH}，U_{OL}，U_{ILmax}，U_{IHmin}，U_{NL}，U_{NH}。

2．门电路逻辑功能测试

（1）选择 74LS00 四个与非门中的一个门电路，将其输入端接实验仪逻辑开关，输出端接电平指示灯，测试与非门的逻辑功能，并将测试结果填入实验表 3-1。

实验表 3-1

输　入		输出 Y	
A	B	74LS00	4001
0	0		
0	1		
1	0		
1	1		

（2）测试 4001 的逻辑功能，并将测试结果填入实验表 3-1。

实验 4. 三态门、OC 门的功能测试及应用

实验目的：学会正确使用三态门、OC 门的方法。

实验用器件：四总线缓冲器（3S）74LS126A、双 4 输入与非门（OC）74LS22 及 74LS00、4001 各一片。74LS126A 与 74LS22 逻辑符号如实验图 4-1 所示，引线上的数字表示引脚序号。

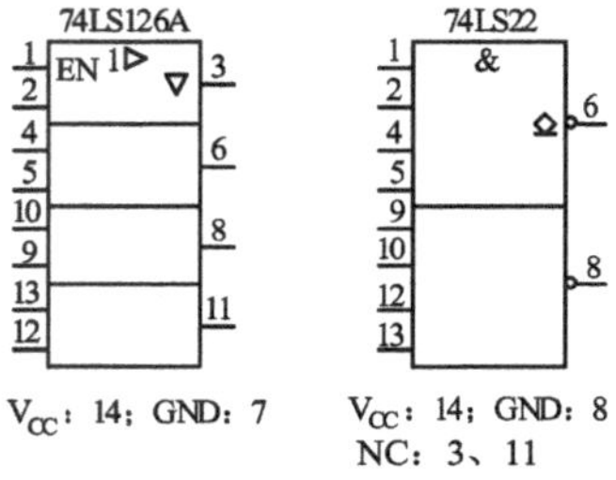

实验图 4-1

实验用设备及资料：数字电路通用实验仪，示波器，万用表，器件手册。

1．查阅器件手册

了解 74LS126A、74LS22 的特性参数及引线排列。画出引线排列图。

2．验证三态门三态功能

选择 74LS126A 的其中一个三态门，如实验图 4-2 所示，将 EN 与 A 接逻辑开关，用万用表测量 F 的电压，验证三态门功能，并填入实验表 4-1。

注意：判断高阻状态时，首先用万用表电压挡测量电压为零，再用电阻挡测量电阻为无穷大。但绝对忌用电阻挡测量低阻输出状态下的电阻值，否则将可能烧坏万用表。

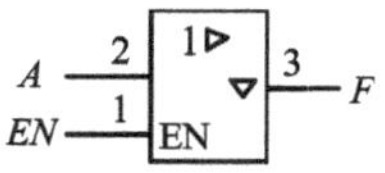

实验图 4-2

实验表 4-1

EN	A	F	
0	0	测量电压	
		测量电阻	
	1	测量电压	
		测量电阻	
1	0	测量电压	
	1	测量电压	

3．用 74LS126A 构成简单的数据总线缓冲器

实验参考电路如实验图 4-3 所示，D_1～D_4 输入不同频率的矩形脉冲，C_1～C_4 接逻辑开关。令 C_1～C_4 依次轮流为高电平，用示波器观测 DB 波形。

4．验证 OC 门输出端线与功能

实验电路见图 2-28，取 V_{CC}=15 V，R=1 kΩ。验证 $F=\overline{AB}\cdot\overline{CD}\cdot\overline{EF}$，并将结果列成表格。在连接电路时，注意考虑未用的输入端应该如何处置。

5．TTL 电路与 CMOS 电路的接口电路

按实验图 4-4 所示连接电路，其中 A 接逻辑开关。用万用表分别测量 A=1、0 时，Y_1、Y_2 和 Y_3 的电压值，填入实验表 4-2，并将实验表 4-2 转换成逻辑真值表。

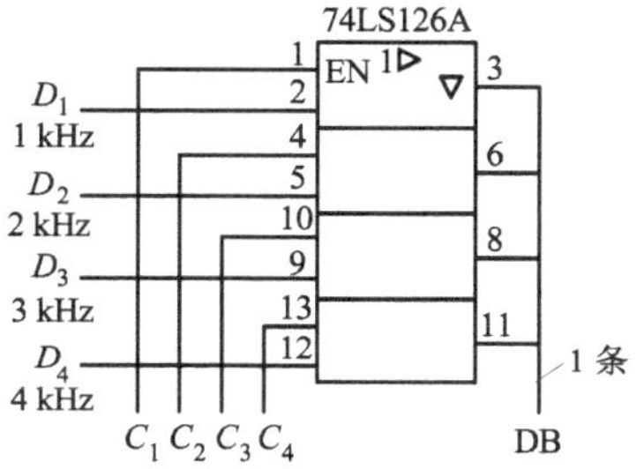

实验图 4-3

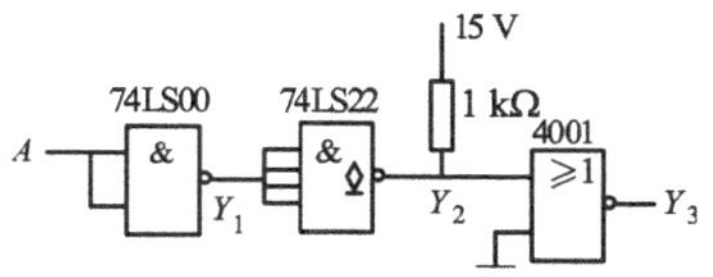

实验图 4-4

实验表 4-2

A	Y_1（单位：V）	Y_2（单位：V）	Y_3（单位：V）
0			
1			

第 3 章　组合逻辑电路

数字逻辑电路分成两大类：一类为组合逻辑电路，一类为时序逻辑电路。

组合逻辑电路一般有若干个输入端，一个或若干个输出端，任意时刻输出信号的逻辑值仅取决于该时刻输入信号逻辑取值的组合，而与电路原来所处的状态无关。

本章将简介组合逻辑电路的分析和设计方法，重点介绍常用的组合逻辑电路，如编码器、译码器、数值比较器等电路的逻辑功能及使用方法。简单讨论组合逻辑电路竞争-冒险现象的成因及其克服方法。

学习目标

1. 了解组合逻辑电路的分析方法、设计方法。
2. 理解编码器、译码器、数据选择器/分配器等常用组合逻辑电路的基本概念，掌握它们的功能及使用方法。
3. 能查阅集成电路手册，识读常用组合逻辑电路的引脚和功能。

3.1　组合逻辑电路的分析

分析组合逻辑电路，就是根据具体的逻辑图，确定输入、输出逻辑关系，说明逻辑功能。具体步骤如图 3-1 所示。

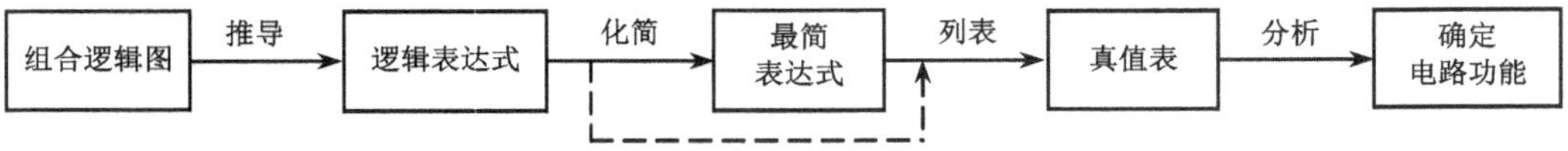

图 3-1　组合逻辑电路的分析步骤

例 3-1　分析图 3-2 所示的逻辑电路。

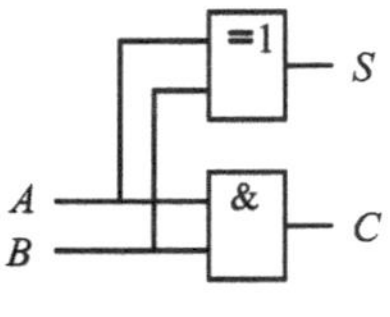

图 3-2　例 3-1 逻辑电路

解：根据已知逻辑图，写出输出 S 和 C 的表达式

$$S=A\oplus B;\quad C=AB$$

根据表达式列真值表 3-1。分析表 3-1 可知，若把 A、B 看成是两个 1 位二进制数，S 就是二者之和，C 是进位。该电路只考虑本位两数相加和及进位，不考虑低位进位，称之为半加器。

A、B 是加数，S 是本位和，C 是向高一位的进位。

表 3-1　例 3-1 真值表

A	B	S	C
0	0	0	0
0	1	1	0
1	0	1	0
1	1	0	1

例 3-2　分析图 3-3 所示的逻辑电路。

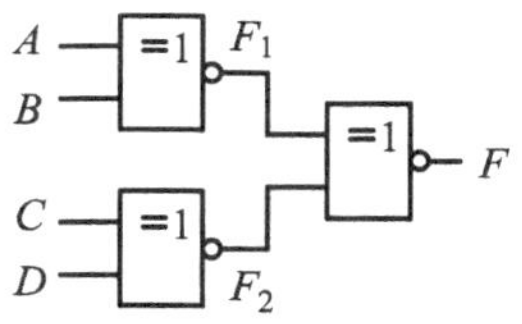

图 3-3　例 3-2 逻辑电路

解： 由图知

$$F_1=\overline{A\oplus B}\text{；}F_2=\overline{C\oplus D}\text{；}F=\overline{F_1\oplus F_2}=\overline{A\oplus B}\;\overline{C\oplus D}+(A\oplus B)(C\oplus D)$$

列出真值表，见表 3-2。可见，当输入信号 A, B, C, D 中 1 的总个数为奇数时，输出 F 为 0；反之，输出 F 为 1。所以，输出信号 F 的逻辑取值反映了四个输入信号中含 1 的总个数是奇数，还是偶数，因此，该电路是 4 位奇偶校验电路，被称为 4 位奇偶树。

表 3-2　例 3-2 真值表

A	B	C	D	F	A	B	C	D	F
0	0	0	0	1	1	0	0	0	0
0	0	0	1	0	1	0	0	1	1
0	0	1	0	0	1	0	1	0	1
0	0	1	1	1	1	0	1	1	0
0	1	0	0	0	1	1	0	0	1
0	1	0	1	1	1	1	0	1	0
0	1	1	0	1	1	1	1	0	0
0	1	1	1	0	1	1	1	1	1

3.2　组合逻辑电路的设计

组合逻辑电路的设计步骤如图 3-4 所示。根据功能要求，首先列真值表，求逻辑函数的最简表达式，画逻辑图；在根据逻辑表达式画逻辑图之前，有时需要消除电路的冒险现象（见 3.4 节）；最后设计出满足要求的逻辑电路。

图 3-4　组合逻辑电路的设计步骤

例 3-3　试设计一个全加器。

解：与半加器相比，全加器要考虑由低位来的进位。假设全加器用于二进制数第 i 位的运算，A_i、B_i 为加数，C_{i-1} 为低一位来的进位输入，S_i 为本位和，C_i 为向高一位的进位，则全加器的真值表见表 3-3。

表 3-3　全加器真值表

输入			输出	
A_i	B_i	C_{i-1}	S_i	C_i
0	0	0	0	0
0	0	1	1	0
0	1	0	1	0
0	1	1	0	1
1	0	0	1	0
1	0	1	0	1
1	1	0	0	1
1	1	1	1	1

由真值表得

$$\begin{aligned}S_i &= \overline{A_i}\,\overline{B_i}\,C_{i-1}+\overline{A_i}\,B_i\,\overline{C_{i-1}}+A_i\,\overline{B_i}\,\overline{C_{i-1}}+A_iB_iC_{i-1}\\ &=(\overline{A_i}\,\overline{B_i}+A_iB_i)\,C_{i-1}+(\overline{A_i}\,B_i+A_i\,\overline{B_i})\,\overline{C_{i-1}}\\ &=A_i\oplus B_i\oplus C_{i-1}\end{aligned}$$

$$\begin{aligned}C_i &= \overline{A_i}\,B_iC_{i-1}+A_i\,\overline{B_i}\,C_{i-1}+A_iB_i\,\overline{C_{i-1}}+A_iB_iC_{i-1}\\ &=(A_i\oplus B_i)\,C_{i-1}+A_iB_i\end{aligned}$$

根据 S_i 与 C_i 的表达式，画全加器逻辑图如图 3-5（a）所示。图（b）是全加器的逻辑符号，符号中上边中部的定性符号“Σ”表示加法运算。

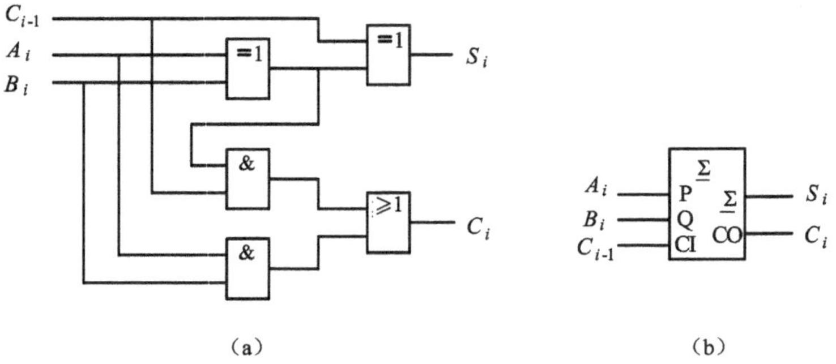

图 3-5　全加器

3.3　常用的组合逻辑电路

3.3.1　编码器和优先编码器

1. 编码器

广义地讲，用文字、符号或数码表示特定对象都可以称为编码。例如，为考生编考号，为电话用户分配电话号码等都是编码。十进制数或文字符号编码难以用电路实现，所以在数字系统中广泛采用二进制编码，即用一定位数的二进制代码表示不同的数或字符。

能够完成编码的电路称为编码器。例如，计算机键盘就是一个编码器，每按下一个键，它便自动将该键产生的信号编成一个对应的代码送入机器中。编码器一般有多个输入端、多个输出端，每一个输入端线代表一个数符，而全部输出线的状态代表与某一个输入数符相对应的二进制代码。在任意时刻，编码器只能有一个输入端有信号输入。例如，若输入信号为高电平有效，则只应有一条输入线为高电平，而其余输入线均为低电平。

例 3-4　设计一个八进制-二进制编码器。

解：根据题意可知，输入八个数字 0～7，分别用 A_0～A_7 表示；输出二进制数应为 3 位，分别用 F_2, F_1, F_0 表示。列编码真值表（简称编码表），见表 3-4。

表 3-4　例 3-4 编码表

输　入								输　出		
A_0	A_1	A_2	A_3	A_4	A_5	A_6	A_7	F_2	F_1	F_0
1	0	0	0	0	0	0	0	0	0	0
0	1	0	0	0	0	0	0	0	0	1
0	0	1	0	0	0	0	0	0	1	0
0	0	0	1	0	0	0	0	0	1	1
0	0	0	0	1	0	0	0	1	0	0
0	0	0	0	0	1	0	0	1	0	1
0	0	0	0	0	0	1	0	1	1	0
0	0	0	0	0	0	0	1	1	1	1

由表可见，输入变量互相排斥，根据例 1-13 的结论得 F_2, F_1, F_0 的表达式为

$$F_2 = A_4+A_5+A_6+A_7;\quad F_1 = A_2+A_3+A_6+A_7;\quad F_0 = A_1+A_3+A_5+A_7$$

用或门实现该编码器，画逻辑图如图 3-6 所示。由于该编码器有 8 个输入端、3 个输出端，所以又称为 8-3 线编码器。

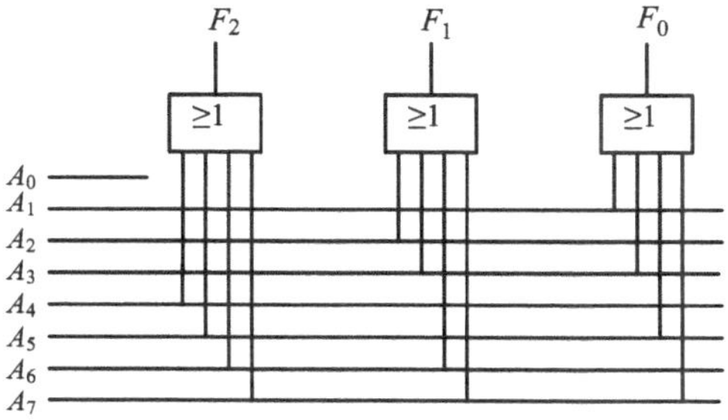

图 3-6　8-3 线编码器

2．优先编码器

上述编码器在同一时刻只允许有一个输入信号，即输入信号互斥。而优先编码器则不同，它允许几个信号同时输入，但电路只对其中优先级别最高的一个信号编码，即优先编码。

例 3-5　分析 10-4 线优先编码器 74 147。图 3-7 所示是 74 147 的逻辑符号，表 3-5 是其功能表。

表 3-5　74 147 功能表

十进制数	输入									输出			
	$\overline{IN_1}$	$\overline{IN_2}$	$\overline{IN_3}$	$\overline{IN_4}$	$\overline{IN_5}$	$\overline{IN_6}$	$\overline{IN_7}$	$\overline{IN_8}$	$\overline{IN_9}$	$\overline{Y_3}$	$\overline{Y_2}$	$\overline{Y_1}$	$\overline{Y_0}$
9	×	×	×	×	×	×	×	×	0	0	1	1	0
8	×	×	×	×	×	×	×	0	1	0	1	1	1
7	×	×	×	×	×	×	0	1	1	1	0	0	0
6	×	×	×	×	×	0	1	1	1	1	0	0	1
5	×	×	×	×	0	1	1	1	1	1	0	1	0
4	×	×	×	0	1	1	1	1	1	1	0	1	1
3	×	×	0	1	1	1	1	1	1	1	1	0	0
2	×	0	1	1	1	1	1	1	1	1	1	0	1
1	0	1	1	1	1	1	1	1	1	1	1	1	0
0	1	1	1	1	1	1	1	1	1	1	1	1	1

解： 由逻辑符号及功能表可见，74 147 具有输入低电平有效、大数优先编码（定性符号 HPRI）、BCD 反码输出的功能。电路内部将 9 线数据$\overline{IN_1}$～$\overline{IN_9}$进行 4 线 8421BCD 大数优先编码，并输出反码。例如，当$\overline{IN_8}$输入低电平时，$\overline{IN_1}$～$\overline{IN_7}$输入电平任意，但$\overline{IN_9}$必须输入高电平，这时有效输入信号中大数优先级别最高的是“8”，所以编码器按十进制数 8 所对应的 BCD 反码$\overline{1}\ \overline{0}\ \overline{0}\ \overline{0}$ =0111 输出。编码器省略了 0 数据编码输入线，原因是，当$\overline{IN_1}$～$\overline{IN_9}$均为高电平时，编码器认为输入信号为数据“0”。因此，输出十进制数 0 的 BCD 反码，相当于十进制数 0 被编码。

图 3-8 所示为 8-3 线优先编码器 74HC148 的逻辑符号，$\overline{IN_0}$～$\overline{IN_7}$表示 8 位输入，$\overline{Y_0}$～$\overline{Y_2}$表示 3 位二进制编码输出，输入、输出均为低电平有效。所以，各门输入端的小圆圈不仅表示逻辑非，还表示是以逻辑 0 电平作为有效工作电平。为了扩展功能，电路增加了使能输入端$\overline{EI}$（低电平有效）、优先编码标志输出端$\overline{GS}$（低电平有效）、使能输出端 EO（高电平有效）。

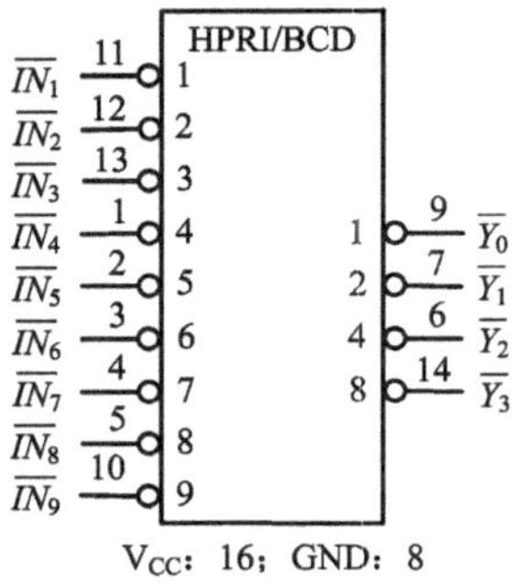

图 3-7　74 147 的逻辑符号

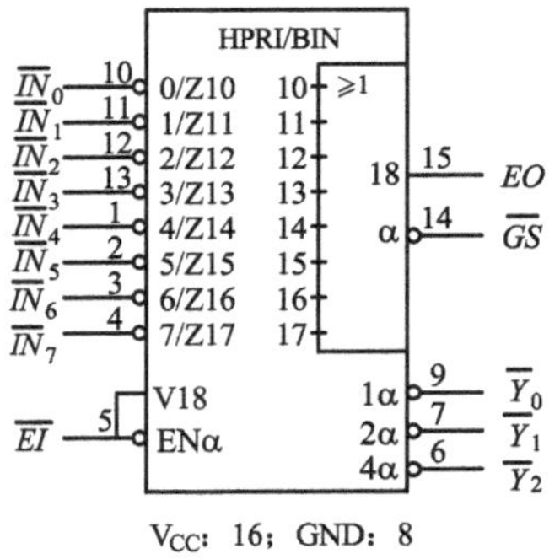

图 3-8　8-3 线优先编码器 74HC148

74HC148 功能表见表 3-6，逻辑功能为：当$\overline{EI}$为低电平时，进行大数优先编码，并输出对应二进制数的反码；当 $\overline{EI}$ 为高电平时，禁止编码。优先编码标志 $\overline{GS}$ 在允许编码且正在进行优先编码（即有低电平输入信号）时为 0。使能输出 EO 只在允许编码且本片没有编码信号输入（即没有低电平输入信号）时为 0。

表 3-6 74HC148 功能表

输入									输出				
$\overline{EI}$	$\overline{IN_0}$	$\overline{IN_1}$	$\overline{IN_2}$	$\overline{IN_3}$	$\overline{IN_4}$	$\overline{IN_5}$	$\overline{IN_6}$	$\overline{IN_7}$	$\overline{Y_2}$	$\overline{Y_1}$	$\overline{Y_0}$	$\overline{GS}$	EO
1	×	×	×	×	×	×	×	×	1	1	1	1	1
0	1	1	1	1	1	1	1	1	1	1	1	1	0
0	×	×	×	×	×	×	×	0	0	0	0	0	1
0	×	×	×	×	×	×	0	1	0	0	1	0	1
0	×	×	×	×	×	0	1	1	0	1	0	0	1
0	×	×	×	×	0	1	1	1	0	1	1	0	1
0	×	×	×	0	1	1	1	1	1	0	0	0	1
0	×	×	0	1	1	1	1	1	1	0	1	0	1
0	×	0	1	1	1	1	1	1	1	1	0	0	1
0	0	1	1	1	1	1	1	1	1	1	1	0	1

利用使能端可将多片编码器连接起来，扩展线数。例如，用两片 74HC148 实现 16-4 线优先编码，连接图如图 3-9 所示。

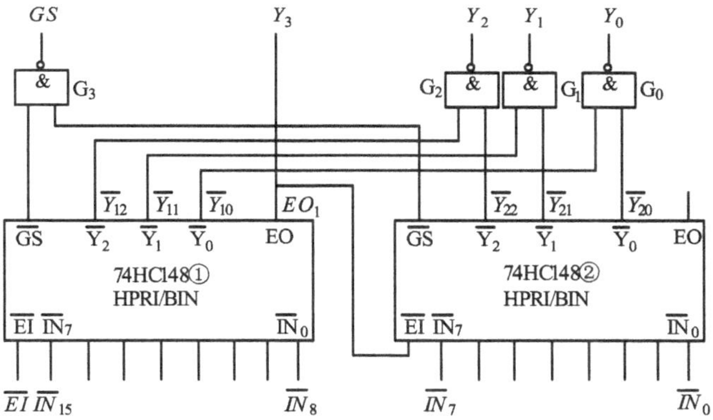

图 3-9 两片 74HC148 实现 16-4 线优先编码

由图可知，输入低电平有效，输出高电平有效。工作原理如下：

当 $\overline{EI}=0$ 且 $\overline{IN_8}\sim\overline{IN_{15}}$中有一位有效时，片①编码，$EO_1=1$，$EO_1$ 与片② $\overline{EI}$ 相连，所以片②禁止编码，片②输出$\overline{Y_{22}}\sim\overline{Y_{20}}$均为高电平，$G_2\sim G_0$ 的输出取决于片①的输出$\overline{Y_{12}}\sim\overline{Y_{10}}$，又 $Y_3=EO_1=1$，所以编码器大数优先编码输出高 8 位，$Y_3Y_2Y_1Y_0=1000\sim1111$。若 $\overline{IN_8}\sim\overline{IN_{15}}$ 全部为高电平时，片①输出$\overline{Y_{12}}\sim\overline{Y_{10}}$均为高电平，又 $EO_1=0$，所以片②编码，$G_2\sim G_0$ 输出取决于片②输出$\overline{Y_{22}}\sim\overline{Y_{20}}$，又 $Y_3=EO_1=0$，编码器输出低 8 位，$Y_3Y_2Y_1Y_0=0000\sim0111$。

当 $\overline{EI}=1$ 时，$EO_1=1$，片①、②均禁止编码，因此整个编码器的工作状态为禁止编码。

应用举例

优先编码器主要用在计算机控制系统中，给外部设备（简称外设）编码。通常，在外设中事先分配好优先级，当有两个以上的外设要求编码（又称请求中断）时，优先编码器总是先给优先级最高的设备编码，让它先操作。例如，一台计算机连接着一个键盘和一个鼠标，如果设置鼠标的编码优先级高于键盘，则在两个设备同时输入信号时，计算机就先接受鼠标的操作。

3.3.2 译码器

译码是编码的反过程。译码是将给定代码转换成特定信号或另一种形式的代码。完成译码的电路称为译码器，也称解码器。

1. 二进制译码器

二进制译码器又称全译码器，它有 N 个输入端、2^N 个输出端，把 N 个输入视为二进制数，对应每一种输入取值组合，只有一个输出端是有效电平，其他输出端均为无效电平。

图 3-10 所示是 2-4 线译码器的逻辑图，输入为 A_1、A_0，输出为 Y_0～Y_3，由图得

$$Y_0=\overline{A}_1\overline{A}_0;\quad Y_1=\overline{A}_1A_0;\quad Y_2=A_1\overline{A}_0;\quad Y_3=A_1A_0$$

根据以上各式，列 2-4 线译码器功能表于表 3-7。可见，当 A_1A_0 由 00→01→10→11 时，Y_0～Y_3 轮流输出高电平，即译码器输出高电平有效。

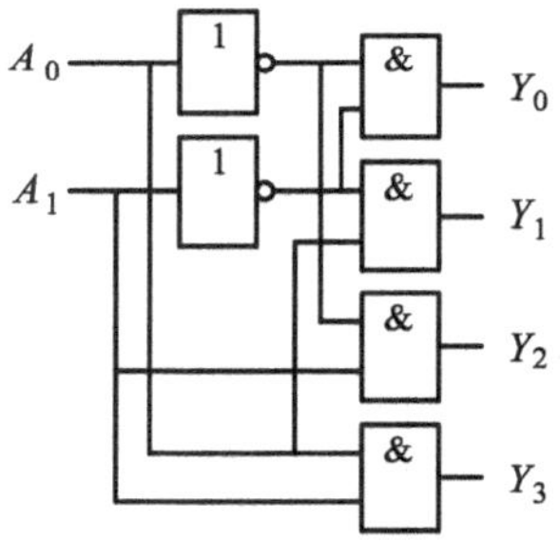

图 3-10 2-4 线译码器

表 3-7 译码器功能表

输入		输出			
A_1	A_0	Y_3	Y_2	Y_1	Y_0
0	0	0	0	0	1
0	1	0	0	1	0
1	0	0	1	0	0
1	1	1	0	0	0

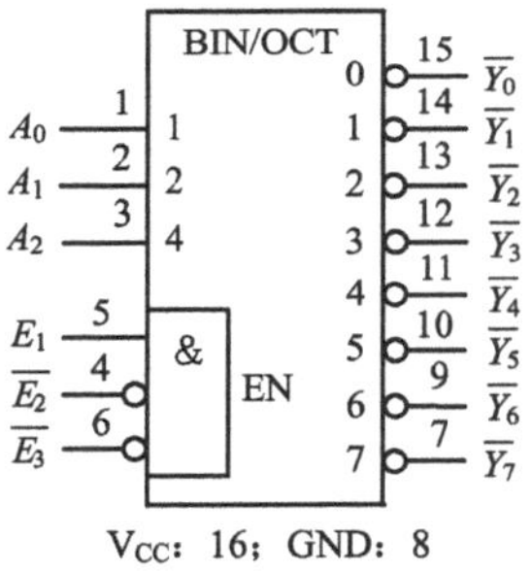

图 3-11 3-8 线译码器 74LS138

图 3-11 所示是 3-8 线译码器 74LS138 的逻辑符号，输入为 3 位二进制数，有 8 个低电平互斥的输出。使能控制 $EN=E_1\cdot\overline{E}_2\cdot\overline{E}_3$，$E_1$ 高电平有效，$\overline{E}_2$、$\overline{E}_3$低电平有效，即当 $E_1=1$、$\overline{E}_2=\overline{E}_3=0$ 时，译码器译码，根据输入 A_0～A_2 的组合，$\overline{Y}_0$～$\overline{Y}_7$中有一位输出低电平。功能表见表 3-8。

表 3-8 74LS138 功能表

使能控制输入			输入			输出							
E_1	$\overline{E}_2$	$\overline{E}_3$	A_2	A_1	A_0	$\overline{Y}_0$	$\overline{Y}_1$	$\overline{Y}_2$	$\overline{Y}_3$	$\overline{Y}_4$	$\overline{Y}_5$	$\overline{Y}_6$	$\overline{Y}_7$
×	1	×	×	×	×	1	1	1	1	1	1	1	1
×	×	1	×	×	×	1	1	1	1	1	1	1	1
0	×	×	×	×	×	1	1	1	1	1	1	1	1
1	0	0	0	0	0	0	1	1	1	1	1	1	1
1	0	0	0	0	1	1	0	1	1	1	1	1	1

续表

使能控制输入			输　入			输　出							
E_1	$\overline{E}_2$	$\overline{E}_3$	A_2	A_1	A_0	$\overline{Y}_0$	$\overline{Y}_1$	$\overline{Y}_2$	$\overline{Y}_3$	$\overline{Y}_4$	$\overline{Y}_5$	$\overline{Y}_6$	$\overline{Y}_7$
1	0	0	0	1	0	1	1	0	1	1	1	1	1
1	0	0	0	1	1	1	1	1	0	1	1	1	1
1	0	0	1	0	0	1	1	1	1	0	1	1	1
1	0	0	1	0	1	1	1	1	1	1	0	1	1
1	0	0	1	1	0	1	1	1	1	1	1	0	1
1	0	0	1	1	1	1	1	1	1	1	1	1	0

利用两片 74LS138 可以实现 4-16 线译码功能，如图 3-12 所示。图中，4 位输入为 $ABCD$，A 为最高位。当 $A=0$ 时，片①工作；当 $A=1$ 时，片②工作。

全译码器用途很广，如计算机或手持式移动电话机（简称手机）中，存储器的地址译码器都是全译码器。用全译码器还可以实现组合逻辑函数。以下例 3-6 就是用全译码器构成的组合逻辑电路。

例 3-6　用 74LS138 并辅以适当的门电路实现逻辑函数 $F=\sum m$（1, 3, 4）。

解：由于全译码器每个输出端对应一个最小项，又 74LS138 是反码输出，所以

$$F=\sum m(1,3,4)=m_1+m_3+m_4=\overline{\overline{m_1+m_3+m_4}}=\overline{\overline{m_1}\;\overline{m_3}\;\overline{m_4}}=\overline{\overline{Y_1}\;\overline{Y_3}\;\overline{Y_4}}$$

因此，74LS138 外接一个与非门便可实现 F，逻辑图如图 3-13 所示。

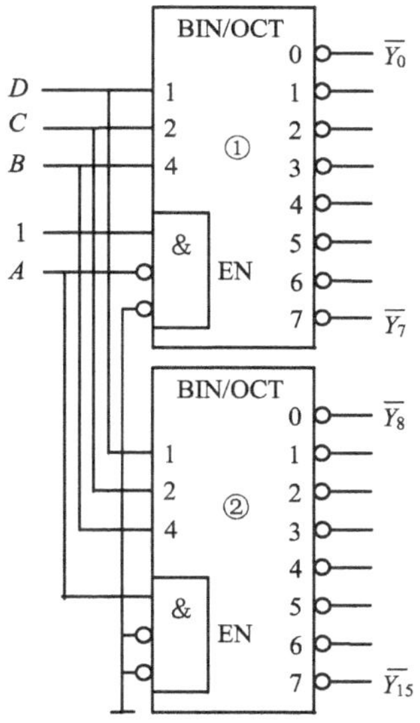

图 3-12　3-8 线译码器功能扩展

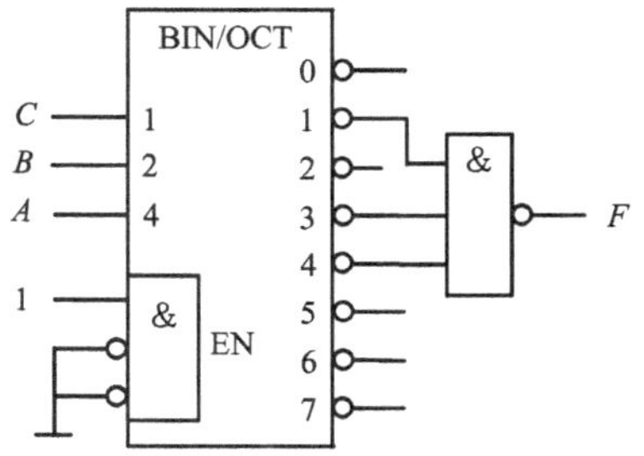

图 3-13　例 3-6 逻辑图

2. 码制变换译码器

码制变换译码器能将一种码制（或数制）代码转换成另一种码制（或数制）代码。通常，码制变换器输出端数 $M<2^N$（N 为输入端数），所以又被称为部分译码器。

74LS42 是 4-10 线译码器，它可以接收高电平有效的 4 位 8421BCD 码输入，并提供 10 个互斥低电平有效输出，若输入二进制码大于 9，则所有输出均为高电平。其功能及逻辑符号见表 3-9。

表 3-9　74LS42 作 4-10 线译码功能表

十进制	BCD 码输入				输　出										逻辑符号
	A_3	A_2	A_1	A_0	$\overline{Y_0}$	$\overline{Y_1}$	$\overline{Y_2}$	$\overline{Y_3}$	$\overline{Y_4}$	$\overline{Y_5}$	$\overline{Y_6}$	$\overline{Y_7}$	$\overline{Y_8}$	$\overline{Y_9}$	
0	0	0	0	0	0	1	1	1	1	1	1	1	1	1	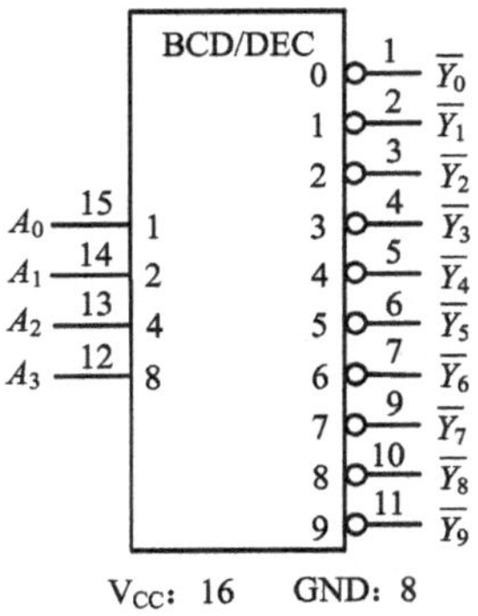
1	0	0	0	1	1	0	1	1	1	1	1	1	1	1	
2	0	0	1	0	1	1	0	1	1	1	1	1	1	1	
3	0	0	1	1	1	1	1	0	1	1	1	1	1	1	
4	0	1	0	0	1	1	1	1	0	1	1	1	1	1	
5	0	1	0	1	1	1	1	1	1	0	1	1	1	1	
6	0	1	1	0	1	1	1	1	1	1	0	1	1	1	
7	0	1	1	1	1	1	1	1	1	1	1	0	1	1	
8	1	0	0	0	1	1	1	1	1	1	1	1	0	1	
9	1	0	0	1	1	1	1	1	1	1	1	1	1	0	
无效码	1	0	1	0	全部为 1										
	1	0	1	1											
	1	1	0	0											
	1	1	0	1											
	1	1	1	0											
	1	1	1	1											

74LS42 也可作 3-8 线译码器，这时最高位输入 A_3 端作为使能端，其功能及逻辑符号见表 3-10。

表 3-10　74LS42 作 3-8 线译码功能表

使能端		输　入			输　出								逻辑符号
A_3		A_2	A_1	A_0	$\overline{Y_0}$	$\overline{Y_1}$	$\overline{Y_2}$	$\overline{Y_3}$	$\overline{Y_4}$	$\overline{Y_5}$	$\overline{Y_6}$	$\overline{Y_7}$	
译码	0	0	0	0	0	1	1	1	1	1	1	1	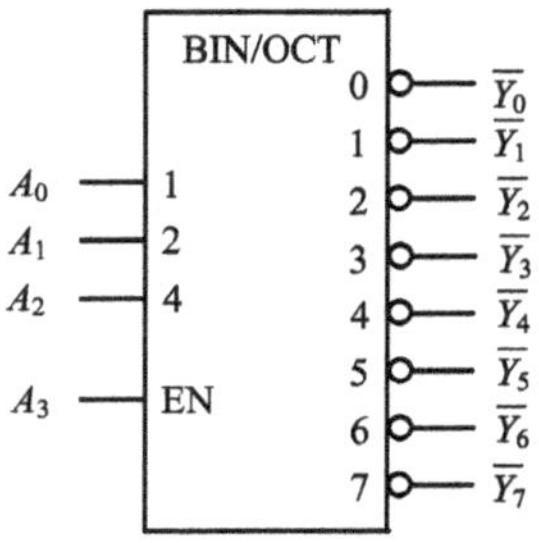
		0	0	1	1	0	1	1	1	1	1	1	
		0	1	0	1	1	0	1	1	1	1	1	
		0	1	1	1	1	1	0	1	1	1	1	
		1	0	0	1	1	1	1	0	1	1	1	
		1	0	1	1	1	1	1	1	0	1	1	
		1	1	0	1	1	1	1	1	1	0	1	
		1	1	1	1	1	1	1	1	1	1	0	
禁止译码	1	0	0	0	全部为 1								
		0	0	1									
		0	1	0									
		0	1	1									
		1	0	0									
		1	0	1									
		1	1	0									
		1	1	1									

3. 显示译码器

数字系统中，有时需要将译码结果以数码形式显示出来，这时就要用显示译码器。显示译码器能将输入代码译成相应的高、低电平，并利用此电平驱动数码显示器件。

数码显示器有多种，如半导体显示器（LED）、液晶显示器（LCD）、荧光数码管等。常见的七段 LED 显示器的外形如图 3-14（a）所示。由 a, b, c, d, e, f, g 七个发光二极管做成条状，按“8”形排列组成，如图 3-14（b）所示（如果考虑小数点 DP，实际为八段显示）。其中，二极管连接方式有共阴极与共阳极两种，如图 3-15 所示。采用共阴极连接时，对应阳极接高电平时字段发光；而对共阳极连接，对应阴极接低电平时字段发光。例如，显示数字 7 时，采用共阳极连接，则 *a, b, c* 端接低电平，而 *d, e, f, g* 端接高电平，显示效果如图 3-14（b）所示。

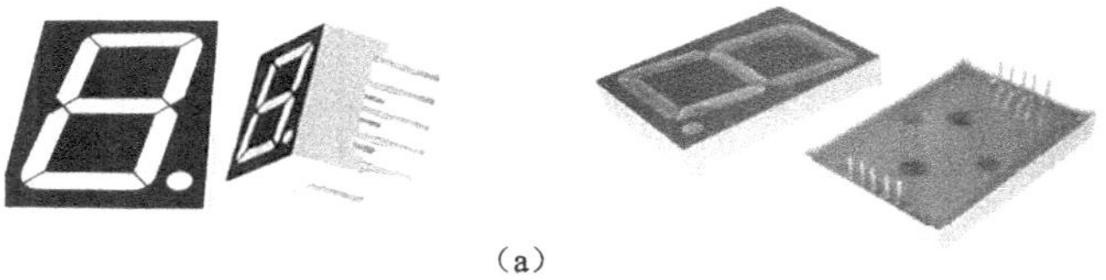

（a）

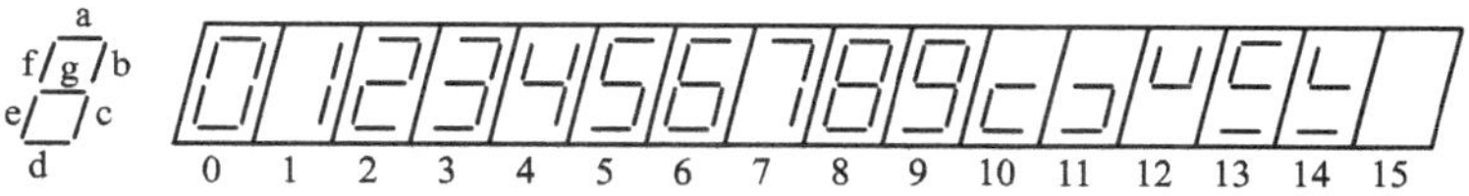

（b）

图 3-14　七段 LED 显示器显示数码

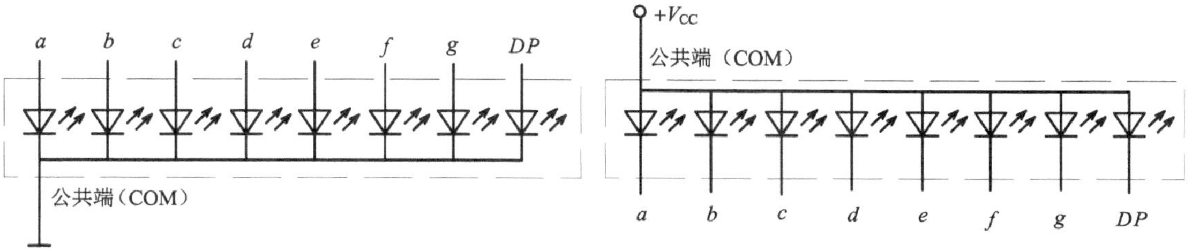

（a）共阴极　　（b）共阳极

图 3-15　发光二极管连接方式

配合各种七段显示器，有专用的七段译码器，下面结合 74LS47 进行介绍。74LS47 的逻辑符号如图 3-16 所示，其功能表见表 3-11。它是 4 线-七段译码器/驱动器，$A_3A_2A_1A_0$ 为 4 线输入；$\overline{a}$～$\overline{g}$为七段输出，低电平有效，可直接驱动共阳极显示器件。如 $A_3A_2A_1A_0$ =0111 时，$\overline{a}=\overline{b}=\overline{c}=0$，$\overline{d}=\overline{e}=\overline{f}=\overline{g}=1$，用$\overline{a}$～$\overline{g}$驱动共阳极显示器件，便可显示数字 7。

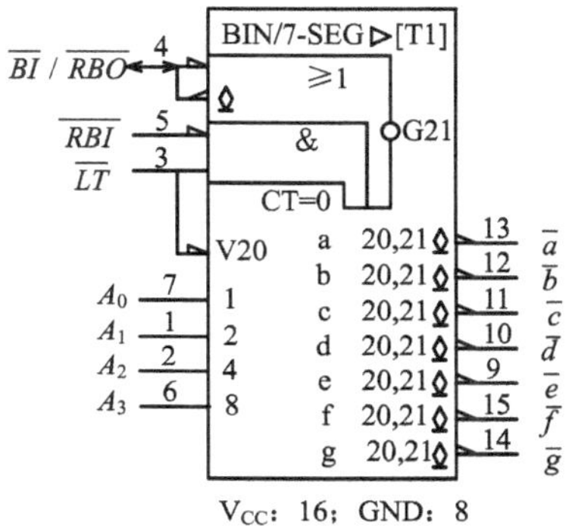

图 3-16　74LS47 逻辑符号

$\overline{LT}$ 为试灯输入端，用以检查数码管七段是否都能发光。当 $\overline{LT}$ =0 且 $\overline{BI}$ =1 时，无论其他输入端状态如何，$\overline{a}$～

$\overline{g}$ 输出均为 0，数码管七段全亮，显示“8”。当 $\overline{LT}$ =1 时，译码器译码显示。

表 3-11 74LS47 功能表

十进制数或功能	输入						$\overline{BI}/\overline{RBO}$	输出						
	$\overline{LT}$	$\overline{RBI}$	A_3	A_2	A_1	A_0		$\overline{a}$	$\overline{b}$	$\overline{c}$	$\overline{d}$	$\overline{e}$	$\overline{f}$	$\overline{g}$
0	1	1	0	0	0	0	1	0	0	0	0	0	0	1
1	1	×	0	0	0	1	1	1	0	0	1	1	1	1
2	1	×	0	0	1	0	1	0	0	1	0	0	1	0
3	1	×	0	0	1	1	1	0	0	0	0	1	1	0
4	1	×	0	1	0	0	1	1	0	0	1	1	0	0
5	1	×	0	1	0	1	1	0	1	0	0	1	0	0
6	1	×	0	1	1	0	1	1	1	0	0	0	0	0
7	1	×	0	1	1	1	1	0	0	0	1	1	1	1
8	1	×	1	0	0	0	1	0	0	0	0	0	0	0
9	1	×	1	0	0	1	1	0	0	0	1	1	0	0
10	1	×	1	0	1	0	1	1	1	1	0	0	1	0
11	1	×	1	0	1	1	1	1	1	0	0	1	1	0
12	1	×	1	1	0	0	1	1	0	1	1	1	0	0
13	1	×	1	1	0	1	1	0	1	1	0	1	0	0
14	1	×	1	1	1	0	1	1	1	1	0	0	0	0
15	1	×	1	1	1	1	1	1	1	1	1	1	1	1
消隐	1	×	×	×	×	×	0	1	1	1	1	1	1	1
脉冲消隐	1	0	0	0	0	0	0	1	1	1	1	1	1	1
试灯	0	×	×	×	×	×	1	0	0	0	0	0	0	0

$\overline{RBI}$ 为灭零输入端，作用是将数码管显示的数字 0 熄灭。当 $\overline{LT}$ =1、$\overline{RBI}$ =0 且输入数码 $A_3A_2A_1A_0$ =0000 时，$\overline{a}$～$\overline{g}$ 输出均为 1，数码管无显示，即灭零。若 $\overline{LT}$ =1、$\overline{RBI}$ =0，而 $A_3A_2A_1A_0$ ≠0000 时，数码管仍正常显示数码。不需要灭零时，应使 $\overline{RBI}$ =1。

灭灯输入 $\overline{BI}$ 与动态灭零输出 $\overline{RBO}$ 共用一端。利用灭灯输入信号 $\overline{BI}$ 可以控制数码管按照需要显示或不显示。当 $\overline{BI}$ =0 时，无论 A_3～A_0 状态如何，数码管均无显示。

灭零输出 $\overline{RBO}$ 在多位显示时与 $\overline{RBI}$ 配合，可消去混合小数的前零和无用的尾零。当 $\overline{LT}$ =1、本位 $\overline{RBI}$ =0 且输入数码 $A_3A_2A_1A_0$ =0000 时，$\overline{RBO}$ =0。

例如，一个 8 位数字显示器，如果将 00203.400 显示成 203.4，可按图 3-17 所示连接。图中用了 8 片 74LS47，各片 $\overline{LT}$ =1。将第①片 $\overline{RBI}$ 接地，即 $\overline{RBI_1}$ =0，又因这片输入数码为 0000，所以本位十进制数字 0 不显示，而且本位 $\overline{RBO_1}$ =0。将 $\overline{RBO_1}$ 连接到第②片 $\overline{RBI}$ 端，又使 $\overline{RBI_2}$ =0，加之第②片输入数码也为 0000，所以②的十进制数字 0 也不显示。第②片 $\overline{RBO}$ 接到第③片 $\overline{RBI}$ 端，虽使 $\overline{RBI_3}$ =0，但因③输入数码不是 0000，而是 0010，因而可以正常显示十进制数字 2，且这片 $\overline{RBO_3}$ =1。第④片 $\overline{RBI_4}$ =1，虽然输入数码是 0000，但仍能显示数字 0。第⑤与第⑥片的 $\overline{RBI}$ 为 1，可显示由输入决定的任何数字，所以⑤显示数字 3，⑥显示数字 4。而第⑧片 $\overline{RBI_8}$ =0，本位输入数码 0000 将被熄灭，同时 $\overline{RBO_8}$ =0，使 $\overline{RBI_7}$ =0，片⑦被灭零。

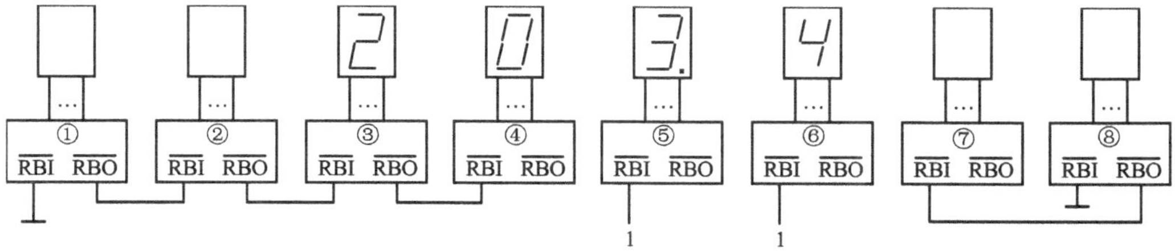

图 3-17　8 位数字显示

例 3-7　画出用 74LS47 驱动数码管 LA5011 的 1 位数码显示电路。

解：LA5011 的引脚为上下排列，引脚序号如图 3-18（a）所示。LA5011 是共阳极显示器，发红光，电源电压 5 V，驱动电流 10～20 mA。74LS47 为反码输出，OC 输出结构，最大工作电压 15 V，能为各显示段提供达 24 mA 的电流，工作时需外接上拉电阻。根据上述分析，画电路如图 3-18（b）所示，图中排阻 330 Ω×7（集中制作的七个阻值相同的电阻）为上拉电阻。

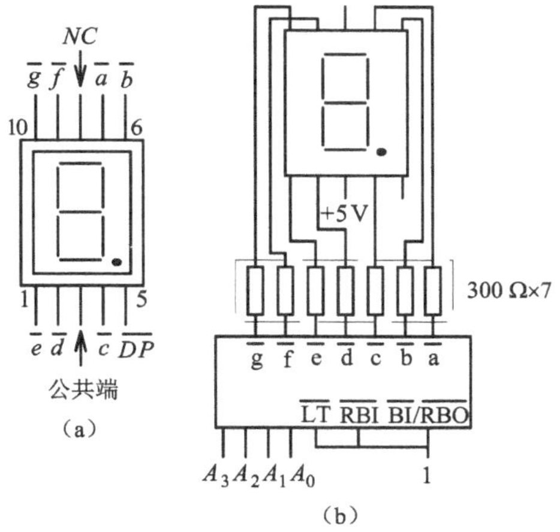

图 3-18　74LS47 驱动 LA5011

74LS47 用于 BCD 码输入-七段译码输出时，若输入代码大于 9，则用不正常显示字符或不显示的方法表示，见图 3-14。

对于共阴极数码管，应使用高电平输出有效的七段译码器/驱动器，如 74LS48。

3.3.3　数值比较器

数值比较器是用来比较两数大小的电路。

1．1 位数值比较器

两个 1 位二进制数 A 和 B 进行比较的结果有三种：A 等于 B；A 大于 B；A 小于 B。所以，设 1 位数值比较器输入变量为 A、B，当 A 大于 B 时，对应输出$(A>B)_o$为高电平；当 A 小于 B 时，对应输出$(A<B)_o$为高电平；当 A、B 相等时，对应输出$(A=B)_o$为高电平，且$(A>B)_o$、$(A<B)_o$、$(A=B)_o$为高电平互斥变量。由此可列真值表 3-12。根据表 3-12 可得

$$(A>B)_o=A\overline{B}=A\cdot\overline{AB}\text{；}(A<B)_o=\overline{A}B=B\cdot\overline{AB}\text{；}(A=B)_o=\overline{A\oplus B}=A\overline{B}+\overline{A}\,\overline{B}$$

由以上各式画 1 位数值比较器的逻辑图及逻辑符号，如图 3-19 所示。

表 3-12　1 位数值比较器

A	B	$(A>B)_o$	$(A<B)_o$	$(A=B)_o$
0	0	0	0	1
0	1	0	1	0
1	0	1	0	0
1	1	0	0	1

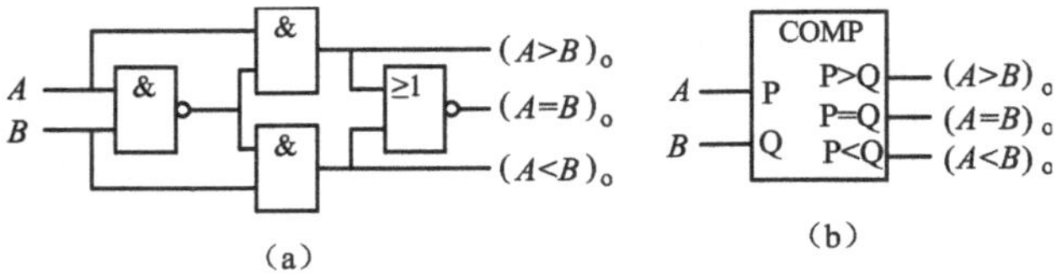

图 3-19　1 位数值比较器

2. 多位数值比较器

多位数值比较时先从高位起开始比较，若高位能比较出大小，便可立即做出结论；若高位相等，再去比较次高位；……。74HC85 是 4 位数值比较器，表 3-13 是其功能表。A_3～A_0 和 B_3～B_0 是两个相比较 4 位二进制数的输入；$(A>B)_i$, $(A<B)_i$, $(A=B)_i$ 是级联输入，在多片连接时与低位片输出端相连；$(A>B)_o$, $(A<B)_o$, $(A=B)_o$ 是总比较结果输出。图 3-20 所示是 74HC85 的逻辑符号。

表 3-13　74HC85 功能表

比较输入				级联输入			输出		
A_3，B_3	A_2，B_2	A_1，B_1	A_0，B_0	$(A>B)_i$	$(A<B)_i$	$(A=B)_i$	$(A>B)_o$	$(A<B)_o$	$(A=B)_o$
$A_3>B_3$	×	×	×	×	×	×	1	0	0
$A_3<B_3$	×	×	×	×	×	×	0	1	0
$A_3=B_3$	$A_2>B_2$	×	×	×	×	×	1	0	0
$A_3=B_3$	$A_2<B_2$	×	×	×	×	×	0	1	0
$A_3=B_3$	$A_2=B_2$	$A_1>B_1$	×	×	×	×	1	0	0
$A_3=B_3$	$A_2=B_2$	$A_1<B_1$	×	×	×	×	0	1	0
$A_3=B_3$	$A_2=B_2$	$A_1=B_1$	$A_0>B_0$	×	×	×	1	0	0
$A_3=B_3$	$A_2=B_2$	$A_1=B_1$	$A_0<B_0$	×	×	×	0	1	0
$A_3=B_3$	$A_2=B_2$	$A_1=B_1$	$A_0=B_0$	1	0	0	1	0	0
$A_3=B_3$	$A_2=B_2$	$A_1=B_1$	$A_0=B_0$	0	1	0	0	1	0
$A_3=B_3$	$A_2=B_2$	$A_1=B_1$	$A_0=B_0$	0	0	1	0	0	1

利用级联端，可以扩展数值比较器的比较位数。例如，两片 74HC85 按图 3-21 所示级联，可以对两个 8 位二进制数比较。两个 8 位数码同时加到比较器的输入端，低 4 位比较结果送到高 4 位比较器级联输入端，比较的最后结果由高 4 位数值比较器输出端输出。

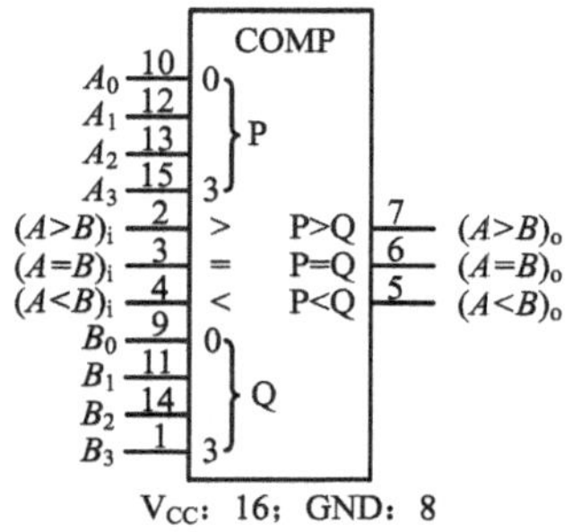

图 3-20　4 位数值比较器 74HC85

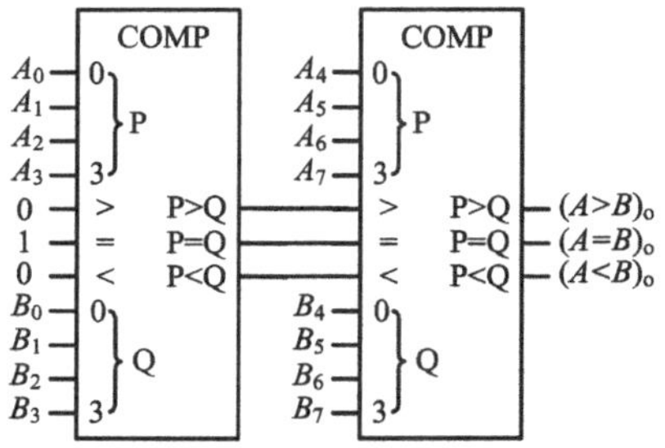

图 3-21　8 位数值比较器

3.3.4 数据选择器与分配器

1. 数据选择器

数据选择器是一种多输入、单输出的组合逻辑电路，能在控制信号作用下，从多路数据中选择一路传输，也称多路调制器或多路开关。常用的数据选择器有 2 选 1、4 选 1、8 选 1、16 选 1 等。4 选 1 数据选择器的逻辑图如图 3-22（a）所示，其作用相当于一个单刀四掷开关，示意如图（b）所示；图（c）是 4 选 1 数据选择器的逻辑符号。

D_0～D_3 为数据输入端，其个数称为通道数；A_1、A_0 是控制信号（或称地址输入信号、地址码）。地址输入端数 M 与通道数 N 应满足 $N=2^M$。根据地址信号 A_1、A_0 的取值组合，输出 Y 选取 D_0～D_3 中的 1 路数据传输；使能端 $\overline{E}$ 又称选通端，低电平有效。4 选 1 数据选择器的功能见表 3-14。

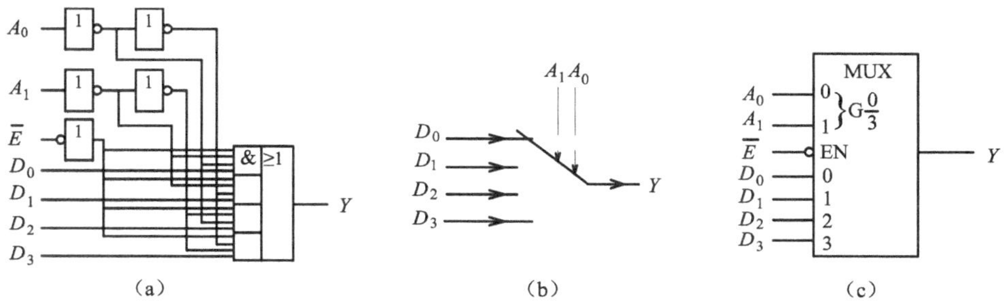

图 3-22　4 选 1 数据选择器

由表可得

$$Y=(\overline{A_1}\ \overline{A_0}\ D_0+\overline{A_1}\ A_0D_1+A_1\ \overline{A_0}\ D_2+A_1A_0D_3)\cdot\overline{\overline{E}}$$

当 $\overline{E}=1$ 时，$Y=0$，数据选择器禁止传输数据；$\overline{E}=0$ 时，有

$$Y=\overline{A_1}\ \overline{A_0}\ D_0+\overline{A_1}\ A_0D_1+A_1\ \overline{A_0}\ D_2+A_1A_0D_3$$

如果地址 $A_1\ A_0$ 依次改变（由 00→01→10→11），则选择器将依次输出 D_0→D_1→D_2→D_3。可见，数据选择器还能将同时输入的代码（即并行输入代码），转变为依次输出的代码（即串行输出代码）。

如图 3-23 所示，是 8 选 1 数据选择器 74LS251 的逻辑符号。它有一对互补三态输出 Y 和 $\overline{Y}$，使能端 $\overline{E}$ 为高电平时电路工作为禁止，输出是高阻态，因此能允许多片电路输出并接，扩大数据通道。

2. 数据分配器

能将 1 路输入变为多路输出的组合逻辑电路称为数据分配器，又称多路解调器。其功能与数据选择器相反，能将串行输入数据转变为并行输出数据。如图 3-24 所示，其中图（a）为 4 路数据分配器的逻辑图，功能相当于图（b）所示的单刀四掷开关，D 是被传输数据输入端；A_1、A_0 是地址码输入端；Y_0～Y_3 是数据输出端。当 1 路数据送至 D 端时，若地址码依次为 00→01→10→11，数据便可分别从 Y_0, Y_1, Y_2, Y_3 依次输出。图（c）所示是 4 路数据分配器的逻辑符号。

表 3-14 4 选 1 数据选择器功能表

输入							输出
$\overline{E}$	A_1	A_0	D_3	D_2	D_1	D_0	Y
1	×	×	×	×	×	×	0
0	0	0	×	×	×	0	0
0	0	0	×	×	×	1	1
0	0	1	×	×	0	×	0
0	0	1	×	×	1	×	1
0	1	0	×	0	×	×	0
0	1	0	×	1	×	×	1
0	1	1	0	×	×	×	0
0	1	1	1	×	×	×	1

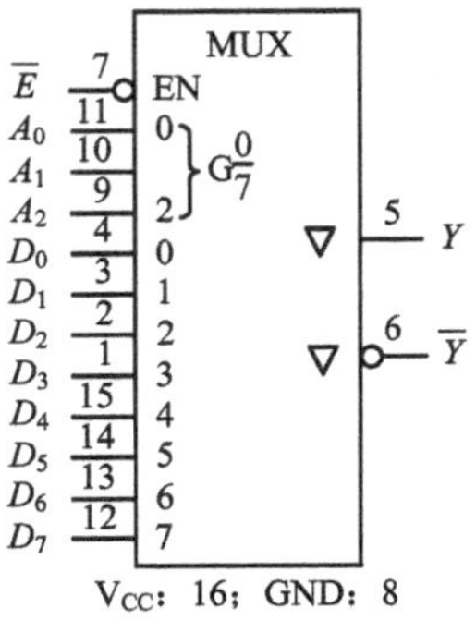

图 3-23 8 选 1 数据选择器 74LS251

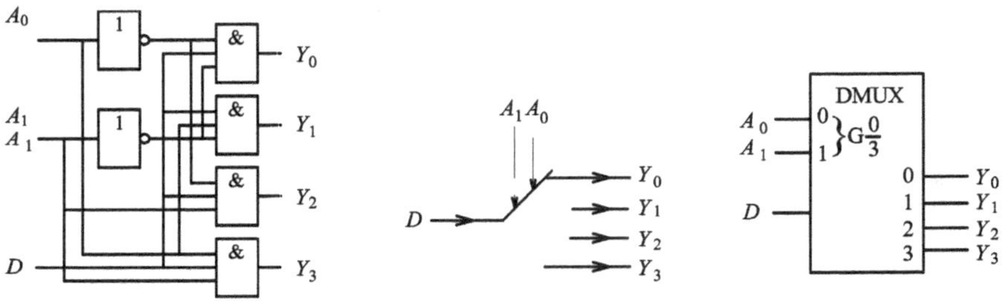

（a） （b） （c）

图 3-24 4 路数据分配器

若将 A_1、A_0 看作译码器的输入端，D 看作译码器的使能端，则图 3-24 所示的逻辑图与 2-4 线译码器完全一样。因此，任何带使能端的全译码器都可作为数据分配器使用。

3. 双向开关

数据选择/分配器称为双向开关。它既可作数据选择器，又可作数据分配器。图 3-25 所示是双向开关 CC4051 的逻辑符号。CC4051 为三态工作，$\overline{INH}$ 是使能端，低电平有效；A_2，A_1，A_0 是地址码输入端；D_0～D_7 是数据输入/输出端；D_8 是数据输出/输入端。

4. 数据选择器、分配器应用举例

（1）数据串、并行转换

利用数据选择器可将并行数据转换成串行数据，而数据分配器则可将串行数据转换成并行数据。

图 3-26 所示是用 16 选 1 数据选择器/多路转换器（3S）74 150 构成的并、串行转换器。当使能控制 $\overline{G}$=0、选择输入控制 $A_3A_2A_1A_0$ 由 0000 依次递增至 1111 时，16 位并行数据 D_0～D_{15} 依次传送到输出端，转换成串行数据。如果将 $D_0 \cdots D_{15}$ 预先设置为 0 或 1，则此时在选择输入 $A_3A_2A_1A_0$ 控制下，$\overline{Y}$ 将输出所要求的序列信号，这时称电路为“可编序列信号发生器”。

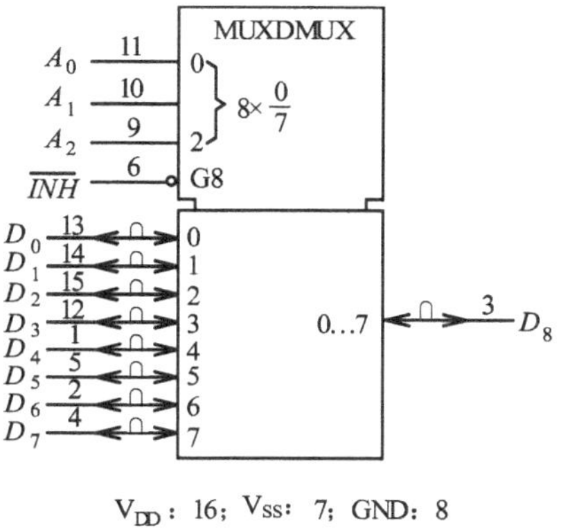

图 3-25　CC4051 逻辑符号

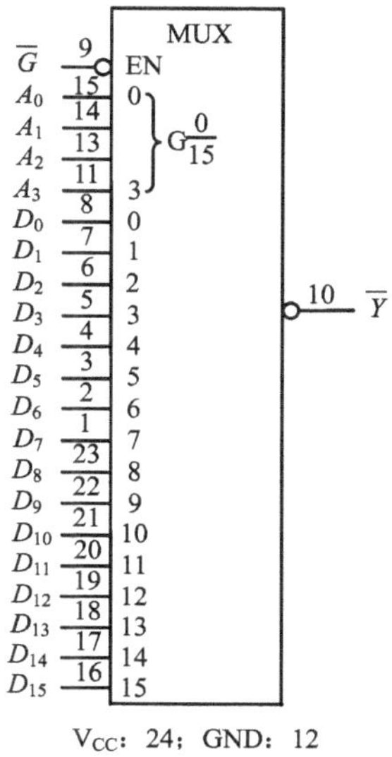

图 3-26　数据并行输入转换成串行输出

（2）总线传输

使用数据选择器和数据分配器，可以利用一条数据线分时传送多路数据，如图 3-27 所示。

（3）扩展通道

图 3-28 所示是利用选通端辅加门电路扩展数据通道的方法。74HC153 是双 4 选 1 数据选择器，在图示连接下，实现了 8 选 1 功能。当 $\overline{E}$=0 时，选中上方选择器，根据 A_1 A_0 的取值组合，从 D_0～D_3 中选出 1 路数据输出；当 $\overline{E}$=1 时，选中下方选择器，从 D_4～D_7 中输出 1 路数据。

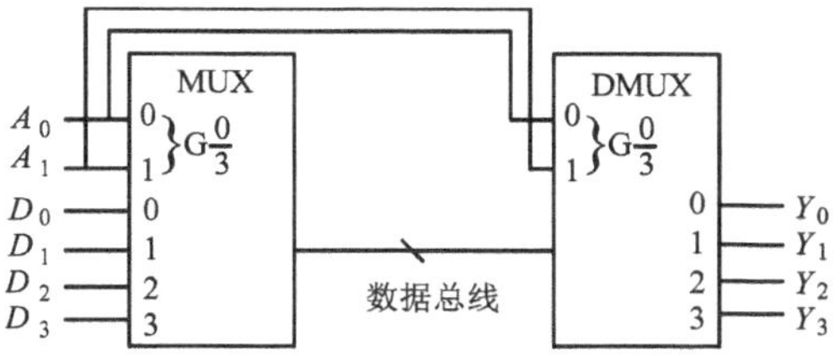

图 3-27　总线传输

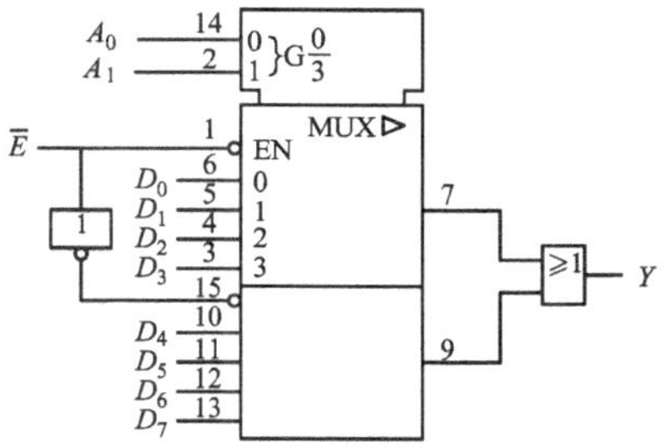

图 3-28　利用选通端扩展通道

图 3-29 所示是用数片选择器 74150 按树形结构组成的 256 选 1 多路开关。它采用分级选择的方法，即根据地址码低 4 位 $A_3A_2A_1A_0$ 由选择器（1）～（16）先进行一级选择，从 256 路数据中选出 16 路，再根据地址码高 4 位 $A_7A_6A_5A_4$ 由选择器（17）进行二级选择，最后选出 1 路数据输出。

（4）实现逻辑函数

利用数据选择器能够实现逻辑函数。若数据选择器地址输入端为 N 个，则该数据选择器能够实现任意给定的有（N+1）个输入变量的逻辑函数。其中 N 个变量作为地址输入，剩下的 1 个变量，根据需要以原变量或反变量的形式，接到相应的数据输入端。

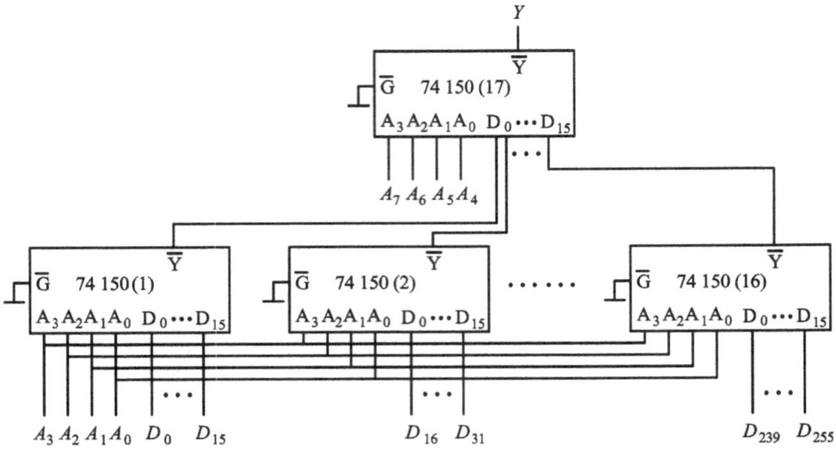

图 3-29 256 选 1 多路开关

例 3-8 用数据选择器实现逻辑函数：

$$F=\overline{A}\,\overline{B}\,\overline{C}\overline{D}+\overline{A}\,\overline{B}CD+\overline{A}B\overline{C}\overline{D}+\overline{A}B\overline{C}D+A\overline{B}\,\overline{C}D+A\overline{B}C\overline{D}+AB\overline{C}\overline{D}+AB\overline{C}D$$

解： F 是一个四变量函数，所以要用具有三个地址输入端的选择器（即用 8 选 1 数据选择器）实现。令 8 选 1 数据选择器的三个地址输入分别为 A, B, C 且 A 为高位，则输出 Y 为

$$Y=\overline{A}\,\overline{B}\,\overline{C}D_0+\overline{A}\,\overline{B}CD_1+\overline{A}B\overline{C}D_2+\overline{A}BCD_3+A\overline{B}\,\overline{C}D_4+A\overline{B}CD_5+AB\overline{C}D_6+ABCD_7$$

为了便于将 F 与 Y 比较，对 F 作适当变换，重写如下：

$$F=\overline{A}\,\overline{B}\,\overline{C}\overline{D}+\overline{A}\,\overline{B}CD+\overline{A}B\overline{C}(\overline{D}+D)+A\overline{B}\,\overline{C}D+A\overline{B}C\overline{D}+AB\overline{C}(\overline{D}+D)$$

比较 F 与 Y 的表达式可知

$$D_0=\overline{D};\ D_1=D;\ D_2=D+\overline{D}=1;\ D_3=0;$$

$$D_4=D;\ D_5=\overline{D};\ D_6=D+\overline{D}=1;\ D_7=0$$

现选用 74LS251，按图 3-30 所示连接，便可实现逻辑函数 F。

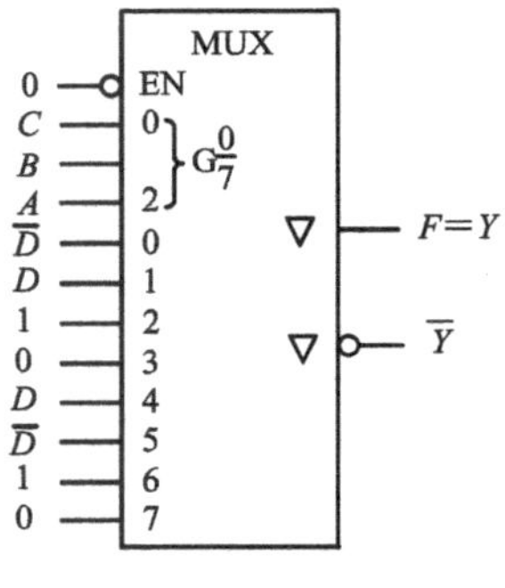

图 3-30 例 3-8 图

3.3.5 算术逻辑单元

算术逻辑单元又称多功能函数发生器，简记为 ALU。ALU 能够执行数值比较，加、减等算术运算，与、或、非等逻辑运算，以及逻辑运算和算术运算的混合运算。工作时，由控制信号决定具体执行何种运算。

3.4 组合逻辑电路的竞争与冒险

本章前面讨论组合逻辑电路时，没有考虑门的传输延迟。但实际中，由于门传输延迟的影响，会导致电路在某些情况下，在输出端产生错误信号。

3.4.1 竞争与冒险

如图 3-31（a）所示，$F=A+\overline{A}=1$，即无论 A 如何变化，F 取值应恒为 1。但实际中，如

图（b）所示，在 A 由 1 变 0 的 t_2 时刻，由于 G_1 存在传输延迟 t_P，所以在 t_2 ～（t_2+t_P）期间，G_2 的两个输入均为 0，经 G_2 延迟 t_P 后，F 在（t_2+t_P）～（t_2+2t_P）期间为 0，产生了不应有的负窄脉冲（俗称毛刺），这种现象称为 0 型冒险。

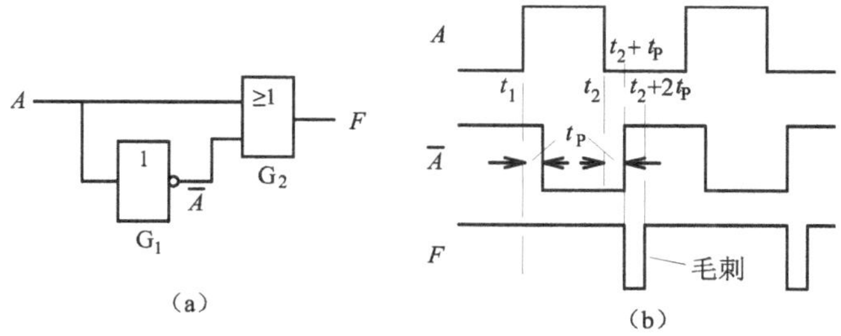

图 3-31　0 型冒险

如图 3-32 所示，F 应恒为低电平，但实际因传输延迟 t_P 的影响，在输出端出现了正向毛刺，此称为 1 型冒险。

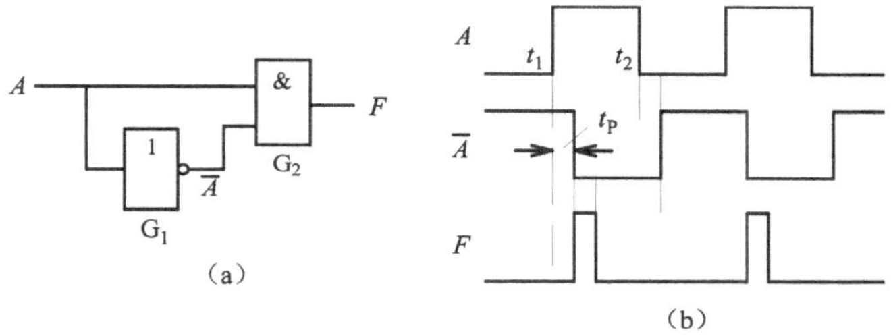

图 3-32　1 型冒险

又如图 3-33（a）所示的电路，当 A=0、B=1 时，F=1。若变为 A=1、B=0，F 应为 1 不变。但由于传输延迟 t_P 的影响，使 B' 由 1 变 0 的时刻晚于 A 由 0 变 1 的时刻，这也会在输出端出现毛刺，如图（b）所示。

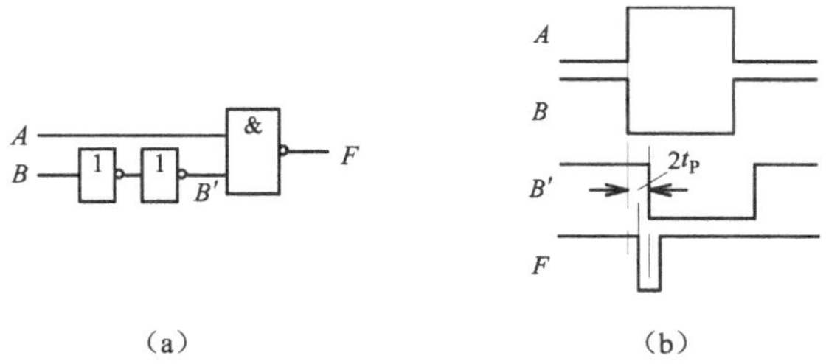

图 3-33　两输入信号变化时的冒险

一般来说，当一个门的输入有两个或两个以上的信号发生改变时，由于这些信号是经过不同路径传输来的，因此使得它们状态改变的时刻有先有后，这种现象称为竞争。竞争的结果有时会导致冒险发生。图 3-31（b）中，在 t_1 时刻附近，虽有竞争，但没有冒险；而在 t_2 时刻附近，有竞争并导致冒险发生。

3.4.2　冒险的判断与消除

当多个输入信号发生改变时易出现冒险。消除的方法是加取样脉冲。如图 3-34 所示，取

样脉冲仅在 F' 处于稳定值期间到来，以保证输出正确的结果。而在没有取样脉冲期间，输出端的信号是无效的。

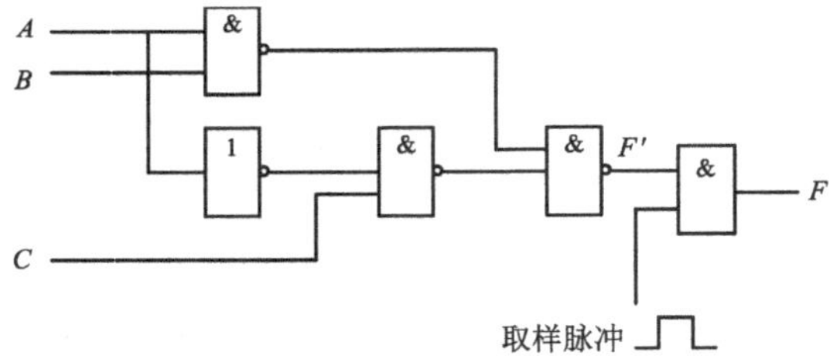

图 3-34　利用取样脉冲消除冒险

对于 0、1 型冒险可利用卡诺图判断。具体方法是：在卡诺图中，若两个大卡诺圈（至少包含 2 个最小项）相切，即两圈不重叠，彼此之间又有相邻最小项时，则对应逻辑电路便可能产生冒险。消除方法是在逻辑设计时增加冗余项。

例 3-9　判断图 3-35 中实线所示的逻辑电路是否存在冒险。若存在，试加以消除。

解：由逻辑图得函数表达式 $F=\overline{\overline{AB}\ \overline{\overline{A}C}}=AB+\overline{A}C$，画卡诺图如图 3-36 所示。由图可见，$\sum m$（1, 3）与 $\sum m$（6, 7）两圈相切，因此电路在 ABC 由 011→111 时可能产生 0 型冒险。为消除冒险，增加冗余项 $\sum m$（3, 7），原逻辑设计修改为 $F=AB+\overline{A}C+BC=\overline{\overline{AB}\ \overline{\overline{A}C}\ \overline{BC}}$，电路相应增加门 G_5，如图 3-35 中虚线所示。当 A 发生变化（即 ABC 由 011→111）时，因 G_5 输出低电平将 G_4 封锁，所以不会发生冒险。

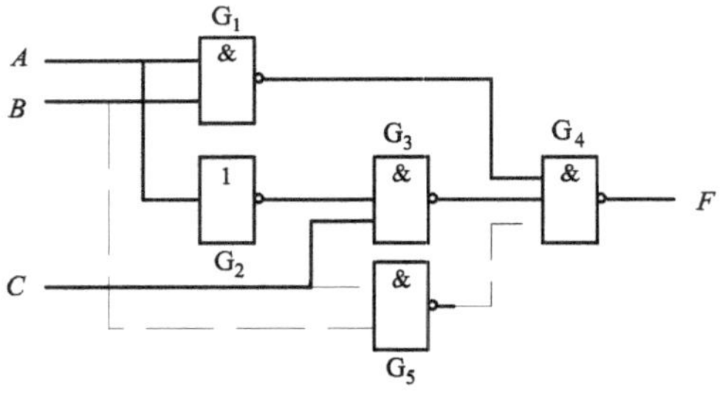

图 3-35　例 3-9 逻辑图

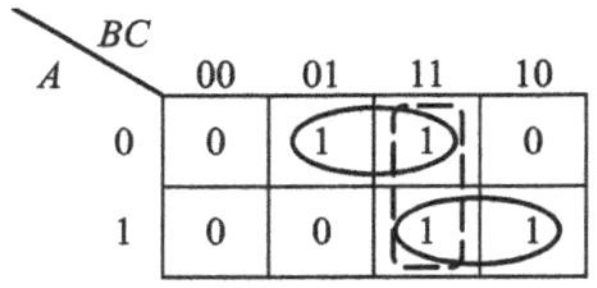

图 3-36　例 3-9 卡诺图

本章最后列出部分集成组合逻辑电路产品，见表 3-15，以供参考。

表 3-15　集成组合逻辑电路

类　型	功　能	型　号
编码器	8-3 线优先编码器	148，348，4532，14532
	10-4 线优先编码器	147，40147
译码器	4-16 线译码器/分配器	154，159，4514，4515
	4-10 线译码器	42，43，44，537，4028
	双 2-4 线译码器/多路分配器	138，238，538，548
	3-8 线译码器（带地址锁存）	131，137，237，547
数据选择器	16 选 1 数据选择器	150，250，850，851，4067
	双 4 选 1 数据选择器/多路转换器	153，352，4052，4539
	四 2 选 1 数据选择器（有存储）	604，605，606，607
	双 8 选 1 数据选择器	351，4097，40097

续表

类　型	功　能	型　号
代码转换器	BCD-二进制代码转换器	184，484
	二-BCD 代码转换器	185，485
奇偶校验器	12 位奇偶校验器	4531，14531
数值比较器	双 8 位数值比较器	682，683，684，685，686，687，688，689
加法器	2 位二进制全加器	82
	4 位二进制全加器	83，283，4008

3.5 本章小结

1．组合逻辑电路的特点是，任意时刻的输出仅取决于同一时刻的输入，而与电路原状态无关。

2．常用的中规模集成组合逻辑电路种类很多，包括编码器、译码器、数值比较器、数据选择-分配器等。它们的共同特点是：

① 通用性——一个功能部件芯片可实现多种功能；

② 自扩展——将若干个功能部件芯片通过适当连接，可扩展成位数更多的复杂部件；

③ 兼容性——便于不同品种、不同功能的电路混合使用。

要掌握各类常用组合逻辑电路的功能及用途，特别是功能扩展端的使用方法。

3．组合逻辑电路存在竞争与冒险现象。为消除冒险可采用加取样脉冲、增添冗余项等方法。

3.6 习题 3

3-1　分析图 P3-1 所示的组合逻辑电路。

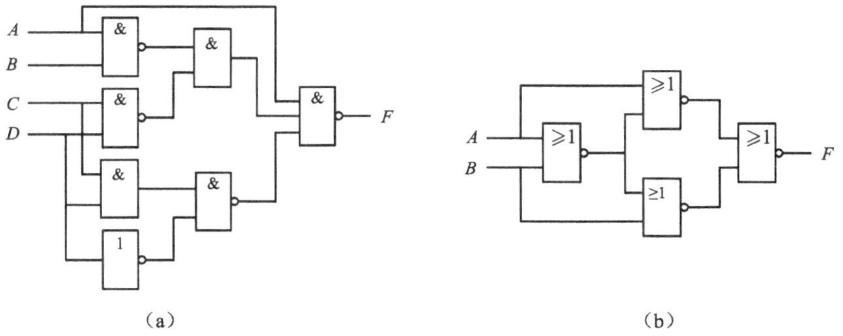

图 P3-1

3-2　在举重比赛中，有 A, B, C 三名裁判，A 为主裁判。当两名及两名以上裁判（必须包括 A 在内）认为运动员上举杠铃合格并按动电钮时，可发出裁决合格信号，试设计该逻辑电路。

3-3　锅炉在工作时，水位既不能太低又不能太高。如图 P3-2 所示，水面在 A 线以下时为危险状态；在 A、B 之间和在 C 以上时为异常状态；在 B、C 之间为正常状态。现安装自动报警装置，要求在正常状态时点亮绿灯，异常状态时点亮黄灯，危险状态时点亮红灯并发出报警声。试用与非门组成一个控制电路，实现上述要求。

3-4　设计一个大数优先编码器，将十进制数转换成 2421BCD 码。

3-5　用一片 74LS138 并辅以适当的门电路构成 4-10 线译码器，应如何连接？用数片 74LS138 构成 6-64 线译码器，应如何连接？

3-6　写出图 P3-3 所示电路中 F_1, F_2, F_3, F_4 的逻辑表达式。

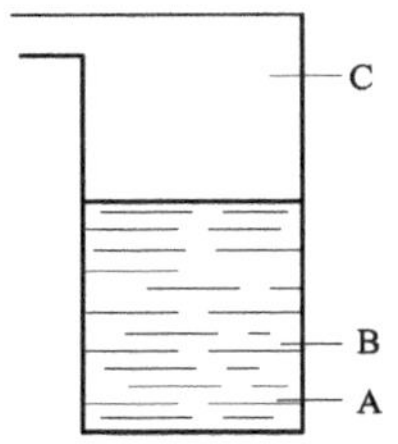

图 P3-2

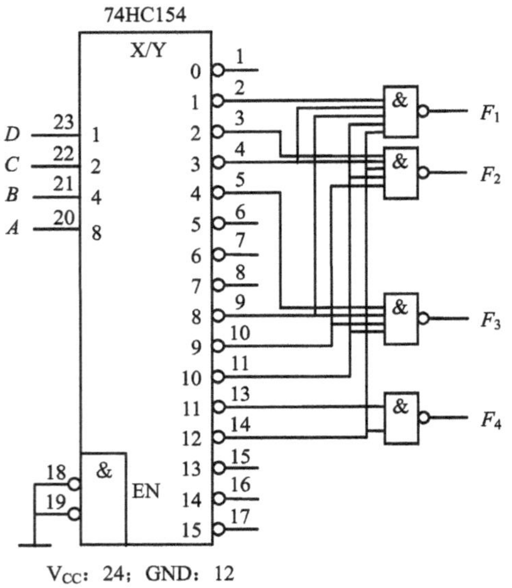

图 P3-3

3-7　设计一个将 8421BCD 码转换为 BCD 格雷码的码制变换器。

3-8　表 P3-1 是 74LS48 功能表。根据表 P3-1 回答下列问题：

（1）74LS48 驱动共阴极显示器件还是共阳极显示器件？

（2）在表 P3-1 中填写“字形”栏；

（3）显示字符时，$\overline{LT}$ 、$\overline{BI}/\overline{RBO}$ 应处于什么电平？

（4）试灯时 $\overline{LT}$ 应选择 0 还是 1？对数据输入 A_0～A_3 有要求吗？

（5）灭零时，应如何处理 $\overline{RBI}$ 端？当 $\overline{RBI}$=0 但输入数据不为 0 时，显示器是否正常显示？当灭零时，$\overline{BI}/\overline{RBO}$ 输出什么电平？

表 P3-1

十进制数或功能	输入						$\overline{BI}/\overline{RBO}$	输出							字形
	$\overline{LT}$	$\overline{RBI}$	A_3	A_2	A_1	A_0		a	b	c	d	e	f	g	
0	1	1	0	0	0	0	1	1	1	1	1	1	1	0	
1	1	×	0	0	0	1	1	0	1	1	0	0	0	0	
2	1	×	0	0	1	0	1	1	1	0	1	1	0	1	
3	1	×	0	0	1	1	1	1	1	1	1	0	0	1	
4	1	×	0	1	0	0	1	0	1	1	0	0	1	1	
5	1	×	0	1	0	1	1	1	0	1	1	0	1	1	
6	1	×	0	1	1	0	1	0	0	1	1	1	1	1	
7	1	×	0	1	1	1	1	1	1	1	0	0	0	0	
8	1	×	1	0	0	0	1	1	1	1	1	1	1	1	
9	1	×	1	0	0	1	1	1	1	1	0	0	1	1	
10	1	×	1	0	1	0	1	0	0	0	1	1	0	1	
11	1	×	1	0	1	1	1	0	0	1	1	0	0	1	
12	1	×	1	1	0	0	1	0	1	0	0	0	1	1	

续表

十进制数或功能	输入						$\overline{BI}/\overline{RBO}$	输出							字形
	$\overline{LT}$	$\overline{RBI}$	A_3	A_2	A_1	A_0		a	b	c	d	e	f	g	
13	1	×	1	1	0	1	1	1	0	0	1	0	1	1	
14	1	×	1	1	1	0	1	0	0	0	1	1	1	1	
15	1	×	1	1	1	1	1	0	0	0	0	0	0	0	
消隐	×	×	×	×	×	×	0	0	0	0	0	0	0	0	
脉冲消隐	1	0	0	0	0	0	0	0	0	0	0	0	0	0	
试灯	0	×	×	×	×	×	1	1	1	1	1	1	1	1	

3-9　在 8 位数字显示电路中，若将 00607.010 显示成 607.01，应如何连接？若将 00000.000 显示成 0.0，应如何连接？

3-10　试用 74LS138 实现逻辑函数 $F=\overline{A}C+BC+A\overline{B}\,\overline{C}$，画出逻辑图。若用 74LS251 实现上述函数，如何连接？

3-11　用两片 74LS251 构成 16 选 1 数据选择器。

3-12　用数据选择器实现逻辑函数：$F_1=\Sigma m$（1, 2, 4, 7）；$F_2=\Sigma m$（0, 2, 5, 7, 10, 12, 15）；$F_3=\Sigma m$（3, 5, 6, 9, 12, 13, 14, 15）$+\Sigma m_{\times}$（0, 1, 7）。

3-13　设计一个 1 位二进制数全减器。设 A_i 为被减数，B_i 为减数，J_{i-1} 为低位向本位的借位信号输入，D_i 为本位差，J_i 为本位向高位的借位信号。

3-14　用 74HC85 对两个 12 位二进制数进行比较，如何连接电路？

3-15　判断图 P3-4 所示电路中各发光二极管的状态。

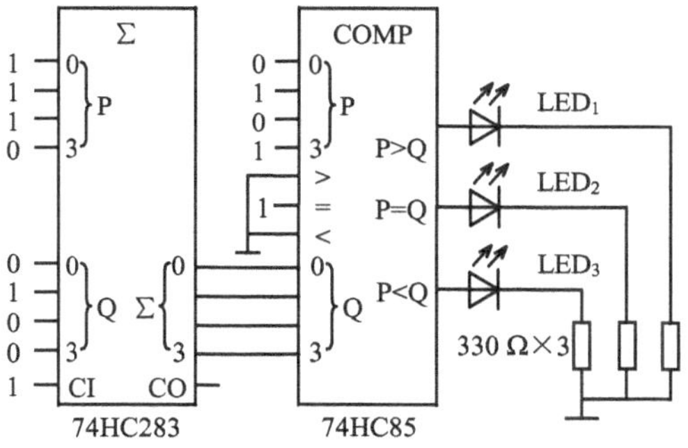

图 P3-4

3-16　在图 3-26 中，欲使 $\overline{Y}$ 的输出序列为 0001 0010 0100 1000，应如何设置 D_0～D_{15}？

3-17　何为 ALU？ALU 具有什么功能？

3-18　判断图 P3-5 所示电路是否存在冒险？如果存在，试通过修改逻辑设计加以消除。

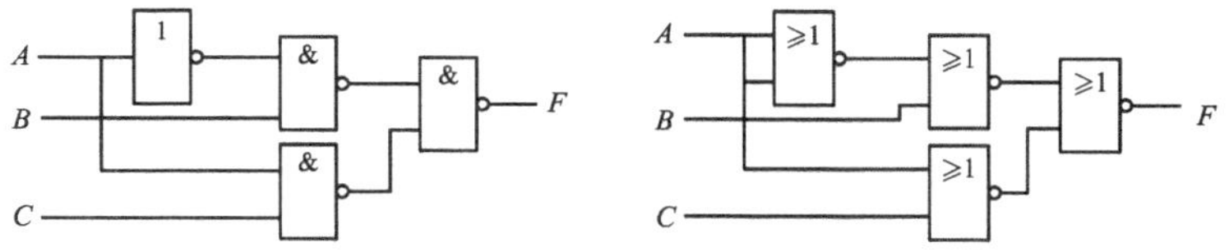

（a）　（b）

图 P3-5

3.7 实验

实验 5. 组合逻辑电路

实验目的：初步掌握组合逻辑电路的设计方法及功能测试方法。

实验用器件：数片 74LS00、74LS54、74LS86。74LS54 是 4 路 2-3-3-2 输入与或非门，74LS86 是四 2 输入异或门，它们的逻辑符号如实验图 5-1 所示。

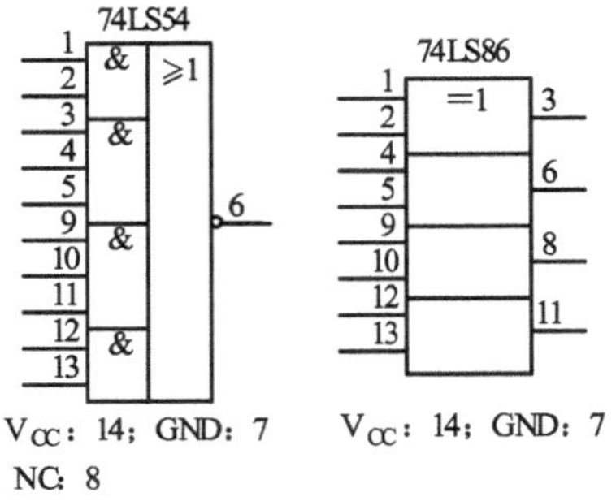

实验图 5-1

实验要求：

（1）用已有器件构成半加器、全加器、4 位奇偶校验电路，画出逻辑图。

（2）选择实验用设备及资料。

（3）拟定实验步骤，预备实验用表格。

（4）连接电路。

（5）完成实验。

实验 6. 译码器

实验目的：学会译码器、显示译码器、显示器件的使用方法。

实验用器件：74LS00，74LS139，74LS48 及 LC5011。

74LS139 是双 2-4 线译码器/双 4 路分配器，做译码器时其逻辑符号如实验图 6-1（a）所示，做分配器时其逻辑符号如图（b）所示。

74LS48 是 4 线-七段译码器/驱动器，BCD 输入，内有上拉电阻，输出高电平有效，驱动共阴极显示器件，逻辑符号如实验图 6-2 所示。

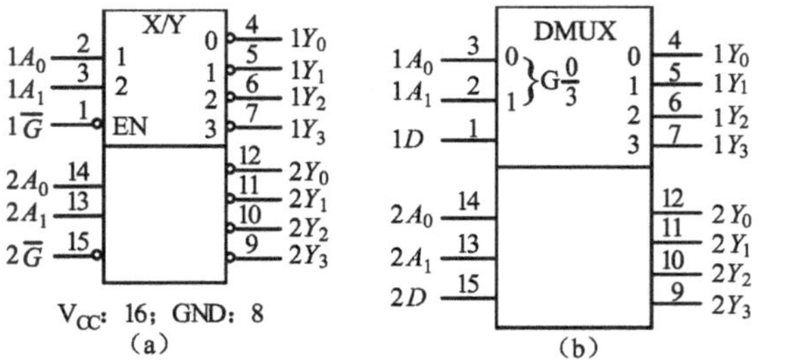

实验图 6-1

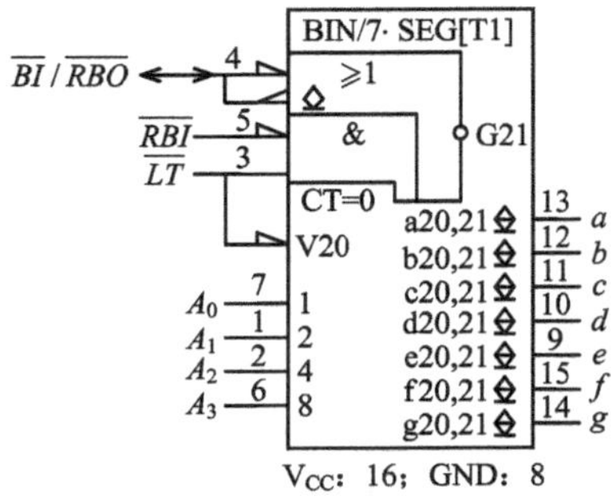

实验图 6-2

LC5011 为 LED 共阴极数码管，字段管脚排列同 LA5011，参见图 3-18（a）。

实验用设备：数字电路通用实验仪，万用表。

（1）验证 74LS139 的 2-4 线译码功能，并将结果填入实验表 6-1。

实验表 6-1

输 入			输 出			
$\overline{G}$	A_1	A_0	Y_3	Y_2	Y_1	Y_0
0	0	0				
0	0	1				
0	1	0				
0	1	1				
1	0	0				
1	0	1				
1	1	0				
1	1	1				

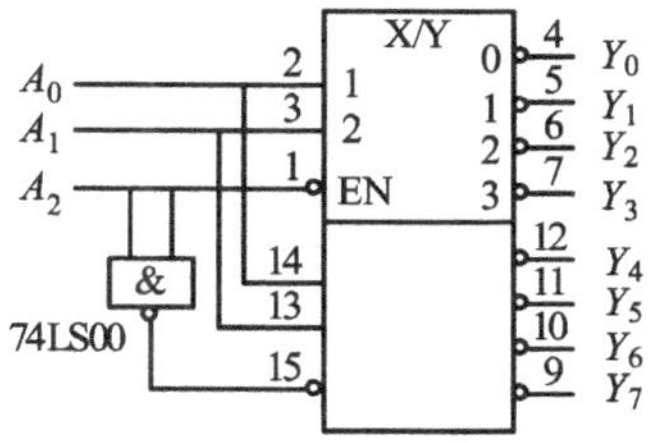

实验图 6-3

（2）用 74LS139 构成 3-8 线译码器，如实验图 6-3 所示，验证 3-8 线译码功能，并将结果填入自拟的表格。

（3）用 74LS48 与 LC5011 构成译码显示单元电路，如实验图 6-4 所示，V_{CC}=5 V。根据实验表 6-2，改变输入信号状态，观察并记录数码管的显示情况，填入实验表 6-2。

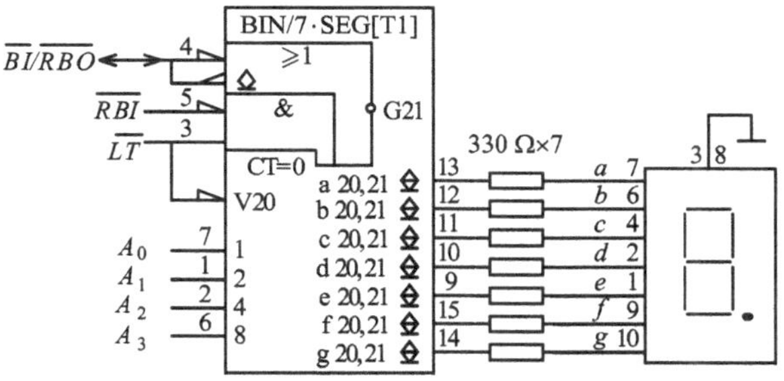

实验图 6-4

实验表 6-2

十进制数或功能	输 入						$\overline{BI}/\overline{RBO}$	输 出							字形
	$\overline{LT}$	$\overline{RBI}$	A_3	A_2	A_1	A_0		a	b	c	d	e	f	g	
0	1	1	0	0	0	0	1								
1	1	×	0	0	0	1	1								
2	1	×	0	0	1	0	1								
3	1	×	0	0	1	1	1								
4	1	×	0	1	0	0	1								
5	1	×	0	1	0	1	1								
6	1	×	0	1	1	0	1								
7	1	×	0	1	1	1	1								
8	1	×	1	0	0	0	1								

续表

十进制数或功能	输入						$\overline{BI}/\overline{RBO}$	输出							字形
	$\overline{LT}$	$\overline{RBI}$	A_3	A_2	A_1	A_0		a	b	c	d	e	f	g	
9	1	×	1	0	0	1	1								
10	1	×	1	0	1	0	1								
11	1	×	1	0	1	1	1								
12	1	×	1	1	0	0	1								
13	1	×	1	1	0	1	1								
14	1	×	1	1	1	0	1								
15	1	×	1	1	1	1	1								
消隐	×	×	×	×	×	×	0								
脉冲消隐	1	0	0	0	0	0	0								
试灯	0	×	×	×	×	×	1								

第 4 章　触发器

本章将介绍构成数字电路的另一个基本逻辑单元——触发器。

本章将按照触发器的电路结构及由于电路结构不同而带来的不同动作特点，依次介绍各种触发器，然后再从逻辑功能上对触发器进行分类。

学习目标

1. 熟知基本 RS 触发器的电路组成、工作原理。
2. 理解同步触发、主从触发、边沿触发的概念，熟悉它们的触发特点。
3. 掌握 RS 触发器、JK 触发器、D 触发器、T 触发器的逻辑功能。
4. 掌握集成触发器的使用方法。

第 3 章介绍的组合逻辑电路不具有记忆功能。而在数字系统中，常常需要存储各种数字信息，因此需要有记忆功能的电路。双稳态电路是最常用的具有记忆功能的基本单元电路。

双稳态电路又称双稳态触发器，简称触发器，有一个或多个输入端、两个互补输出端。两输出端分别记作 Q 和 $\overline{Q}$。规定用 Q 状态表示触发器状态：当 Q=0、$\overline{Q}$=1 时，称触发器为 0 态；当 Q=1、$\overline{Q}$=0 时，称触发器为 1 态。0 态与 1 态是触发器的两种稳定工作状态。在外加脉冲信号（称为触发信号）的作用下，触发器可从一种稳态翻转为另一种稳态（称为触发翻转），当触发信号消失后，触发器能保持新的稳态不变。所以说触发器具有记忆功能，或说触发器能存储信息。

按逻辑功能分类，触发器有 RS, D, JK, T, T′触发器等。按触发方式分类，有电位触发型、主从触发型、边沿触发型触发器。按结构分类，有基本、同步、主从触发器等。本章重点介绍常用触发器的逻辑功能及其工作特性。

4.1　基本 RS 触发器

如图 4-1（a）所示，是由两个与非门组成的基本 RS 触发器，它有两个输入端：$\overline{R}_D$端称为置 0 端或复位端；$\overline{S}_D$端称为置 1 端或置位端。

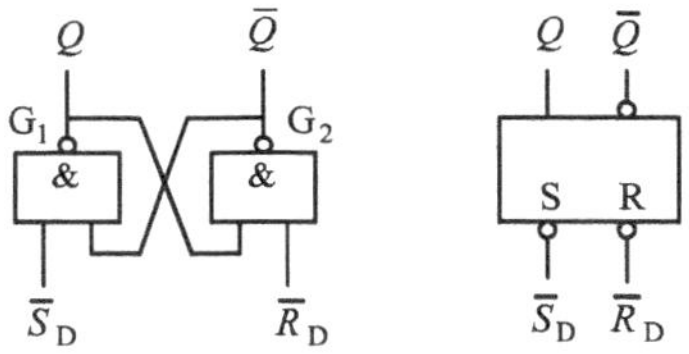

（a）　　（b）

图 4-1　基本 RS 触发器

4.1.1 逻辑功能分析

下面分析$\overline{R}_D$、$\overline{S}_D$在下列四种取值组合时，触发器的状态。

（1）$\overline{R}_D=\overline{S}_D=1$ 时，触发器保持原状态不变

设触发器原状态为 0 态，$Q=0$ 反馈到 G_2，$\overline{Q}=1$ 反馈到 G_1，使 G_2 输入有 0，输出$\overline{Q}$为 1；G_1 输入全为 1，Q 为 0，触发器维持 0 态不变。若触发器原状态为 1，由电路对称性可知，触发器维持 1 态不变。

（2）$\overline{R}_D=0$、$\overline{S}_D=1$ 时，触发器被置 0

因为无论 Q 原状态如何，只要$\overline{R}_D=0$，将使 G_2 输入有 0，$\overline{Q}$为 1；$\overline{Q}=1$ 反馈到 G_1，使 G_1 输入全为 1，Q 为 0，所以触发器被置 0。因此，$\overline{R}_D=0$ 称为置 0 信号，也称复位信号。

可见，使触发器置 0，要在$\overline{R}_D$端加低电平信号，即$\overline{R}_D$信号低电平作用有效。

（3）$\overline{R}_D=1$、$\overline{S}_D=0$ 时，触发器被置 1

由电路对称性可知，此时触发器置 1。$\overline{S}_D$信号称为置 1 信号，又称置位信号，低电平有效。

（4）$\overline{R}_D=\overline{S}_D=0$ 不允许

当$\overline{R}_D=\overline{S}_D=0$ 时，$Q=\overline{Q}=1$。由于规定触发器状态的前提是 Q 与$\overline{Q}$互补，所以这时触发器的状态不能确定。且当$\overline{R}_D$和$\overline{S}_D$同时由 0 变 1 后，G_1 与 G_2 输入均全为 1，两门输出都要由 1 向 0 转变，这就出现了竞争。因事前并不知道 G_1 与 G_2 哪个门延迟时间短、翻转速度快，所以触发器的新状态无法确定。因此，不允许$\overline{R}_D$与$\overline{S}_D$信号同时为 0，即应满足约束条件$\overline{R}_D+\overline{S}_D=1$。

顺便指出，如果$\overline{R}_D$、$\overline{S}_D$不同时由 0 变 1，触发器状态由后变信号决定。例如，若$\overline{S}_D=0$持续时间长，则当$\overline{R}_D$由 0 变 1 时，$\overline{S}_D$仍为 0，这时触发器将被置 1。

4.1.2 逻辑功能描述

触发器的逻辑功能用状态转换真值表、特征方程、状态转换图及工作波形等描述。

1. 状态转换真值表

根据以上分析，可得基本 RS 触发器的状态转换真值表（简称状态表），见表 4-1。表中，Q^n 表示触发器原状态，称为现态；Q^{n+1} 表示在输入信号$\overline{R}_D$、$\overline{S}_D$作用下触发器的新状态，称为次态。可见，基本 RS 触发器具有保持状态不变、置 0 和置 1 功能。图 4-1（b）是其逻辑符号。

表 4-1 基本 RS 触发器状态转换真值表

现态 Q^n	触发信号		次态 Q^{n+1}	说明
	$\overline{R}_D$	$\overline{S}_D$		
0	1	1	0	状态保持
1	1	1	1	
0	1	0	1	置 1
1	1	0	1	

续表

现态 Q^n	触发信号 $\overline{R}_D$	$\overline{S}_D$	次态 Q^{n+1}	说明
0	0	1	0	置 0
1	0	1	0	
0	0	0	×	不允许
1	0	0	×	

2. 特征方程

触发器特征方程又称特性方程，即触发器次态逻辑表达式。根据表 4-1，可画 Q^{n+1} 卡诺图如图 4-2 所示。利用约束项化简，得 Q^{n+1} 的逻辑表达式，即基本 RS 触发器的特征方程为

$$\begin{cases} Q^{n+1}=\overline{\overline{S}}_D+\overline{R}_DQ^n \\ \overline{R}_D+\overline{S}_D=1 \end{cases}$$

3. 状态转换图

状态转换图简称状态图，是描述触发器状态转换关系的图形，如图 4-3 所示。图中圆圈内的数字表示触发器状态，状态之间用带箭头的转移线连接起来，箭头所指方向表示状态转换方向，转移线旁边的标注是状态转换所需要的输入条件，符号“×”表示信号取 0 或 1 任意。

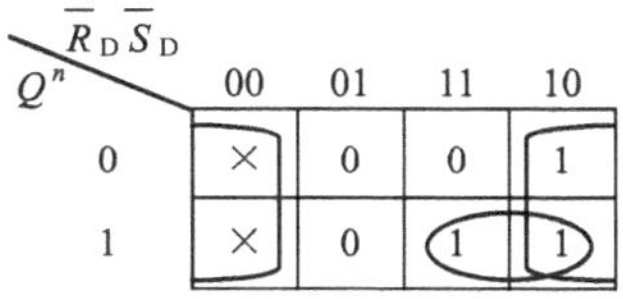

图 4-2 Q^{n+1} 卡诺图

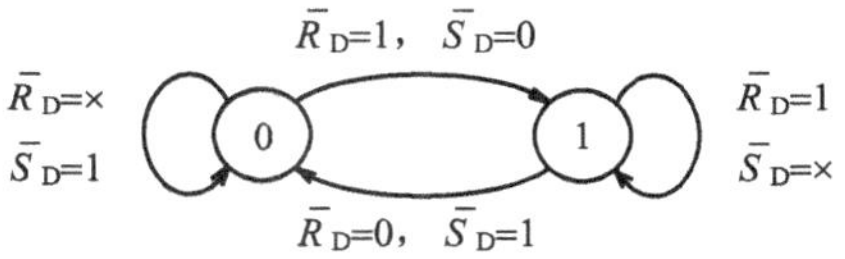

图 4-3 基本 RS 触发器状态图

例 4-1 根据图 4-4 中 $\overline{R}_D$ 和 $\overline{S}_D$ 的波形，画基本 RS 触发器 Q 端与 $\overline{Q}$ 端的波形。

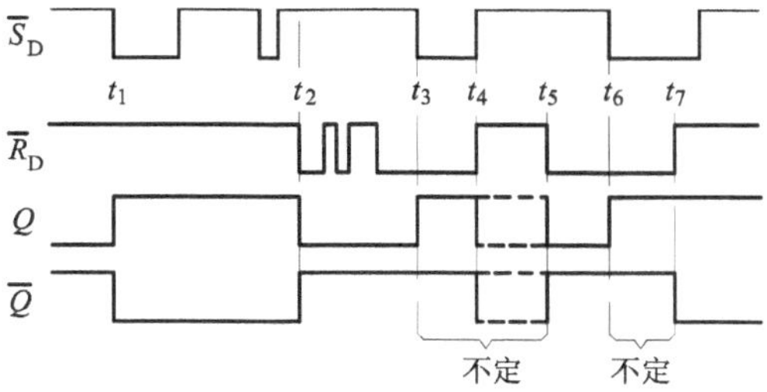

图 4-4 基本 RS 触发器波形图

解： 首先设触发器初态 Q=0。在 t_1 时刻之前，$\overline{S}_D$=1，触发器维持 0 态不变。t_1 时刻置 1 信号 $\overline{S}_D$=0，触发器被置 1。t_2 时刻置 0 信号 $\overline{R}_D$=0，触发器又被置 0。……

t_3～t_4 期间，$\overline{R}_D=\overline{S}_D$=0，$Q=\overline{Q}$=1，触发器处于不定状态。$t_4$ 时刻，$\overline{R}_D$ 和 $\overline{S}_D$ 同时由 0 变 1，出现竞争，触发器状态可能为 1 也可能翻转为 0，图中用虚线表示了这种不定状态。直到 t_5 时刻 $\overline{R}_D$=0，触发器状态确定为 0。t_6～t_7 期间，$\overline{R}_D$ 与 $\overline{S}_D$ 同时为 0，触发器又处于 $Q=\overline{Q}$=1 的不定状态。但 t_7 时刻，由于 $\overline{R}_D$=1、$\overline{S}_D$=0，触发器将稳定在 1 态。……

根据以上分析，画 Q 波形如图 4-4 所示。除状态不定期间外，其余时间由 Q 取非，便可画出 $\overline{Q}$。

应用举例

利用基本 RS 触发器可以构成电子开关电路。图 4-5（a）所示是某数控电机的原理简图，图中开关 K 是可控开关，在正常工作时，K 接通，电机转动。如果发生过载等异常情况，控制系统能控制 K 自动断开，对电机起到保护作用。在图 4-5（b）中，由基本 RS 触发器等构成开关电路，当启动脉冲到来时，$\overline{S}_D=0$，触发器被置 1，Q 输出高电平，三极管 V 饱和，继电器 K 触点吸合，电路接通，电机转动。当有异常发生时，来自控制电路的停止脉冲使 $\overline{R}_D=0$，触发器置 0，Q 输出低电平，V 截止，K 触点断开，电机停止转动。二极管 V_D 的作用是，当 V 由饱和转为截止时，为继电器线圈提供放电通路，防止在继电器线圈两端形成高压，将三极管 V 击穿。

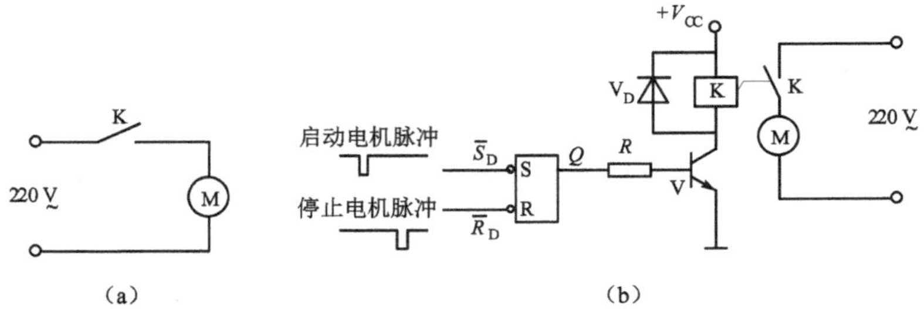

图 4-5　电子开关电路

4.2　同步触发器

基本 RS 触发器的状态置入无法从时间上加以控制，只要有效触发信号出现在输入端，触发器状态就翻转。在数字系统中，常常需要触发器同步动作。能使各触发器同步动作的控制信号称作时钟脉冲，记为 CP。用时钟脉冲做控制信号的触发器，可以通过时钟脉冲控制触发器的翻转时刻，所以称为可控触发器或同步触发器。

4.2.1　同步 RS 触发器

同步 RS 触发器由基本 RS 触发器与两个控制门 G_1、G_2 构成，如图 4-6（a）所示。时钟脉冲从 CP 端输入，R 是置 0 端，S 是置 1 端。其逻辑符号如图 4-6（b）所示。

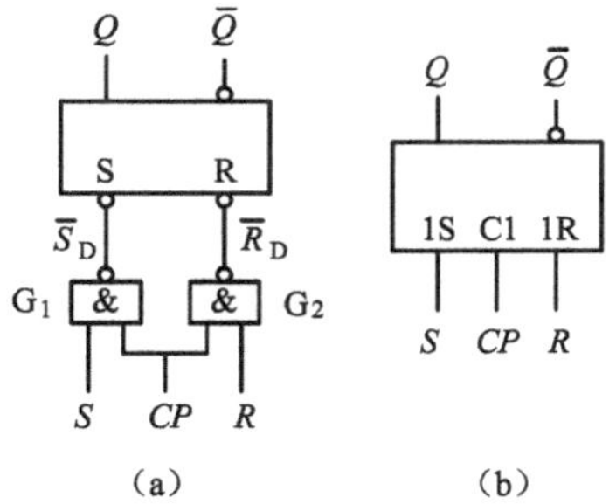

图 4-6　同步 RS 触发器

当 CP=0 时，控制门被封锁，R、S 端输入信号不起作用。因为 $\overline{R}_D=\overline{S}_D=1$，触发器状态保持不变。

当 CP=1 时，控制门被打开，R 和 S 信号被传送。因 $\overline{R}_D=\overline{R}$，$\overline{S}_D=\overline{S}$，由基本 RS 触发器状态表可直接得同步 RS 触发器状态表 4-2。由于 $R=S=1$ 将使 $\overline{R}_D=\overline{S}_D=0$，因此，在 CP=1 期间，不允许 R 和 S 同时为 1，即 R、S 须满足约束条件：$RS=0$。

表 4-2 同步 RS 触发器状态表

Q^n	时钟信号	触发信号		Q^{n+1}	说 明
	CP	R	S		
×	0	×	×	Q^n	触发信号不起作用
0	1	0	0	0	状态保持
1	1	0	0	1	
0	1	0	1	1	置 1
1	1	0	1	1	
0	1	1	0	0	置 0
1	1	1	0	0	
0	1	1	1	×	不允许
1	1	1	1	×	

将 $\overline{R}_D=\overline{R}$、$\overline{S}_D=\overline{S}$ 代入基本 RS 触发器特征方程，经变换得同步 RS 触发器特征方程

$$\begin{cases} Q^{n+1}=S+\overline{R}Q^n \\ RS=0 \end{cases}$$

根据表 4-2 画同步 RS 触发器状态图，如图 4-7 所示。

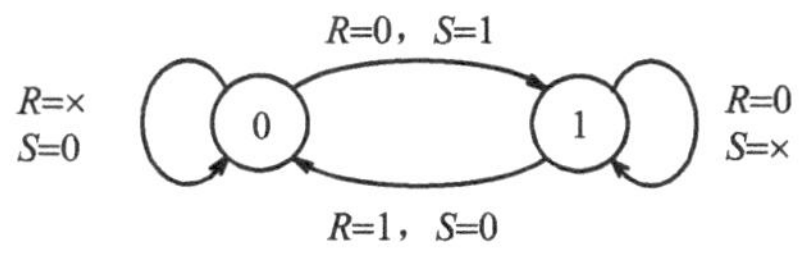

图 4-7 同步 RS 触发器状态图

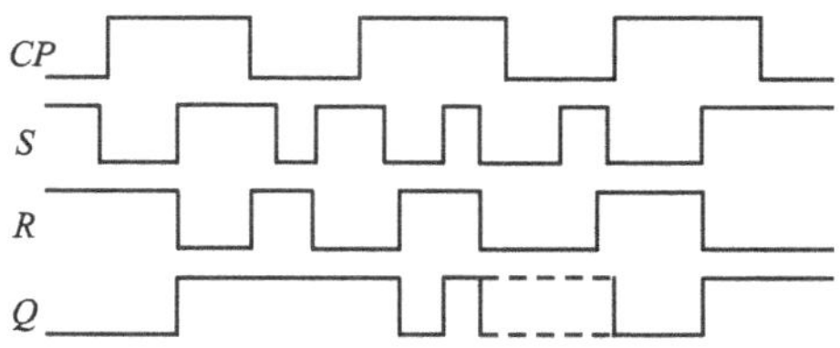

图 4-8 同步 RS 触发器波形图

例 4-2 由图 4-8 所示的 R 和 S 信号波形，画出同步 RS 触发器 Q 波形。

解： 设 Q 初态为 0。当 CP=0 时，R 和 S 变化，触发器状态不变。只有在 CP=1 期间，R、S 信号的变化才能引起触发器状态的改变，根据表 4-2，画 Q 波形如图 4-8 所示。

4.2.2 同步 D 触发器

同步 D 触发器的逻辑图及其逻辑符号如图 4-9 所示。与图 4-6（a）比较可知，同步 D 触发器由同步 RS 触发器演变而来。可以看出，在 CP=1 期间总能满足 $R\neq S$、$R=\overline{S}$，所以不会出现触发器状态不定的现象。

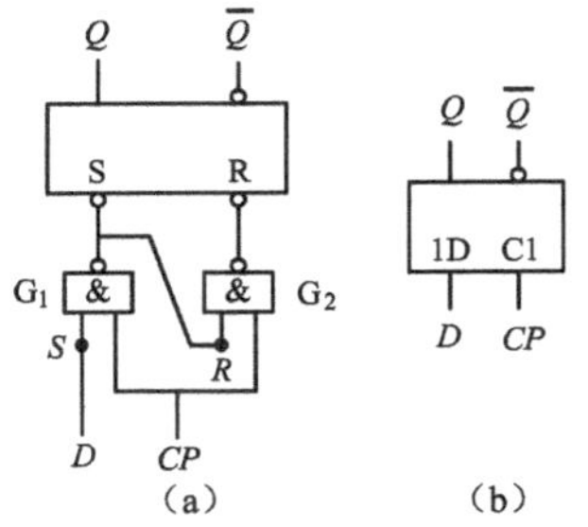

图 4-9 同步 D 触发器

因 CP=1 期间，S=D、R=$\overline{D}$。将 S、R 代入同步 RS 触发器特征方程可得

$$Q^{n+1}=D+\overline{\overline{D}}Q^n=D+DQ^n=D$$

即

$$Q^{n+1}=D$$

上式即为同步 D 触发器特征方程。可见，D 触发器次态总与输入信号 D 状态保持一致。表 4-3 是其状态表。

表 4-3 D 触发器状态表

CP	Q^n	触发信号 D	Q^{n+1}	说明
0	×	×	Q^n	触发不起作用
1	0	0	0	输出状态与 D 状态相同
	1	0	0	
	0	1	1	
	1	1	1	

例 4-3 由图 4-10 所示的 CP 和 D 信号的波形，画出 D 触发器 Q 端波形。设 Q 初态为 0。

解： CP=0 期间 Q 保持不变；CP=1 期间 Q=D。由此可画 Q 端波形如图 4-10 所示。

由于在 CP=1 期间，始终有 Q=D，因此同步 D 触发器又称透明寄存器。

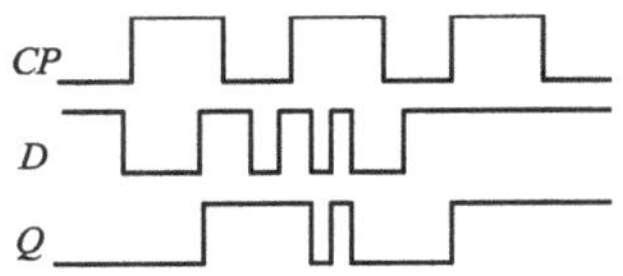

图 4-10 D 触发器波形图

4.2.3 电平触发方式的空翻现象

上述同步触发器，在 CP=1 期间接收触发信号，并且其状态随触发信号的变化而变化，这种触发方式称为电平触发。由于电平触发同步触发器在 CP=0 期间能够保持状态不变，所以又被称为锁存器。

电平触发器在 CP 为有效电平的整个期间都接收触发信号，因此，当触发信号多次变化时，触发器状态也将多次变化。这种在同一 CP 脉冲作用下、触发器发生两次或更多次翻转的现象称为空翻。

多数情况下，是不允许触发器空翻的，应予以克服。显而易见，要防止空翻应尽量减小 CP 脉冲宽度。但 CP 脉宽也不能太小，因为电路传输信号需要一定的时间，CP 脉宽太小将使触发器不能可靠翻转。所以，只能在电路结构上加以改进。

4.3 主从触发器

主从型触发器由于采用具有存储功能的触发引导电路，从而避免了空翻现象。

4.3.1 主从 RS 触发器

主从 RS 触发器如图 4-11（a）所示，它由两个同步 RS 触发器构成，直接接收触发信号并能够存储触发信号的触发器称为主触发器；输出信号的触发器称为从触发器；G 是反相器，它将主触发器的时钟信号反相后作为从触发器的时钟，从而使主、从触发器的翻转分步进行。

第一步，*CP* 由 0 变 1 后，主触发器接收输入信号，使其状态 Q'由 R 和 S 决定，由于从触发器时钟信号 $\overline{CP}=0$，所以，即使主触发器跟随 R 和 S 多次翻转，从触发器的状态也不变。

第二步，*CP* 由 1 变 0 时，从触发器接收主触发器状态 Q'，使整个触发器状态 Q 发生变化，由于 $CP=0$ 期间主触发器不接收输入信号，主触发器状态保持不变，从触发器状态也不变。所以在一个 *CP* 脉冲作用下，输出状态 Q 只翻转一次，克服了空翻。

由上述分析可见，主从结构的触发器在 $CP=1$ 期间接收触发信号，在 *CP* 由 1 变 0 的下降沿时刻改变状态。为表示这一特性，图 4-11（b）所示的逻辑符号中，在 Q、$\overline{Q}$端加了延迟符号“┐”。

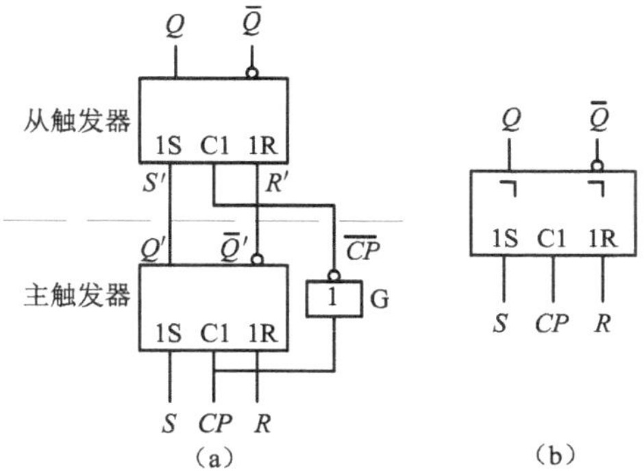

图 4-11　主从 RS 触发器

由图 4-11（a）可以求得

$$\begin{cases} Q'^{n+1}=S+\overline{R}Q'^{n} \\ RS=0 \end{cases}$$

而

$$\begin{cases} Q^{n+1}=S'+\overline{R}'Q^{n} \\ R'S'=0 \end{cases}$$

又 $S'=Q'$、$R'=\overline{Q}'$，代入上式，得

$$Q^{n+1}=Q'^{n+1}+Q'^{n+1}Q^{n}=Q'^{n+1}$$

亦即

$$Q^{n}=Q'^{n}$$

由上可得

$$\begin{cases} Q^{n+1}=S+\overline{R}Q^{n} \\ RS=0 \end{cases}$$

例 4-4　主从 RS 触发器 *CP*, *R*, *S* 的波形如图 4-12 所示。对图（a）画 Q'和 Q 波形，对图（b）画 Q 波形。

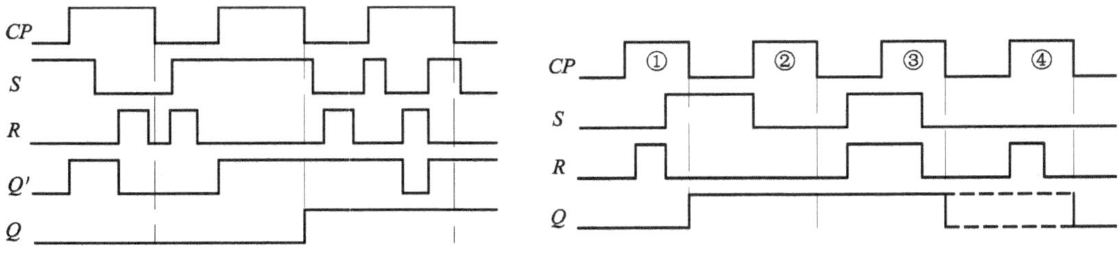

（a）　　　　　　　　（b）

图 4-12　主从 RS 触发器波形图

解：图（a）中，设初态 $Q'=Q=0$，画 Q'和 Q 波形如图 4-12（a）所示。由图可见，在 $CP=1$ 期间，虽然主触发器多次翻转，但从触发器只在 CP 负跳变时刻翻转一次，没有空翻。

分析图（a）可以看出，从触发器状态是否翻转，取决于 $CP=1$ 期间最后有效的 R 或 S 信号。因此，在画 Q 波形时只需观察 $CP=1$ 期间最后有效的信号是哪一个即可，Q 翻转时刻对应 CP 下降沿。

图（b）中，设 Q 初态为 0。第 1 个脉冲信号 CP①作用期间，最后的有效信号是 S，所以 Q 次态为 1。CP②作用期间，由于 S、R 始终为 0，因此，Q 状态不变，Q 次态仍为 1。CP③作用时，因最后有效信号 $S=R=1$，故 Q 次态状态不定。CP④作用后，Q 次态为 0。

例 4-5　根据图 4-13 所示的主从 RS 触发器 CP，$\overline{R}_D$，S_1，S_2，R 的波形，画 Q 波形。设 $\overline{S}_D=1$。

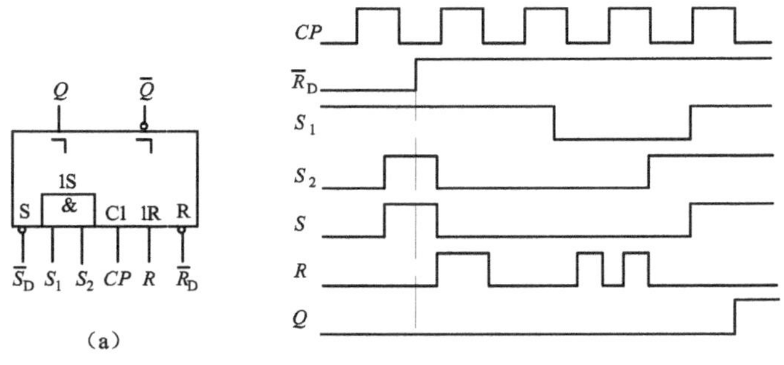

（a）　　　　　　　　（b）

图 4-13　例 4-5 图

解：图（a）所示的主从 RS 触发器，$\overline{R}_D$与$\overline{S}_D$分别为直接置 0 和置 1 端，只要在$\overline{R}_D$或$\overline{S}_D$端加低电平，立即可将触发器置 0 或置 1。也就是说，不管输入信号 R、S 状态如何，也不管 CP 脉冲状态如何，$\overline{R}_D=0$ 或 $\overline{S}_D=0$ 优先决定触发器的状态。但须注意，不能在$\overline{R}_D$和$\overline{S}_D$端同时加低电平。此外，由于$\overline{R}_D$或$\overline{S}_D$的置 0 或置 1 作用与时钟无关，因此$\overline{R}_D$、$\overline{S}_D$又被称为异步置 0 或置 1。当需要将触发器预先置于某种状态时，就可以利用这两端的作用，所以$\overline{R}_D$和$\overline{S}_D$端又被称作预置端。

图中，触发信号输入端具有两个相与的 S 端，即 $S=S_1 \cdot S_2$，因此，特征方程为

$$\begin{cases} Q^{n+1}=S+\overline{R}Q^n=(S_1 \cdot S_2)+\overline{R}Q^n \\ RS=R(S_1 \cdot S_2)=0 \end{cases}$$

为作图方便，首先画 $S=S_1 \cdot S_2$ 波形，再根据 R 与 S 波形，画 Q 波形如图 4-13（b）所示。

主从 RS 触发器虽然克服了空翻，但仍存在状态不定现象。下面介绍主从 JK 触发器，它既不存在空翻现象，也不存在状态不定现象。

4.3.2　主从 JK 触发器

1．逻辑功能分析

主从 JK 触发器如图 4-14 所示，将其逻辑图与图 4-11（a）所示的 RS 触发器逻辑图相比较，显然有

$$S=J\overline{Q}^n;\ R=KQ^n$$

将 R、S 代入 RS 触发器特征方程，可得

$$Q^{n+1}=S+\overline{R}Q^n=J\overline{Q}^n+\overline{KQ^n}Q^n=J\overline{Q}^n+\overline{K}Q^n$$

即

$$Q^{n+1}=J\overline{Q}^n+\overline{K}Q^n$$

上式即为 JK 触发器的特征方程。考虑到 $RS=KQ^n \cdot J\overline{Q}^n=0$ 总能满足约束条件 $RS=0$，因此 J 与 K 间无须加约束。

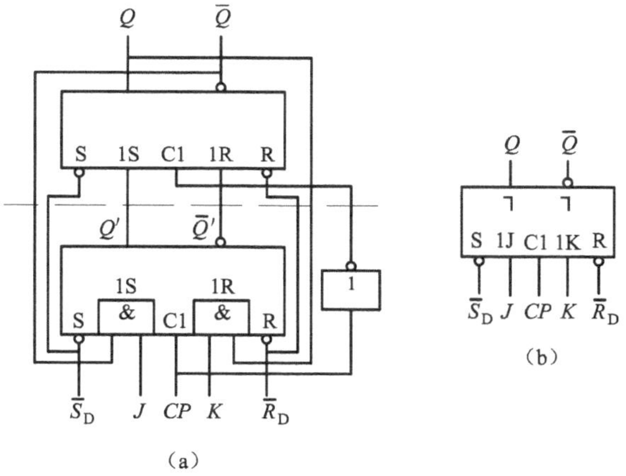

图 4-14　主从 JK 触发器

由 JK 触发器的特征方程可列状态表，见表 4-4。由表可见，JK 触发器具有保持、置 0、置 1、取反（又称计数翻转，简称计数）功能。

表 4-4　JK 触发器状态表

Q^n	CP=1 期间		Q^{n+1}	说明
	J	K		
0	0	0	0	状态保持
1	0	0	1	
0	0	1	0	置 0
1	0	1	0	

续表

Q^n	CP=1 期间		Q^{n+1}	说明
	J	K		
0	1	0	1	置 1
1	1	0	1	
0	1	1	1	取反
1	1	1	0	

2．主从 JK 触发器的一次翻转现象

主从 JK 触发器逻辑功能强，并且 J 与 K 间不存在约束，因此用途十分广泛。但其缺点是，在 CP=1 期间要求 J 和 K 信号保持不变，否则有可能导致触发器误翻转。为说明这个问题，以下分析在图 4-15 所示 J、K 信号的作用下，主从 JK 触发器的工作情况。

设触发器初始状态为 $Q=Q'=0$。在第 1 个时钟脉冲 CP①作用期间，由于 J=1、K=0，主触发器状态将变为 $Q'=1$，CP①由 1 变 0 后，从触发器接受此状态，即 $Q=Q'=1$。

在第 2 个时钟脉冲 CP②作用期间，开始时 J=1、K=0，主触发器保持 $Q'=1$ 不变。但在 t_1 时刻，K 信号受到干扰，短时间出现 K=1，使主触发器被错误置 0。干扰过去后，虽然 K 恢复为 0，但因 $\overline{Q}=0$ 使主触发器输入信号 J 被封锁（参见图 4-14（a）），因此，主触发器无法恢复原来的 1 态。当 CP②由 1 变 0 时，被错误置 0 的主触发器状态打入从触发器，使 $Q=0$。

由上述可看出，CP=1 期间主触发器只能翻转一次。一旦翻转，即使 J、K 信号发生变化，也不能再翻转回去，并在 CP 由 1 变 0 时将状态打入从触发器，这种现象称为一次翻转现象。

同理，当触发器初态为 0 且输入为 J=0、K=1 时，如 CP=1 期间 J 端受到正向脉冲干扰，也会将触发器错误置 1。

一次翻转现象降低了 JK 触发器的抗干扰能力。因此，为保证触发器可靠工作，要求 J 和 K 信号在整个 CP=1 期间应保持不变，且信号前沿应略超前于 CP 脉冲前沿，而后沿略滞后于 CP 脉冲后沿，如图 4-16 所示。

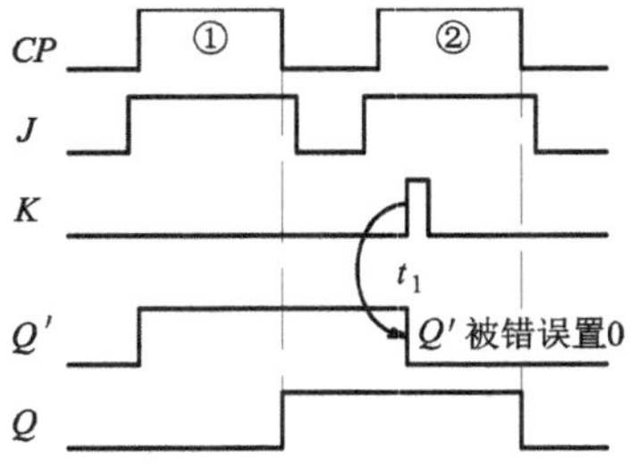

图 4-15 主从 JK 触发器一次翻转现象

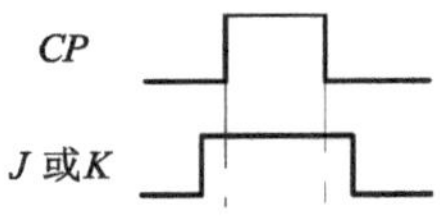

图 4-16 J、K 信号与 CP 脉宽的正确关系

显而易见，CP 脉宽越窄，触发器受干扰的可能性越小。因此，使用脉宽较小的窄脉冲做 CP 信号，有利于提高触发器的抗干扰能力。

例 4-6 根据图 4-17 所示的主从 JK 触发器 J、K 端的信号波形，画出 Q 端的波形。

解： 设 Q 初态为 0。Q 端波形如图 4-17 所示。画图时注意以下三个问题：

（1）触发器对应 CP 后沿翻转。

（2）Q 次态由 CP=1 整个期间的输入信号决定。

（3）由于存在一次翻转，故 CP=1 期间 J 或 K 中只能一个信号作用有效：当 Q 现态为 0 时，J 信号作用有效，因此只需观察 J 信号有无为 1；当 Q 现态为 1 时，K 信号作用有效，这时则只观察 K 信号有无为 1。

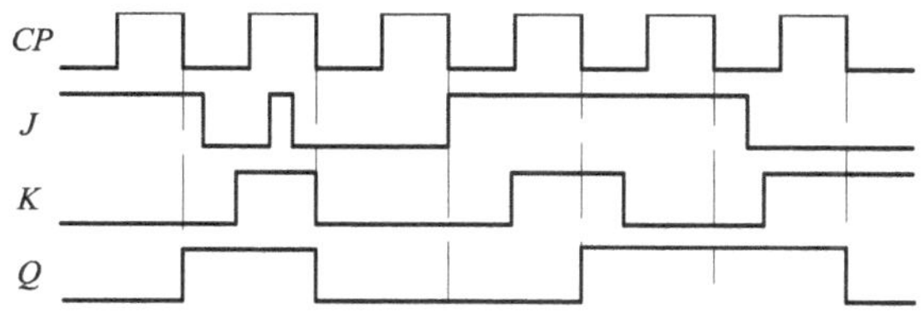

图 4-17 主从 JK 触发器波形图

4.4 边沿触发器

主从 JK 触发器，虽然克服了空翻现象，但仍有一次翻转现象，容易受脉冲干扰而造成错误翻转。边沿触发器通过对电路进一步改进，使触发器只对应 CP 上升沿或下降沿接收输入信号，并发生状态翻转，是能够克服空翻的另一种类型的触发器。其中使用最多的是上升沿 D 触发器和负边沿 JK 触发器。

上升沿 D 触发器对应时钟 CP 上升沿翻转，其状态仅取决于 CP 上升沿到来时刻触发信号 D 的状态。为表示触发器仅在 CP 上升沿接收信号并立即翻转，图 4-18（a）所示的 D 触发器逻辑符号中，时钟输入端 C1 加了动态符号“>”。

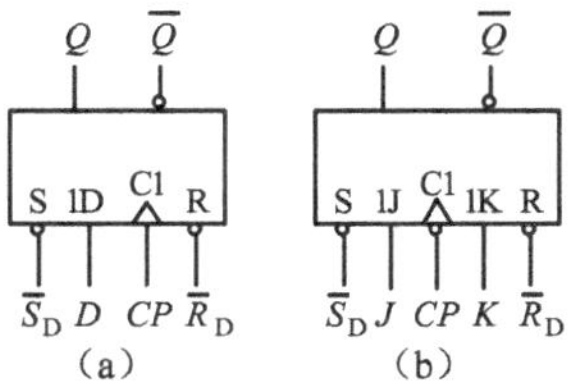

图 4-18 边沿触发器

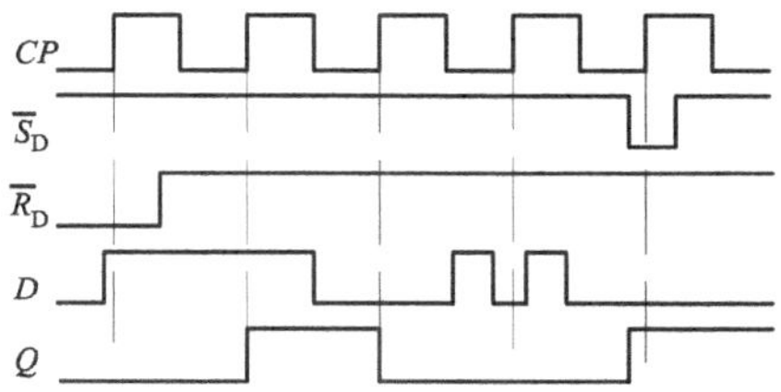

图 4-19 上升沿 D 触发器波形图

例 4-7 根据图 4-19 所示有关波形，画出上升沿 D 触发器的 Q 波形。

解： Q 波形如图 4-19 所示。画图时注意：

（1）异步置、复位信号具有优先权。

（2）对应每个 CP 上升沿，触发器状态是否翻转，取决于 CP 上升沿前时刻 D 信号。

负边沿 JK 触发器只对应 CP 下降沿接收输入信号，为表明这一特性，图 4-18（b）所示的负边沿 JK 触发器逻辑符号中，在时钟输入端 C1 特别加一个小圆圈。

例 4-8 已知负边沿 JK 触发器 CP 及 $J, K, \overline{R}_D$ 波形如图 4-20 所示，画出 Q 波形。

解： 画图时注意以下两个问题：

（1）触发器对应 CP 后沿翻转。

（2）Q 次态仅由 CP 下降沿前时刻输入信号决定，并且当 Q 现态为 0 时，J 信号作用有效；Q 现态为 1 时，K 信号作用有效。

设$\overline{S}_D$=1，画Q端波形如图4-20所示。

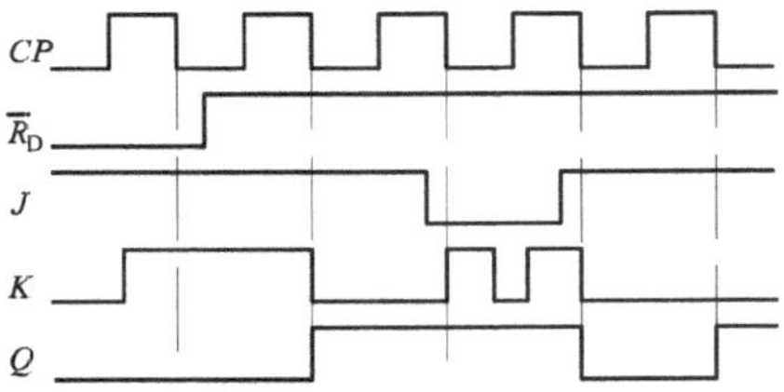

图4-20 负边沿JK触发器波形图

4.5 集成触发器

目前，市场上有许多集成触发器供选用，表4-5列出了一些常用的集成触发器。其中有TTL电路产品，也有CMOS电路产品。像CMOS门电路一样，集成CMOS触发器同样具有功耗低、电源电压适用范围大、抗干扰能力强的特点。TTL与CMOS触发器的RS, D, JK等触发器逻辑功能均相同，只是逻辑电平值、负载能力等有些不兼容，混合使用时要考虑接口问题。

表4-5 常用集成触发器

名称及功能	型号	名称及功能	型号
正边沿JK触发器	70	双负边沿JK触发器	113，114
带清零负沿触发双JK触发器	73	六D触发器（带“使能输出”端）	378
双JK负沿触发器（带预置和清零）	76，112	八D触发器（三态输出）	374
双主从JK触发器（带置位和复位）	4027，14027	上升沿触发双D触发器（带预置和复位）	74，4013
双JK触发器（带预置端）	78，109	六D型锁存器	268
与门输入JK触发器（带预置和复位端）	104	四$\overline{R}\,\overline{S}$锁存器	279，4043，4044

此外，如果要选用的触发器没有现成产品，可以利用现有的触发器进行功能转换。如将JK触发器两输入端连接在一起变成一个输入端T，便构成T触发器。令J=K=T，代入JK触发器的特征方程，可得T触发器特征方程为

$$Q^{n+1}=T\overline{Q}^n+\overline{T}Q^n$$

式中，当T=0时Q^{n+1}=Q^n，即触发器状态保持不变；当T=1时Q^{n+1}=$\overline{Q}^n$，触发器处于计数状态，即触发器的翻转次数记录了送入触发器的CP脉冲个数。处于计数状态的触发器称为计数触发器或T′触发器。因此，T触发器中令T=1，则T触发器即为T′触发器。

应用举例

如图4-21（a）所示，是4路8灯跑马灯实物图，图4-21（b）是用触发器做驱动器构成的1路8灯跑马灯电路。请读者自行分析灯的闪烁情况。

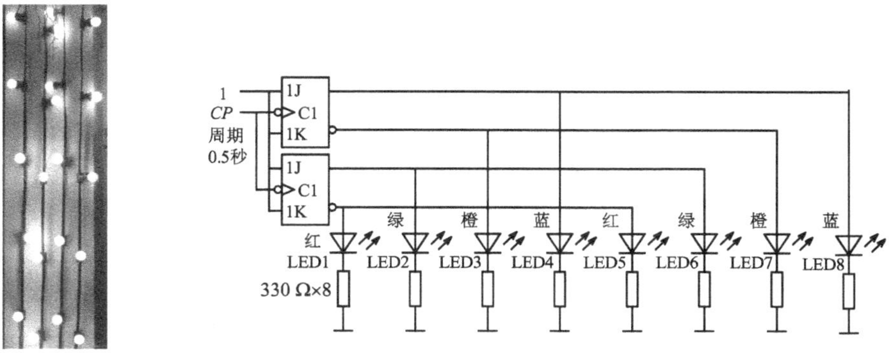

（a）　　　　（b）

图 4-21 跑马灯

4.6 本章小结

1. 触发器是能存储一位二进制数 0、1 的电路，有若干个输入端、一对互补输出端。

2. 触发器按功能分为基本 RS 触发器、锁存器、主从及边沿型的 D 触发器、JK 触发器、T 触发器和 T′触发器。基本 RS 触发器没有时钟输入端，触发器状态随 $\overline{R}_D$ 和 $\overline{S}_D$ 电平的变化而变化。电平触发型锁存器存在空翻。主从型触发器和边沿触发器克服了空翻，有着广泛应用。

3. 描述触发器逻辑功能的方法有状态表、特征方程、状态图等。本章介绍的各类触发器的逻辑功能归纳于表 4-6 中。

表 4-6 触发器逻辑功能一览表

名称	基本 RS 触发器	同步 RS 触发器	上升沿 D 触发器	负边沿 JK 触发器	主从 T 触发器
逻辑符号	$\overline{S}_D$—S；$\overline{R}_D$—R；输出 Q、$\overline{Q}$	S—1S；CP—C1；R—1R；输出 Q、$\overline{Q}$	$\overline{S}_D$—S；D—1D；CP—>C1；$\overline{R}_D$—R；输出 Q、$\overline{Q}$	$\overline{S}_D$—S；J—1J；CP—>C1；K—1K；$\overline{R}_D$—R；输出 Q、$\overline{Q}$	T—1T；CP—C1；输出 Q、$\overline{Q}$
状态真值表	$\overline{R}_D$ $\overline{S}_D$ Q^{n+1} 0 0 × 0 1 0 1 0 1 1 1 Q^n	R S Q^{n+1} 0 0 Q^n 0 1 1 1 0 0 1 1 ×	D Q^{n+1} 0 0 1 1	J K Q^{n+1} 0 0 Q^n 0 1 0 1 0 1 1 1 $\overline{Q}^n$	T Q^{n+1} 0 Q^n 1 $\overline{Q}^n$
特征方程	$\begin{cases} Q^{n+1}=\overline{\overline{S}}_D+\overline{R}_D Q^n \\ \overline{R}_D+\overline{S}_D=1 \end{cases}$	$\begin{cases} Q^{n+1}=S+\overline{R}\,Q^n \\ R\cdot S=0 \end{cases}$	$Q^{n+1}=D$	$Q^{n+1}=J\overline{Q}^n+\overline{K}Q^n$	$Q^{n+1}=T\overline{Q}^n+\overline{T}Q^n$
状态图	0 → 1：$\overline{R}_D\overline{\overline{S}}_D=1$；1 → 0：$\overline{\overline{R}}_D\overline{S}_D=1$；0 自环：$\overline{S}_D=1$；1 自环：$\overline{R}_D=1$	0 → 1：$\overline{R}S=1$；1 → 0：$R\overline{S}=1$；0 自环：$S=0$；1 自环：$R=0$	0 → 1：$D=1$；1 → 0：$D=0$；0 自环：$D=0$；1 自环：$D=1$	0 → 1：$J=1$；1 → 0：$K=1$；0 自环：$J=0$；1 自环：$K=0$	0 → 1：$T=1$；1 → 0：$T=1$；0 自环：$T=0$；1 自环：$T=0$
触发方式	直接触发 低电平有效	电平触发 CP 高电平接收	CP 上升沿触发	CP 下降沿触发	CP 下降沿触发
应用	无触点开关、单脉冲发生器、寄存器	寄存器	计数器、寄存器 移位寄存器	计数器、寄存器 移位寄存器	计数器、寄存器

4.7 习题 4

4-1 分析图 P4-1 所示的由两个或非门组成的基本 RS 触发器。将触发器 Q^{n+1} 状态填入表 P4-1 中，并判断触发信号有效电平。

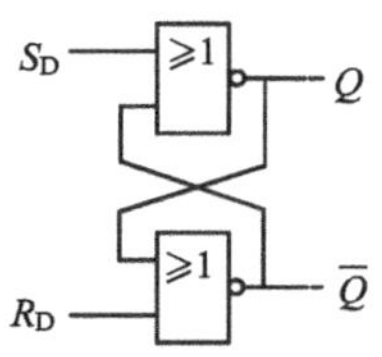

图 P4-1

表 P4-1

Q^n	R_D	S_D	Q^{n+1}
0	0	0	
0	0	1	
0	1	0	
0	1	1	
1	0	0	
1	0	1	
1	1	0	
1	1	1	

4-2 对于图 P4-1 所示电路，当输入信号如图 P4-2 所示时，试分别画出 Q 与 $\overline{Q}$ 端的波形图。

4-3 什么是时钟信号？其作用是什么？

4-4 已知同步 RS 触发器 Q^n、Q^{n+1} 如表 P4-2 所示。试判断当 $Q^n \to Q^{n+1}$ 时 R 和 S 的状态，并填入表 P4-2（此类表称为触发器激励表）。

4-5 已知图 4-6 所示同步 RS 触发器的输入信号如图 P4-3 所示，画出 Q 端波形图。

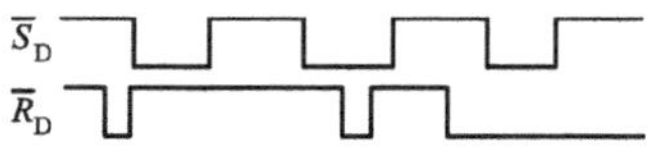

图 P4-2

表 P4-2

$Q^n \to Q^{n+1}$		R	S
0	0		
0	1		
1	0		
1	1		

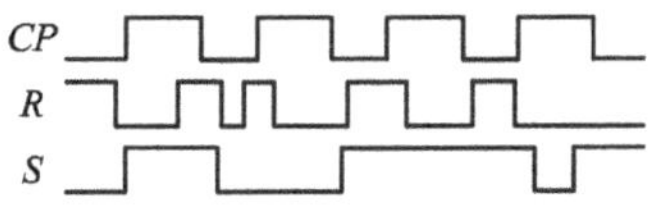

图 P4-3

4-6 已知图 4-9 所示锁存器 Q^n 及 Q^{n+1} 如表 P4-3 所示，试判断当 $Q^n \to Q^{n+1}$ 时 D 的状态并填入表中。

4-7 图 4-9 中，CP 及 D 的信号波形如图 P4-4 所示，试画出 Q 端波形。

4-8 请根据表 P4-3，画出 D 触发器状态图。

4-9 根据图 P4-5 所示主从 RS 触发器各端的波形，画出 Q 波形。

表 P4-3

$Q^n \to Q^{n+1}$		D
0	0	
0	1	
1	0	
1	1	

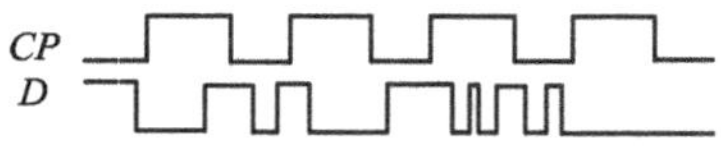

图 P4-4

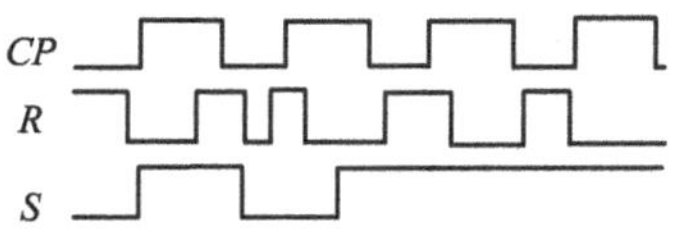

图 P4-5

4-10 主从 JK 触发器如图 4-14 所示。试写出表 P4-4 中，当 $Q^n \to Q^{n+1}$ 时 J 和 K 的状态。

4-11　主从 JK 触发器输入波形如图 P4-6 所示，画出 Q 端波形。$\overline{R}_D$ 为异步置 0。

4-12　请根据表 4-4，画出 JK 触发器状态图。

4-13　负边沿 JK 触发器输入波形如图 P4-6 所示，请画出 Q 端波形。$\overline{R}_D$ 为异步置 0。

表 P4-4

$Q^n \to Q^{n+1}$	J	K
0　0		
0　1		
1　0		
1　1		

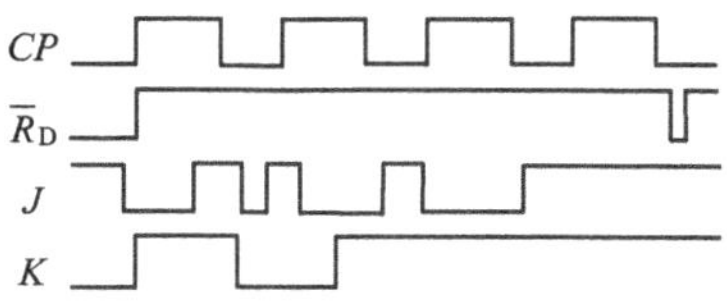

图 P4-6

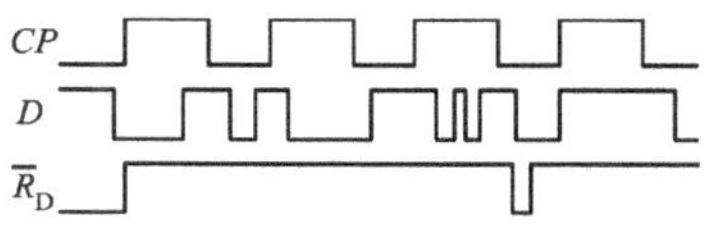

图 P4-7

4-14　上升沿 D 触发器输入波形如图 P4-7 所示，画出 Q 端波形。$\overline{R}_D$ 为异步置 0。

4-15　画出用 JK 触发器构成 T 触发器的接线图。根据 T 触发器特征方程，列其状态表。

4-16　如何用 T 触发器构成计数触发器（即构成 T′触发器）？

4-17　请将图 4-18 所示的上升沿 D 触发器接成 T 功能触发器，画出逻辑图。

4-18　请将主从 JK 触发器接成上升沿 D 触发器，画出逻辑图。

4-19　设图 P4-8（b）所示各触发器初态为 0，时钟 CP 波形如图 P4-8（a）所示，试画出各触发器 Q 端波形。

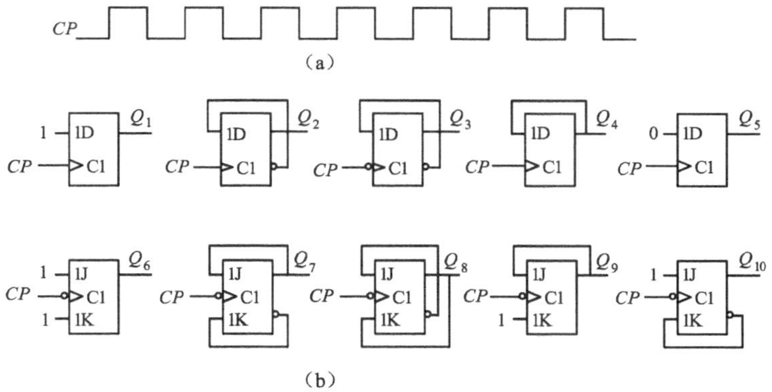

图 P4-8

4-20　描述触发器逻辑功能的方法一般有几种？这些方法各有什么特点？有什么内在联系？以一种触发器为例说明之。

4.8　实验

实验 7.　触发器

实验目的：进一步熟悉触发器的逻辑功能，掌握触发器的使用方法。

实验用器件：74LS00, 74LS112A, 74LS75。

74LS112A 为双下降沿 JK 触发器（有预置和清零），逻辑符号如实验图 7-1（a）所示。

74LS75 逻辑符号如实验图 7-1（b）所示，它是四 D 锁存器，每两个 D 锁存器由一个锁存信号 C 控制。

C 高电平有效：C=1 时，锁存器接收输入数据，Q 随 D 信号变化而变化；C=0 时，Q 锁存 C 在由高变低时刻前的输入数据。

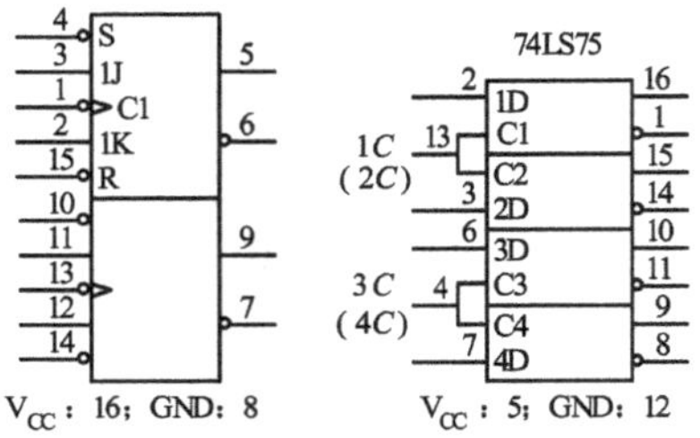

（a）　（b）

实验图 7-1

实验用设备：数字电路通用实验仪，万用表。

1．验证 74LS112 功能

将测试结果填入实验表 7-1。注意，CP 信号由实验仪输出的单次脉冲提供。

实验表 7-1

CP	$\overline{R}_D$	$\overline{S}_D$	J	K	Q^{n+1}	功　能
×	0	1	×	×		
×	1	0	×	×		
×	0	0	×	×		
×	1	1	×	×		
↓	1	1	0	1		
↓	1	1	1	0		
↓	1	1	0	0		
↓	1	1	1	1		

2．触发器功能转换

用 74LS112A 接成 D 触发器，接线如实验图 7-2 所示。验证触发器功能，并将结果填入自拟的表格。

3．验证锁存器功能

将 74LS75 中的一个锁存器，输入接逻辑开关，输出接电平指示灯，验证锁存器功能，将结果填入实验表 7-2。

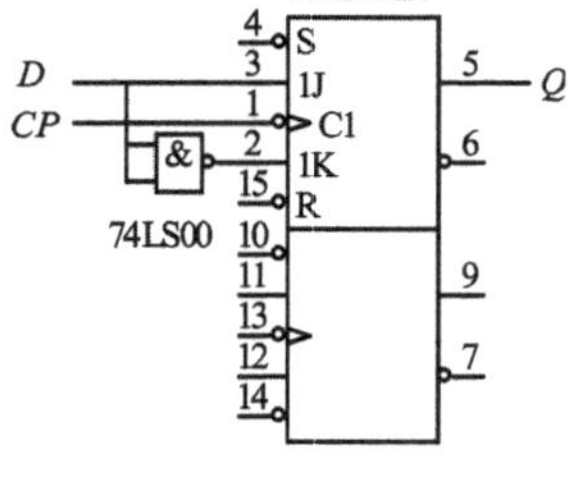

实验图 7-2

实验表 7-2

$1C$	$1D$	$1Q$
0	0→1→0	
1	0→1→0	
↓	0	
	1	

4．数据锁存器

按实验图 7-3 所示接线，74LS75 的 $1D$～$4D$ 接逻辑开关，$1Q$～$4Q$ 接 74LS48 的 A_0～A_3 端，验证 74LS75 数据锁存功能，将结果填入实验表 7-3。

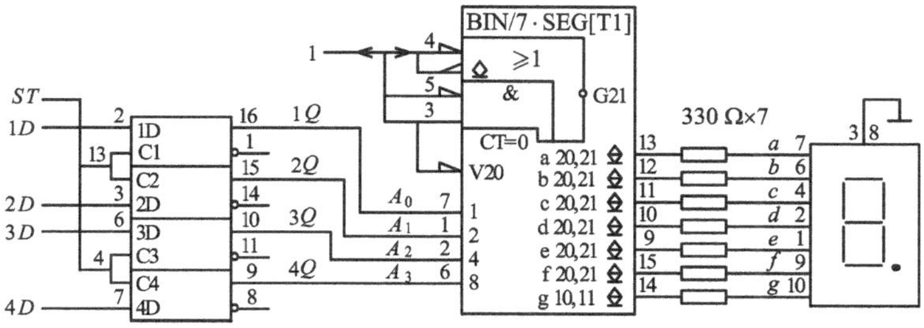

实验图 7-3

实验表 7-3

ST	4D3D2D1D	显　示	功　能
1	0000→0001→…→1110→1111		
0	0000→0001→…→1110→1111		

5．跑马灯

用 74LS112 按图 4-21（b）所示构成 8 灯跑马灯，图中 LED 可以用实验仪的电平指示灯代替。观察显示效果。

思考：

（1）如果构成 24 灯、相邻灯交替闪烁的跑马灯电路，需要几个 74LS112？确定所用 74LS112 数目时需要考虑哪些方面的问题？

（2）适当更改图 4-21（b），还能得到其他的闪烁方式吗？

第 5 章　时序逻辑电路

本章主要介绍计数器、寄存器等时序逻辑部件的功能及使用方法。

学习目标

1. 了解时序逻辑电路的概念和分类。
2. 掌握专用集成计数器、寄存器的逻辑功能，会使用集成计数器、寄存器。
3. 能够查阅集成电路手册，识读集成计数器和寄存器的引脚和功能。

时序逻辑电路简称时序电路，它与组合逻辑电路的区别是，任意时刻的输出信号不仅取决于该时刻的输入信号，而且与前一时刻的电路状态有关。

时序电路由组合逻辑电路和存储电路（触发器是构成存储电路的基本单元，也是最简单的时序电路）两部分组成，如图 5-1 所示，D（D_1, …, D_i）是输入信号；Y（Y_1, …, Y_m）是输出信号；W（W_1, …, W_k）是取自组合逻辑电路的部分输出信号，也是存储电路的输入信号；Q（Q_1, …, Q_j）是存储电路的输出信号，作为组合逻辑电路的部分输入信号。以上各信号间的逻辑关系可表示为

$Y(t_n)=F[D(t_n), Q(t_n)]$　　电路的输出方程

$W(t_n)=Z[D(t_n), Q(t_n)]$　　存储电路（触发器）的驱动方程，又称激励方程

$Q(t_{n+1})=H[W(t_n), Q(t_n)]$　　存储电路（触发器）的状态方程

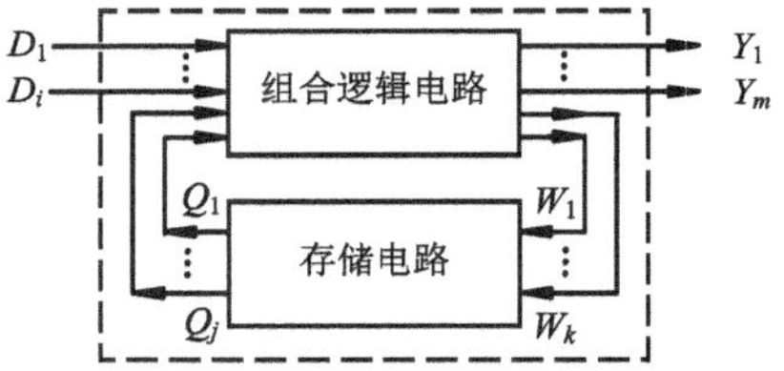

图 5-1　时序电路组成框图

需要说明的是，并不是所有的时序电路都具有图 5-1 所示的完整形式。有些时序电路没有组合逻辑电路部分，有些时序电路没有输入信号，但它们仍具有时序电路的基本特点。

按状态转换情况，时序电路分为同步和异步时序电路两大类。同步时序电路中，存储电路状态的转变在同一时钟下发生。异步时序电路不用统一时钟，或没有时钟。

5.1　计数器

计数器由触发器和门电路组成，按预定顺序改变其内部各触发器的状态，用以表征输入脉冲个数，即计数。

计数器是数字系统中用途最广泛的基本部件之一，几乎在各种数字系统中都有用触发器构成的计数器。计数器不仅能够计数，还可以分频，还可以构成时间分配器或时序发生器对数字系统进行定时、程序控制，此外还能用来执行数字运算等。

计数器，按工作方式分为同步计数器和异步计数器；按进位数制分为二进制计数器和非

二进制计数器。

5.1.1　同步计数器

同步是指组成计数器的所有触发器共用一个时钟，从而使得应该翻转的触发器将同时翻转，并且该时钟就是被计数的输入脉冲。

1．二进制计数器

由 k 个触发器组成的二进制计数器称为 k 位二进制计数器，它可以累计 $2^k=N$ 个二进制数：0, 1, …, 2^k-1。N 称为计数器的模或进制。若 k=1, 2, 3, …，则 N=2, 4, 8, …，相应的二进制计数器称为模 2 计数器、模 4 计数器、模 8 计数器、……

按计数顺序，二进制计数器可分为加法、减法和可逆计数器三种。

（1）二进制加法计数器

二进制加法的计数顺序是，当计数脉冲依次输入时，计数器状态按二进制数依次增加。图 5-2（a）所示是 3 位二进制加法计数器，它由 3 个接成 T 功能的 JK 触发器和门电路组成。CP 是计数脉冲输入端；Q_0～Q_2 是计数输出端；CO 是进位输出端。

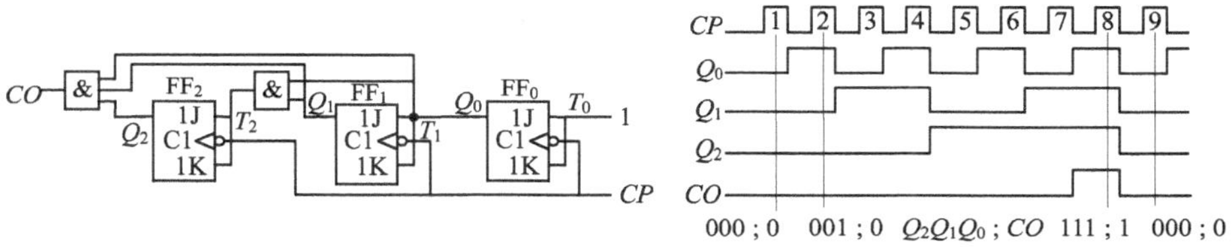

（a）　　（b）

图 5-2　同步 3 位二进制加法计数器

T 触发器特征方程为

$$Q^{n+1}=T\overline{Q}^n+\overline{T}Q^n \qquad CP\text{ 下降沿有效}$$

可见，虽然 CP 接到各触发器时钟端，但只有 T=1 的触发器在 CP 下降沿作用时才能翻转，$Q^{n+1}=\overline{Q}^n$；而 T=0 的触发器不翻转，即 $Q^{n+1}=Q^n$。图中各触发器的驱动方程为

$$T_2=Q_1^nQ_0^n;\quad T_1=Q_0^n;\quad T_0=1$$

进位输出方程为

$$CO=Q_2^nQ_1^nQ_0^n$$

初始时计数器首先置 0，即 $Q_2^nQ_1^nQ_0^n$=000。将计数器初态代入驱动方程得

$$T_2=0;\quad T_1=0;\quad T_0=1$$

所以，当第一个 CP 下降沿作用时，触发器 FF_2、FF_1 不改变状态，只有 FF_0 翻转，计数器状态变为 $Q_2^{n+1}Q_1^{n+1}Q_0^{n+1}$=001。若把以上次态作为现态，即 $Q_2^nQ_1^nQ_0^n$=001，则有

$$T_2=0;\quad T_1=1;\quad T_0=1$$

当第二个 CP 下降沿作用时，FF_2 不改变 0 态，FF_1 由 0 变 1，FF_0 由 1 变 0，即 $Q_2^{n+1}Q_1^{n+1}Q_0^{n+1}$=010，…。随着计数脉冲不断输入，当计数到 $Q_2^nQ_1^nQ_0^n$=111 时，T_2～T_0 均为 1 且有 CO 进位输出。当 CP 下降沿再次作用时，FF_2～FF_0 均由 1 变 0，计数器回到 0 态。计数情况见表 5-1。

表 5-1 3 位二进制加法计数器状态表

输入脉冲序号	Q_2^n	Q_1^n	Q_0^n	Q_2^{n+1}	Q_1^{n+1}	Q_0^{n+1}	输出 *CO*
1	0	0	0	0	0	1	0
2	0	0	1	0	1	0	0
3	0	1	0	0	1	1	0
4	0	1	1	1	0	0	0
5	1	0	0	1	0	1	0
6	1	0	1	1	1	0	0
7	1	1	0	1	1	1	0
8	1	1	1	0	0	0	1

根据表 5-1 可画各触发器输出端的波形图，如图 5-2（b）所示。由图可以看出，每经过一级触发器，输出脉冲周期增加一倍，即频率降低为原来的 1/2。因此，1 位二进制计数器也是二分频器，3 位二进制计数器为八分频器。如触发器有 k 级，则最后一级触发器所输出的脉冲频率就降低为最初输入频率的 $1/2^k$，计数器就是 2^k 分频器。

（2）二进制减法计数器

减法计数规律与加法相反，每来一个计数脉冲，计数数值减 1。以 4 位二进制减法计数器为例，计数规律见表 5-2。表中，*BO* 是向高一位的借位输出信号。

表 5-2 4 位二进制减法计数器状态表

输入脉冲序号	Q_3^n	Q_2^n	Q_1^n	Q_0^n	Q_3^{n+1}	Q_2^{n+1}	Q_1^{n+1}	Q_0^{n+1}	输出 *BO*
1	1	1	1	1	1	1	1	0	0
2	1	1	1	0	1	1	0	1	0
3	1	1	0	1	1	1	0	0	0
4	1	1	0	0	1	0	1	1	0
5	1	0	1	1	1	0	1	0	0
6	1	0	1	0	1	0	0	1	0
7	1	0	0	1	1	0	0	0	0
8	1	0	0	0	0	1	1	1	0
9	0	1	1	1	0	1	1	0	0
10	0	1	1	0	0	1	0	1	0
11	0	1	0	1	0	1	0	0	0
12	0	1	0	0	0	0	1	1	0
13	0	0	1	1	0	0	1	0	0
14	0	0	1	0	0	0	0	1	0
15	0	0	0	1	0	0	0	0	0
16	0	0	0	0	1	1	1	1	1

（3）二进制可逆计数器

将加、减计数器合在一起，并加上加/减控制信号 $\overline{U}/D$ 予以控制，就可以构成可逆计数器。图 5-3 所示是 4 位二进制加/减计数器 74HC191，除具有可逆计数功能外，还增加了并行送数等功能，其功能见表 5-3。其中“↑”表示 *CP* 脉冲上升沿作用时，计数状态改变。

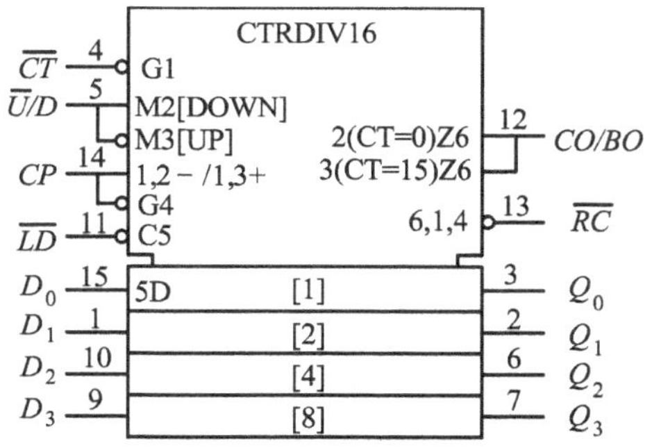

图 5-3　74HC191 逻辑符号

表 5-3　74HC191 功能表

$\overline{LD}$	$\overline{CT}$	$\overline{U}/D$	CP	动　作
0	×	×	×	异步预置数
1	0	0	↑	加计数
		1	↑	减计数
	1	×	×	禁止

$Q_3Q_2Q_1Q_0$ 是计数输出端，Q_0 是低位，Q_3 是高位。

$\overline{CT}$ 是允许计数控制端，低电平有效，即 $\overline{CT}=0$ 时允许计数器计数；$\overline{CT}=1$ 时禁止计数。

$D_3D_2D_1D_0$ 是预置数数据输入端。$\overline{LD}$ 是异步预置控制端，低电平有效。$\overline{LD}=0$ 时，不管是否有时钟，都强迫给计数器置数，将 D_3～D_0 数据并行送入计数器。如果将 Q_3～Q_0 预置初始数（如 0111），则计数器开始计数时先从 7 开始。第一次计数顺序是 7→8→…→15，以后仍按 0→…→15 计数。因此，利用预置初始值可以改变计数器的计数长度。

$\overline{U}/D$ 是加/减控制端。当 $\overline{U}/D=0$ 时执行加计数，当 $\overline{U}/D=1$ 时执行减计数。

CO/BO 是进位/借位信号输出端。

$\overline{RC}$ 是串行脉冲（又称行波脉冲）输出端，在 $\overline{CT}=0$ 且 $CO/BO=1$ 时，输出一个和 CP 同样宽度的负脉冲，在多级连接时，作为下一级的 CP 脉冲或向下一级的进位、借位信号。如图 5-4 所示，是两个多级连接的实例，均为 12 位二进制计数器。图（a）中，前级 $\overline{RC}$ 接后级 CP，前级输出行波脉冲作为后级的时钟。除第一级外，各级均接成允许计数状态。这样，当前级有行波脉冲输出时，后级计数器计数值加 1（或减 1）。例如，在执行加法计数中，若第一级 $Q_3Q_2Q_1Q_0$ 全为 1，第二级 $Q_7Q_6Q_5Q_4$ 不全为 1（设为 0101），当下一个计数脉冲到来时，第一级产生一个行波脉冲输出并送入第二级，同时 $Q_3Q_2Q_1Q_0$ 恢复为全 0，而 $Q_7Q_6Q_5Q_4$ 计数值加 1（成为 0110）；由于 $Q_7Q_6Q_5Q_4$ 不全为 1，故没有行波脉冲输出，即第三级无计数脉冲输入，所以 $Q_{11}Q_{10}Q_9Q_8$ 状态不变。图（a）中，各级计数器为串行接法，虽然在每片电路内是同步工作，但片与片之间是异步工作，又称行波方式工作。图（b）中各级计数器是全同步工作的，时钟脉冲 CP 同时驱动各级计数器。此外，除第一级 $\overline{CT}$ 接地外，其余各级 $\overline{CT}$ 均接前级 $\overline{RC}$，前级 $\overline{RC}$ 信号作为向后级的进位/借位信号，并以串行方式传送。当前级有进位或者借位信号输出时，才使后一级计数。

74HC191 在执行加或减计数时使用同一个时钟输入端，具体执行加或减操作，由 $\overline{U}/D$ 电平控制，所以称为单时钟结构。如果在执行加或减计数时，计数脉冲来自两个不同的输入端，如 74HC193（逻辑符号如图 5-5 所示，功能表见表 5-4），执行加计数时，时钟由 CP_U 输入而 $CP_D=1$；执行减计数时，时钟由 CP_D 输入而 $CP_U=1$，则该计数器为双时钟结构。由于采用双时钟，所以省去了加/减操作控制端。此外，CR 为异步复位信号，也称异步清零信号，高电平有效，即只要 $CR=1$，立刻使计数器中各触发器置零。计数时，应使 $CR=0$。

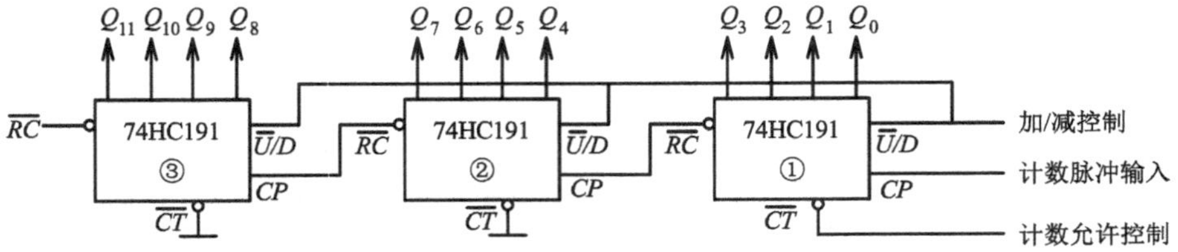

（a）串联级连

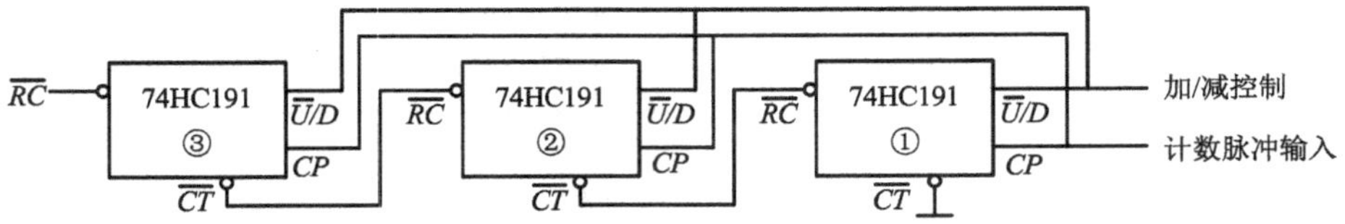

（b）同步级连

图 5-4 多级计数器的连接

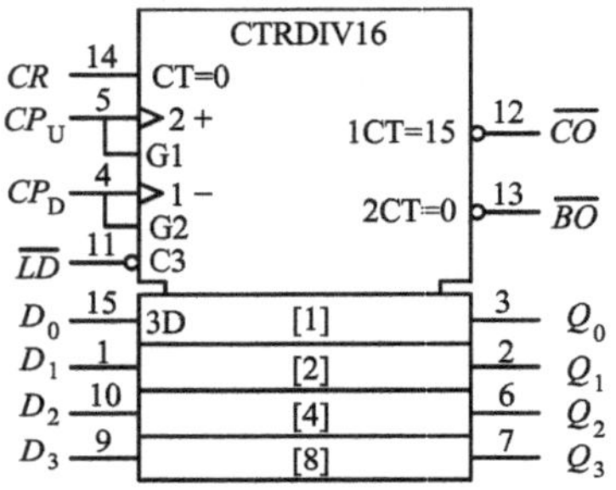

图 5-5 74HC193 逻辑符号

表 5-4 74HC193 功能表

CR	$\overline{LD}$	CP_U	CP_D	动 作
1	×	×	×	异步清零
0	0	×	×	异步预置数
0	1	1	↑	减计数
0	1	↑	1	加计数

2．非二进制计数器

非二进制计数器是指模 $N\neq2^k$ 的任意进制计数器。例如，当计数器 N=5, 10, 12 时，就称之为模 5、模 10、模 12 计数器，也称为五、十、十二进制计数器。

74HC162 是十进制加法计数器，逻辑符号如图 5-6 所示，功能表见表 5-5。它包含 4 个 D 触发器，Q_3～Q_0 是计数输出端。RC 是串行进位输出端。$\overline{CR}$ 是同步清零端，低电平有效，当 $\overline{CR}$ =0 时，在 CP 上升沿作用下，触发器均被置零。同步预置控制端 $\overline{LD}$ 为低电平有效，当 $\overline{LD}$ =0 且 $\overline{CR}$ =1 时，在 CP 上升沿作用下，将预置数 $P_3P_2P_1P_0$ 送入 $Q_3Q_2Q_1Q_0$。CT_T、CT_P 是计数控制端，高电平有效。如果 $\overline{CR}$ =1、 $\overline{LD}$ =1，而 $CT_T\cdot CT_P$=0，则各触发器将保持原状态不变。只有 $CT_T\cdot CT_P$ =1，计数器才能计数。

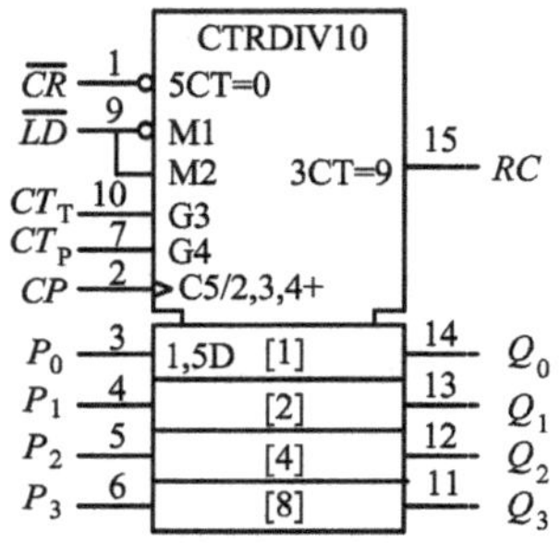

图 5-6 十进制加法计数器 74HC162

表 5-5 74HC162 功能表

CP	$\overline{CR}$	$\overline{LD}$	CT_T	CT_P	操 作
↑	0	×	×	×	同步清零
↑	1	0	×	×	同步预置数
↑	1	1	1	1	加计数
×	1	1	0	×	保持
×	1	1	×	0	保持

74HC162 的状态表见表 5-6。根据表 5-6 可以画出 74HC162 的计数状态图，如图 5-7 所示。图中，转移线旁边的标注是输出 *RC* 的取值。

表 5-6　74HC162 状态表

序　号	Q_3^n	Q_2^n	Q_1^n	Q_0^n	Q_3^{n+1}	Q_2^{n+1}	Q_1^{n+1}	Q_0^{n+1}	*RC*	说　明
1	0	0	0	0	0	0	0	1	0	有效状态
2	0	0	0	1	0	0	1	0	0	
3	0	0	1	0	0	0	1	1	0	
4	0	0	1	1	0	1	0	0	0	
5	0	1	0	0	0	1	0	1	0	
6	0	1	0	1	0	1	1	0	0	
7	0	1	1	0	0	1	1	1	0	
8	0	1	1	1	1	0	0	0	0	
9	1	0	0	0	1	0	0	1	0	
10	1	0	0	1	0	0	0	0	1	
11	1	0	1	0	1	0	1	1	0	无效状态
12	1	0	1	1	0	1	0	0	1	
13	1	1	0	0	1	1	0	1	0	
14	1	1	0	1	0	1	0	0	1	
15	1	1	1	0	1	1	1	1	0	
16	1	1	1	1	0	0	0	0	1	

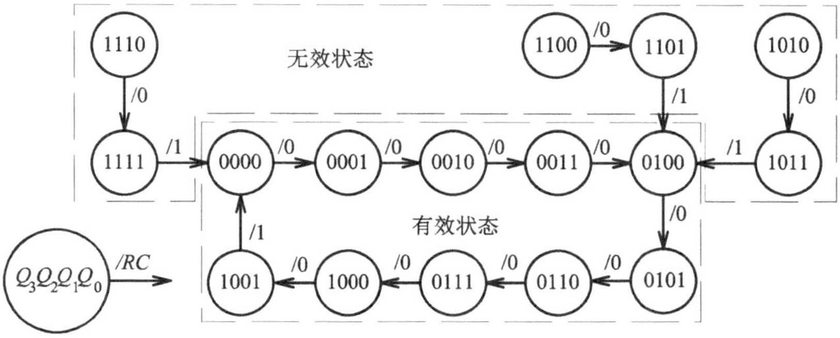

图 5-7　74HC162 计数状态图

由 4 个触发器组成的计数器有 2^4=16 种状态，而十进制计数器只用 10 种，这 10 种状态称为有效状态，其余 6 种称为无效状态。如果计数器能由无效状态自动转入有效状态，则称计数器能自启动。只要有一个无效状态始终不能转入有效状态，就称不能自启动。由表 5-6 或图 5-7 可见，74HC162 计数器具有自启动功能。

图 5-8 所示是 74HC162 在计数时的波形图，直观反映了计数器中各触发器的状态，以及输出信号与计数脉冲 *CP* 在时间上的对应关系。可见，Q_3 端的输出脉冲频率是输入 *CP* 频率的十分频。

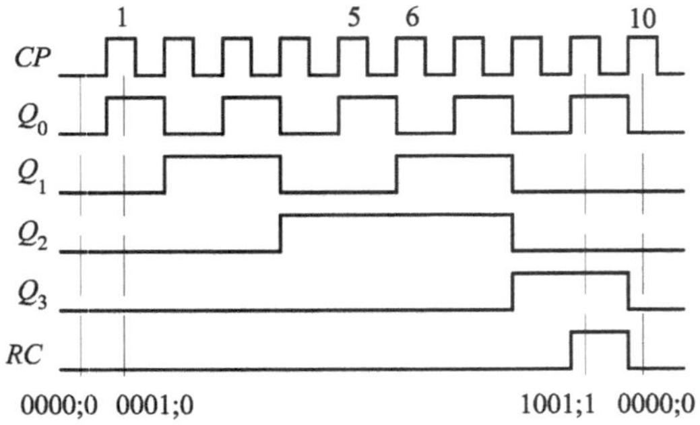

图 5-8　十进制加法计数器波形图

5.1.2　异步计数器

异步计数器的各级触发器时钟并不都来源于计数脉冲，各级触发器的状态转变不是同时进行的。因而在异步计数器工作时，要注意各级触发器的时钟信号，以确定其状态转变时刻。

1. 二进制计数器

图 5-9 所示是异步 4 位二进制加法计数器，由 4 个具有 T′功能的 JK 触发器组成。计数脉冲加到第一级触发器 *CP* 端，其余各触发器 *Q* 端依次接高一位触发器 *CP* 端，即 $CP_0=CP$；$CP_1=Q_0$；$CP_2=Q_1$；$CP_3=Q_2$。由于 T′触发器具有计数功能，因此，只要低位触发器状态从 1 变 0，其 *Q* 端产生的下降沿就使高一位触发器翻转。最低位触发器则在 *CP* 下降沿时翻转。根据以上分析可得异步 4 位二进制加法计数器的波形图，如图 5-10 所示。图中箭头所指表示低位触发器下降沿触发高位触发器，使其改变状态。

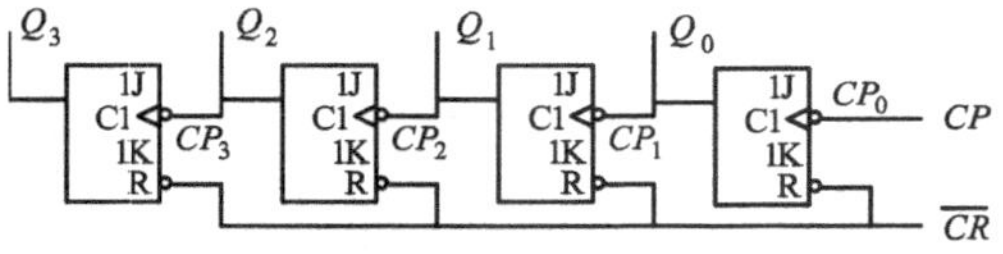

图 5-9　异步 4 位二进制加法计数器

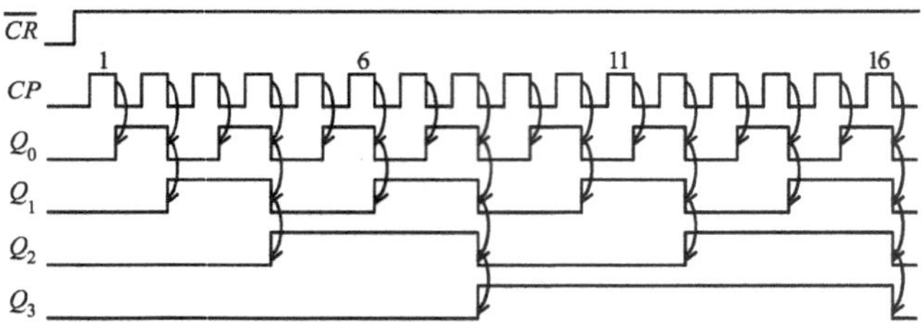

图 5-10　异步 4 位二进制加法计数器波形图

2. 非二进制计数器

74LS90 是二-五-十进制加法计数器，其功能表及逻辑符号见表 5-7。若输入时钟 *CP* 接于 CP_0 端，输出端为 Q_0，则是一位二进制计数器；若输入时钟 *CP* 接于 CP_1 端，输出端为 $Q_3Q_2Q_1$，则是五进制加法计数器；若将输入时钟 *CP* 接于 CP_0 端，并将 CP_1 端与 Q_0 端相连，输出端为 $Q_3Q_2Q_1Q_0$，便构成 8421 码异步十进制加法计数器；若将输入时钟 *CP* 接于 CP_1 端，CP_0 端与 Q_3 端相连，输出端为 $Q_0Q_3Q_2Q_1$，则构成 5421 码异步十进制加法计数器，如图 5-11 所示，图

(a）所示为其连接方法，图（b）所示是其工作波形。显然，Q_0 端输出的是方波，且是输入 CP 脉冲的十分频。

表 5-7　74LS90 功能表（复置位/计数）

复置位输入				输　出	说　明	逻辑符号
R_1	R_2	S_1	S_2	$Q_3Q_2Q_1Q_0$		
1	1	0	×	0 0 0 0	置 0	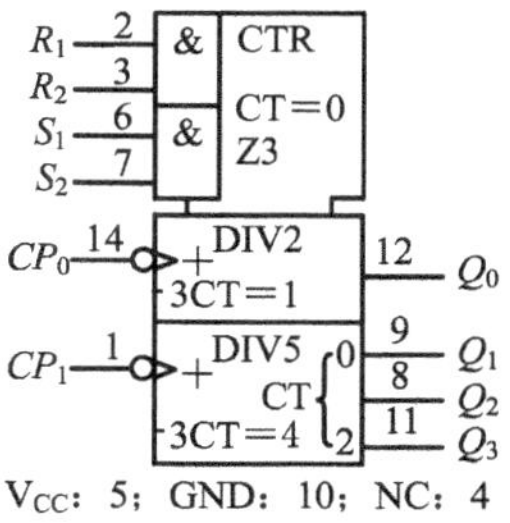
1	1	×	0	0 0 0 0		
0	×	1	1	1 0 0 1	置 9	
×	0	1	1	1 0 0 1		
0	×	0	×	计数	计数	
×	0	×	0	计数		
0	×	×	0	计数		
×	0	0	×	计数		

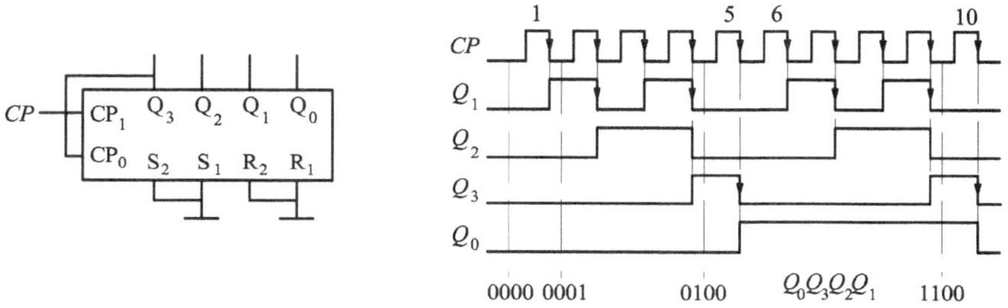

（a）　　　　（b）

图 5-11　5421 码异步十进制加法计数器

74LS90 具有置 0 和置 9 功能，操作方式见表 5-7。

异步计数器结构简单，但由于各触发器异步翻转，所以工作速度低，并且在进行状态译码输出时，容易产生冒险。因此，异步计数器主要用作分频器。

为便于读者选用，表 5-8 列出了若干集成计数器，其中有同步计数器，也有异步计数器。

表 5-8　集成计数器

型　号	名　称	功　能
161	4 位二进制同步计数器	同步计数，异步并行清零，锁存，有行波进位输出，可级连
163	4 位二进制同步计数器	同步清零
193	4 位二进制同步加/减计数器	直接清零，可预置数，双时钟，进位、借位分别输出，可级连
196	二-五-十进制计数器	直接清零，可预置数，二、五分频，双时钟
197	二-八-十六进制计数器	直接清零，可预置数，二、八分频，双时钟
191	可逆二进制计数器	同步清零，带加减计数方式控制
90A，LS90	4 位二-五-十进制计数器	双输入计数，二、五分频，有置 9 输入，直接清零
160	4 位十进制同步计数器	同步计数，同步预置数，异步清零，锁存，有行波进位输出
162	4 位十进制同步计数器	同步清零
190	十进制同步加/减计数器	同步计数，异步预置数，有加/减控制，进位/借位输出，有串行时钟输出，可锁存
192	十进制同步加/减计数器	加 1、减 1 计数分别控制，进位、借位分别输出，双时钟
92	十二分频计数器	

5.1.3 集成计数器构成 N 进制计数器的方法

利用集成计数器构成 N 进制计数器有两种方法。

1. 串接法

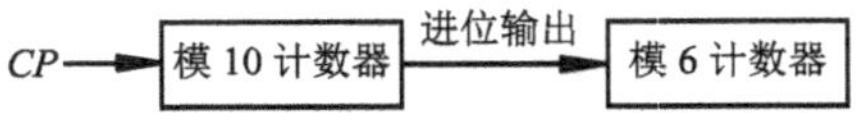

图 5-12 模 60 计数器

将两计数器串接，所得新计数器的模为两计数器模之乘积。例如，用模 10 和模 6 计数器串接起来，可以构成模 60 计数器，如图 5-12 所示。此方法能够增大计数器的计数长度，即增大计数器模值。

2. 反馈法

反馈法是利用计数器计数到某一数值时，由电路产生的置位脉冲或复位脉冲，加到计数器预置数控制端或清零端，使计数器恢复到起始状态并重新计数，达到改变计数器计数长度的方法。使用该方法，能够由模值大的计数器得到模值小的计数器。

下面结合图 5-13，分析通过反馈法用 74HC160 构成模 6 计数器的原理。74HC160 与 74HC162 功能相同，只是 74HC160 为异步复位 $\overline{CR}$，参见表 5-5。

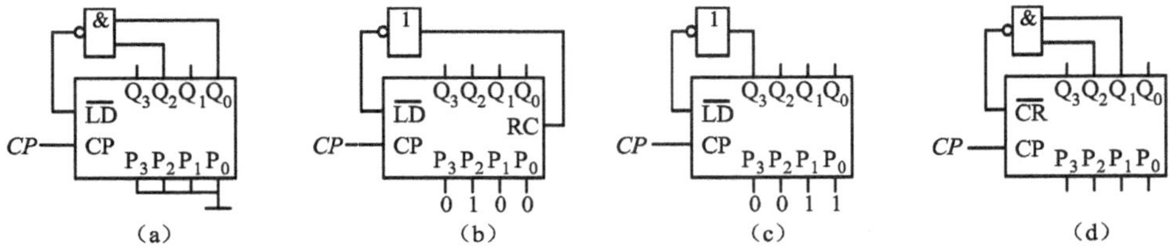

图 5-13 模 6 计数器

（1）反馈置 0 法

图 5-13（a）所示的电路计数状态是 0→1→…→5，当计数器计数到 5（0101_2）时，Q_0 和 Q_2 均为 1，与非门输出是 0，即 $\overline{LD}$ 是 0。因 160 是同步预置数，所以，下一个计数脉冲（即 CP）到来时，将 P_3～P_0 数据 0000 送入计数器，使计数器又从数据 0 开始计数，一直计数到 5，重复上述过程。可见，此 N 进制计数器是使计数器计数到（N–1）时，利用反馈置计数器初始值为 0000 的方法构成。

（2）反馈预置法

图 5-13（b）所示的电路计数状态是 4→5→…→9，当计数到 9 时，进位输出 RC 为 1，经非门后 $\overline{LD}$ 为 0。所以，下一时钟到来时，P_3～P_0 数据 0100 送入计数器，此后又从 4 开始计数，重复上述过程。因此，该 N 进制计数器是利用反馈来预置初始值的方法构成。

图 5-13（c）所示的计数状态是 3→4→5→6→7→8，请读者自行分析其原理。

（3）直接复位法

图 5-13（d）所示电路利用了直接置 0 端 $\overline{CR}$，工作状态为 0→1→2→3→4→5，当计数器计到 6 时（状态 6 出现的时间极短，不能作为一种计数态，它仅仅是为了使计数器复位的过渡态），Q_2 和 Q_1 均为 1，使 $\overline{CR}$ 为 0，由于 160 是异步复位，所以计数器立即被强迫回到 0 状态，开始新的循环。这种方法的缺点是输出信号有毛刺，如图 5-14 中的 Q_1 所示。这是因为 Q_2 和 Q_1 同时为 1（即状态 6）时产生置 0 脉冲，并且送到 $\overline{CR}$ 端，而一旦计数器被置 0，Q_2

和 Q_1 又回到 0，使得计数器在状态 6 闪了一下的缘故。此外，如果 Q_2 和 Q_1 中有一个先回到 0，置 0 脉冲立即消失，另一个触发器就不能置 0，因而，计数器不能可靠置 0。改进的方法是加一个基本 RS 触发器，如图 5-15（a）所示，工作波形如图 5-15（b）所示。当计数器计到 6 时，基本 RS 触发器置 0，使 $\overline{CR}$ 端为 0，且一直持续到计数脉冲下降沿到来为止。因此，计数器能可靠置 0。

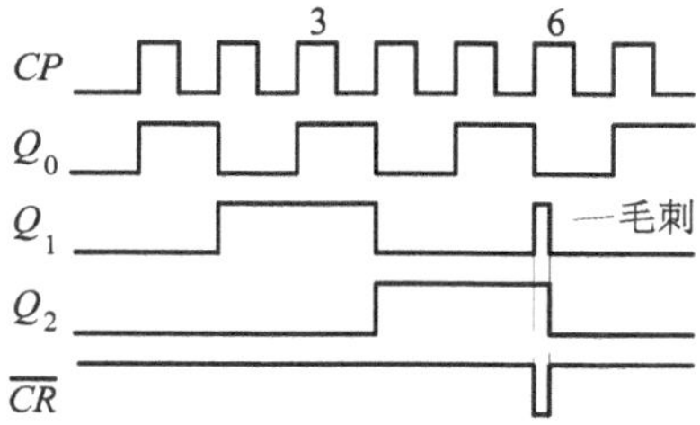

图 5-14　图 5-13（d）电路波形图

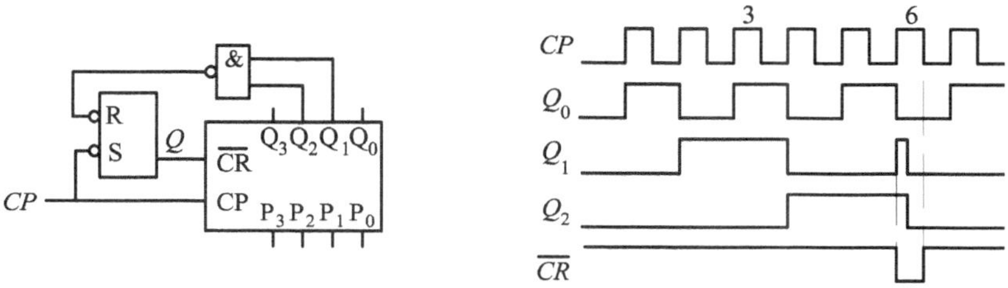

（a）　　（b）

图 5-15　改进的模 6 计数器

5.1.4　计数器的设计与分析

1. 计数器的设计

计数器的设计方法有两种，一种是利用现有的集成计数器通过外部电路适当连接构成；另一种是利用触发器和门电路构成。现通过实例说明这两种设计方法。

例 5-1　利用两片 74HC162 构成六十进制计数器。

解： 构成的六十进制计数器如图 5-16 所示。图中，片①为模 10 计数器，片②接成模 6 计数器，①的行波进位输出 RC 与②的 CT_T、CT_P 相连。这样，当①的 RC=1 时，便可使高位计数器计数；而①的 RC=0 时，高位计数器状态不变。计入 59 个脉冲后，计数器状态为

$$Q_7Q_6Q_5Q_4Q_3Q_2Q_1Q_0=01011001$$

与非门输出为 0，使片②的 $\overline{CR}$=0。由于 74HC162 为同步置 0，所以，下一个 CP 到来时，计数器恢复为全 0。

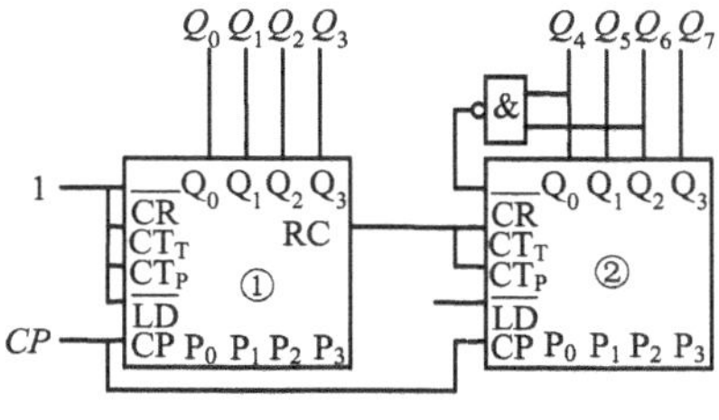

图 5-16　六十进制计数器

***例 5-2** 设计一个同步模 6 计数器。

解： 设计过程通常分为 5 个步骤。

① 根据设计所要求的计数器逻辑功能，确定状态数，画出原始状态图。

由设计要求知，计数器应有 6 种状态，分别用 $S_0, S_1, \ldots, S_5$ 表示。原始状态图为

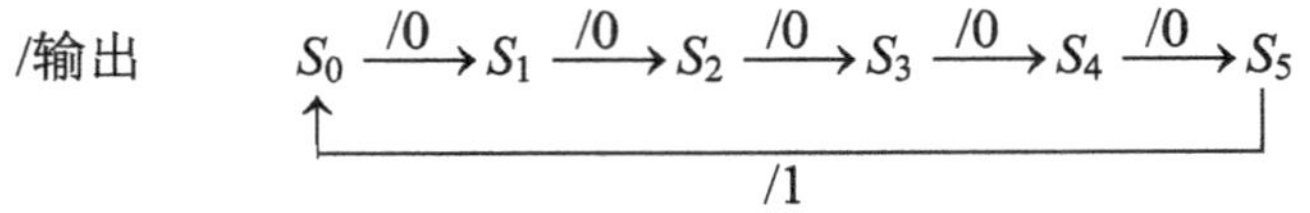

计满 6 个脉冲后恢复到起始状态，并有进位输出。

② 根据总状态数 N，确定所用触发器数目 k。k 满足条件

$$2^k \geqslant N$$

确定触发器数目后进行状态分配（或称状态编码），即用触发器的不同状态组合分别表示计数器的不同状态。由于同一计数器的状态编码不同，设计出的电路也就不同。

本设计题目有 6 种状态，要求触发器数目 k 为：$2^k \geqslant N=6$，所以要用 3 个触发器。

在进行状态编码时，可以有多种方案。本例按二进制递加顺序编码，依次取 000～101 共 6 个编码分别表示 S_0～S_5。编码后的状态图如图 5-17 所示，状态表见表 5-9。其中，110 及 111 两种状态未用，作为约束项处理。

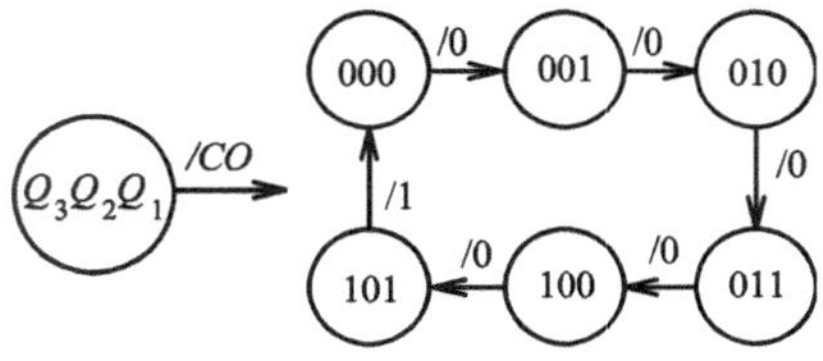

图 5-17 模 6 计数器状态图

表 5-9 模 6 计数器状态表

输入脉冲序号	Q_3^n	Q_2^n	Q_1^n	Q_3^{n+1}	Q_2^{n+1}	Q_1^{n+1}	CO
1	0	0	0	0	0	1	0
2	0	0	1	0	1	0	0
3	0	1	0	0	1	1	0
4	0	1	1	1	0	0	0
5	1	0	0	1	0	1	0
6	1	0	1	0	0	0	1
无效状态	1	1	0	×	×	×	×
	1	1	1	×	×	×	×

③ 选定触发器类型，求状态方程，进而求驱动方程和输出方程。如果是异步计数器，还要考虑时钟条件。

现选用 JK 触发器。根据表 5-9 得 $Q_3^{n+1}, Q_2^{n+1}, Q_1^{n+1}$ 卡诺图，如图 5-18 所示，化简得状态方程

$$Q_3^{n+1}=Q_1^nQ_2^n \cdot \overline{Q}_3^n+\overline{Q}_1^n \cdot Q_3^n$$

$$Q_2^{n+1}=Q_1^n\overline{Q}_3^n \cdot \overline{Q}_2^n+\overline{Q}_1^n \cdot Q_2^n$$

$$Q_1^{n+1}=\overline{Q}_1^n$$

特别指出，为便于求驱动方程，在合并化简得 Q_i^{n+1} 与或式时，每个与项均应含有 Q_i^n 或 $\overline{Q}_i^n$（在求 Q_3^{n+1} 时，没有利用约束项将 Q_3^n 消去就是这个原因）。

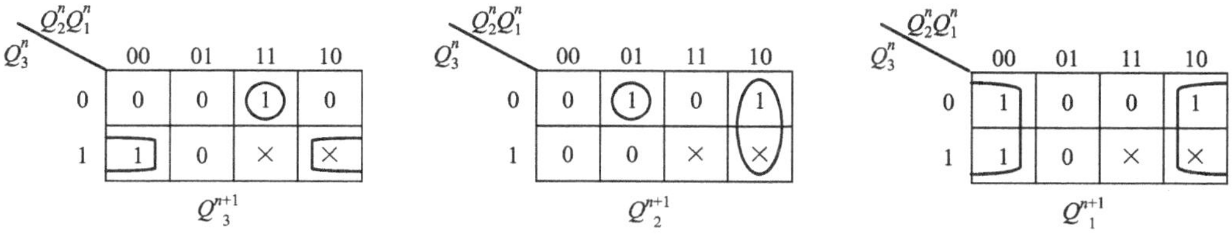

图 5-18　模 6 计数器次态卡诺图

将 $Q_3^{n+1}, Q_2^{n+1}, Q_1^{n+1}$ 表达式与 JK 触发器特征方程 $Q^{n+1}=J\overline{Q}^n+\overline{K}Q^n$ 比较，得驱动方程

$$J_3=Q_1^nQ_2^n \qquad K_3=Q_1^n$$

$$J_2=Q_1^n\overline{Q}_3^n \qquad K_2=Q_1^n$$

$$J_1=1 \qquad K_1=1$$

由表 5-9 得 CO 卡诺图，如图 5-19 所示。化简得输出方程

$$CO=Q_1^nQ_3^n$$

④ 根据驱动方程、输出方程画逻辑图，如图 5-20 所示。由于是同步计数器，所以各触发器使用同一时钟。

⑤ 根据状态方程检查计数器能否自启动。两个无效状态的次态分别为 110→111、111→000，所以电路能够自启动。如果不能自启动，则应重新设计，修改无效状态的次态，使之能进入有效状态。

根据上述方法，可设计出任意进制的同步计数器。

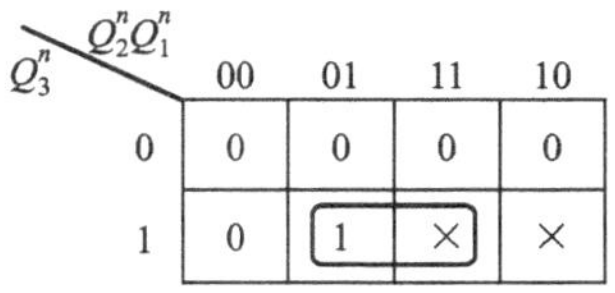

图 5-19　CO 卡诺图

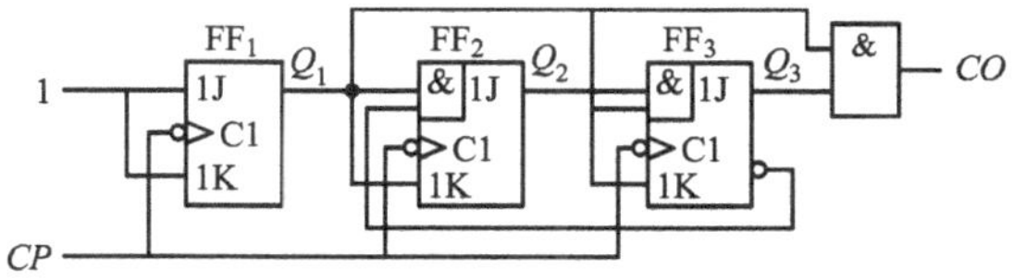

图 5-20　模 6 计数器

*2. 计数器的分析

下面结合例 5-3 介绍计数器的分析方法。

例 5-3　分析图 5-21 所示的时序电路。

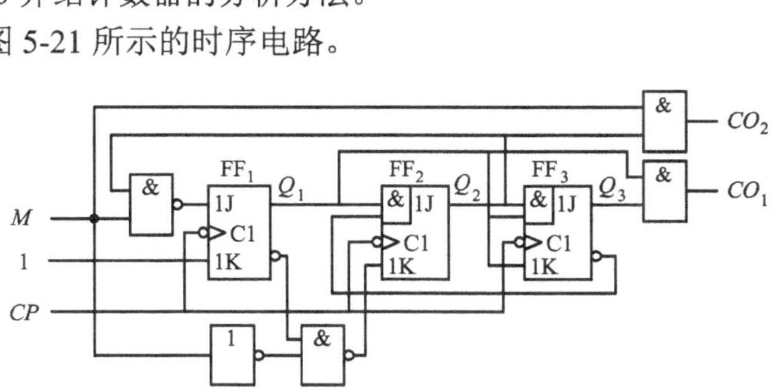

图 5-21　例 5-3 逻辑图

解： 分析过程一般为 5 个步骤。

① 确定触发器的驱动方程，有时还需要写时钟方程（即触发器时钟信号表达式）。

由图 5-21 可得

$$J_1=\overline{Q_2^n M} \qquad K_1=1$$

$$J_2=Q_1^n\overline{Q}_3^n \qquad K_2=\overline{\overline{M}\,\overline{Q}_1^n}$$

$$J_3=Q_1^n Q_2^n \qquad K_3=Q_1^n$$

时钟方程为

$CP_1=CP_2=CP_3=CP$（同步时序电路的时钟方程也可省略不写）

② 求所用触发器的状态方程。

把驱动方程代入 JK 触发器特征方程，可得状态方程为

$$Q_1^{n+1}=\overline{Q_2^n M}\;\overline{Q}_1^n+0\cdot Q_1^n=\overline{Q}_2^n\overline{Q}_1^n+\overline{M}\,\overline{Q}_1^n$$

$$Q_2^{n+1}=Q_1^n\overline{Q}_3^n\overline{Q}_2^n+\overline{M}\,\overline{Q}_1^n Q_2^n$$

$$Q_3^{n+1}=Q_1^n Q_2^n\overline{Q}_3^n+\overline{Q}_1^n Q_3^n$$

由图 5-21 求输出方程为

$$CO_1=Q_3^n Q_1^n；\; CO_2=MQ_2^n$$

③ 列状态表 5-10。

表 5-10 例 5-3 状态表

M	Q_3^n	Q_2^n	Q_1^n	Q_3^{n+1}	Q_2^{n+1}	Q_1^{n+1}	CO_1	CO_2
0	0	0	0	0	0	1	0	0
0	0	0	1	0	1	0	0	0
0	0	1	0	0	1	1	0	0
0	0	1	1	1	0	0	0	0
0	1	0	0	1	0	1	0	0
0	1	0	1	0	0	0	1	0
0	1	1	0	1	1	1	0	0
0	1	1	1	0	0	0	1	0
1	0	0	0	0	0	1	0	0
1	0	0	1	0	1	0	0	0
1	0	1	0	0	0	0	0	1
1	0	1	1	1	0	0	0	1
1	1	0	0	1	0	1	0	0
1	1	0	1	0	0	0	1	0
1	1	1	0	1	0	0	0	1
1	1	1	1	0	0	0	1	1

④ 根据状态表画状态图，如图 5-22 所示。

⑤ 判断逻辑功能。由以上分析可知，当控制信号 M=0 时，计数器按模 6 计数，能自启动；当 M=1 时，按模 3 计数，能自启动。所以，该电路是一个可控变模自启动计数器。

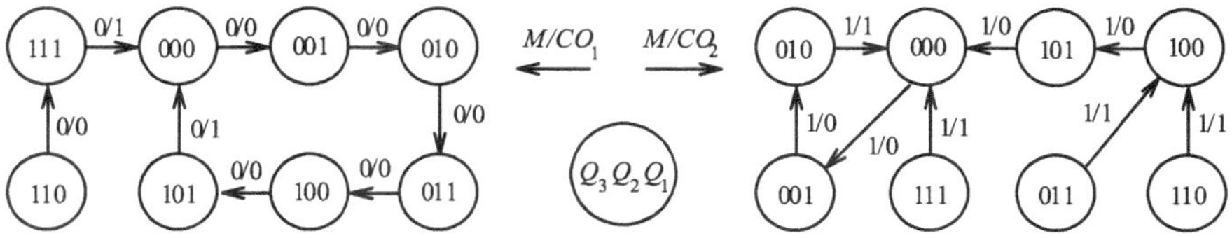

图 5-22　例 5-3 状态图

5.1.5　计数器应用举例

前已述之，计数器的用途十分广泛，可以用来定时、计数，用来测量脉冲频率、周期等。

1. 测量脉冲频率、周期

测量频率的电路如图 5-23 所示。测量前先将计数器清零，然后将待测信号和取样脉冲信号一起加到门 G。在 $t_1 \sim t_2$ 期间，取样脉冲为正，G 开通并输出被测信号脉冲，此脉冲由计数器计数，计数值就是 $t_1 \sim t_2$ 期间被测脉冲个数 N，由此可求得被测脉冲频率为

$$f = \frac{N}{t_2 - t_1}$$

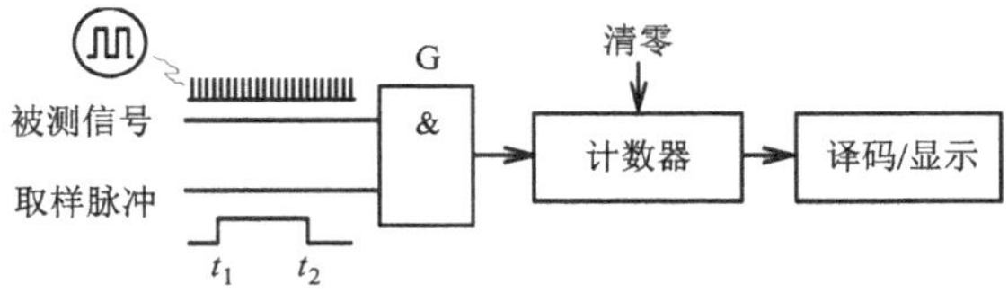

图 5-23　测量脉冲频率

将上述测量频率的电路稍加改动，便可用来测量脉冲周期，如图 5-24 所示。将基准频率为 1 MHz 的脉冲信号，经受控门 G 加到计数器输入端，在待测时间间隔 T_x 内，计数器对基准信号计数，有 $T_x = N/f = N$（μs），因此，计数显示数值就是以μs 为单位的脉冲周期 T_x。例如，脉冲周期为 1 280 μs，则计数显示值为 1 280。

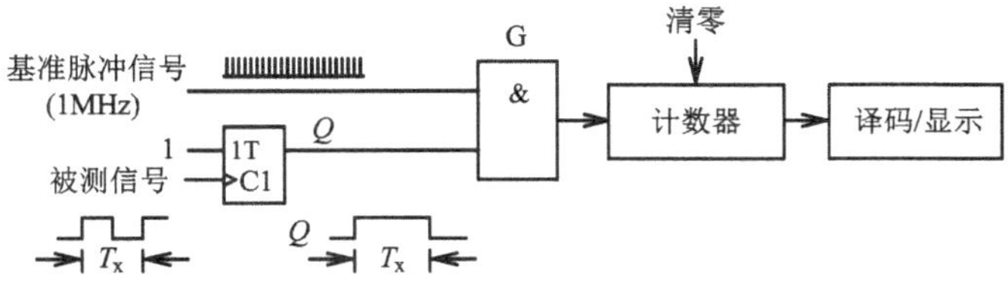

图 5-24　测量脉冲周期

2. 构成节拍脉冲发生器

节拍脉冲是指一组在时间上有先后顺序的脉冲，也称顺序信号，主要用来控制某些部件按照规定顺序完成一系列操作和运算。节拍脉冲发生器也称顺序脉冲发生器或脉冲分配器，一般由计数器和译码器组成。

图 5-25（a）所示是四节拍负脉冲发生器，只要在计数器输入端加时钟信号 CP，便可以在 $Y_1 \sim Y_4$ 端依次输出负脉冲信号，如图 5-25（b）所示。

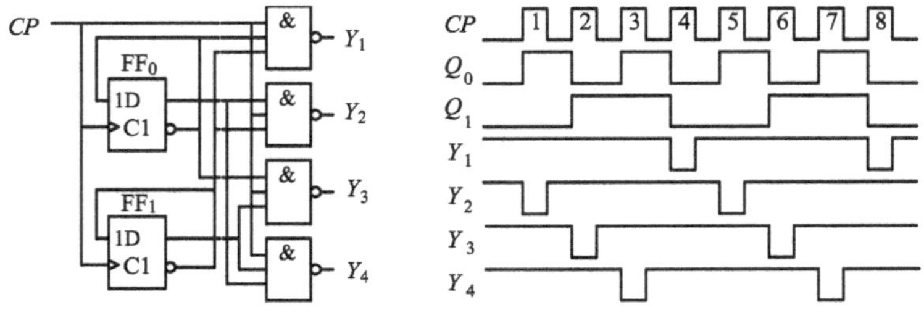

图 5-25　四节拍负脉冲发生器

5.2　寄存器

在数字系统中，常常需要将数码、运算结果或指令信息（这些信息是用二进制代码表示的）暂时存放起来。能够暂时存放数据和指令的部件称为寄存器。一个触发器就是一个最简单的寄存器，它能存放 1 位二进制代码。k 个触发器能够存放 k 位二进制代码。

寄存器由触发器和门电路组成，种类很多，按功能分为数码寄存器和移位寄存器两类。

5.2.1　数码寄存器

暂存二进制数码的寄存器称为数码寄存器。图 5-26 所示是双拍接收式 4 位数码寄存器，它由基本 RS 触发器和控制门组成。D_i（i=1, 2, 3, 4）是数码输入端，Q_i（i=1, 2, 3, 4）是数码输出端。寄存分为两步（即双拍）：首先清零，即用置 0 信号使所有触发器置 0；然后用接收脉冲将控制门打开。如输入数码 1，则控制门输出低电平，将对应触发器置 1；如输入数码 0，则控制门输出高电平，触发器保持原态不变。例如，输入数码 $D_4D_3D_2D_1$=1101，则 $G_4G_3G_2G_1$ 输出为 0010，而各触发器被置成 1101，并保存起来。

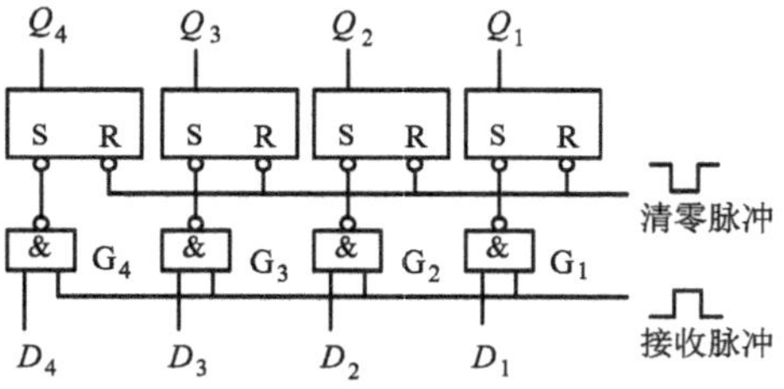

图 5-26　双拍接收式 4 位数码寄存器

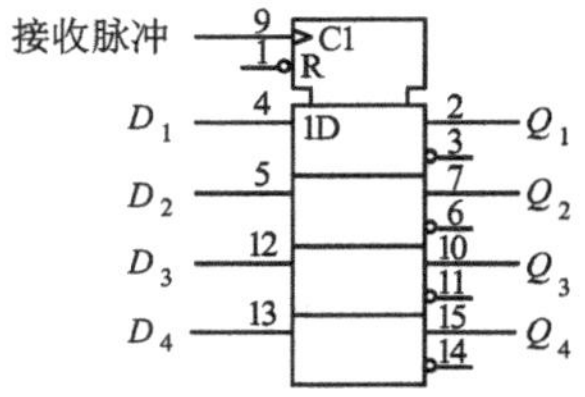

图 5-27　四 D 触发器 74LS175

图 5-27 所示是四 D 触发器 74LS175，可作为单拍接收式寄存器使用。单拍接收寄存器不需清零，当接收脉冲到来时即可将数码存入。例如，输入数码 $D_4D_3D_2D_1$=1101，可将触发器直接置成 $Q_4Q_3Q_2Q_1$=1101。

同双拍接收式寄存器相比，单拍接收式寄存器速度快，但内部电路稍复杂。

5.2.2　移位寄存器

移位寄存器简称移存器，能在移位脉冲作用下，使寄存数码逐位左移或右移。

1．单向移位寄存器

图 5-28（a）所示是 4 位左移移存器，各触发器 CP 端连在一起，作为移位脉冲输入端，

$D_0=D_{SL}$ 为数据串行输入端，其余各触发器数据输入 $D_i=Q_{i-1}$。必须注意，构成移存器的触发器不能有空翻。

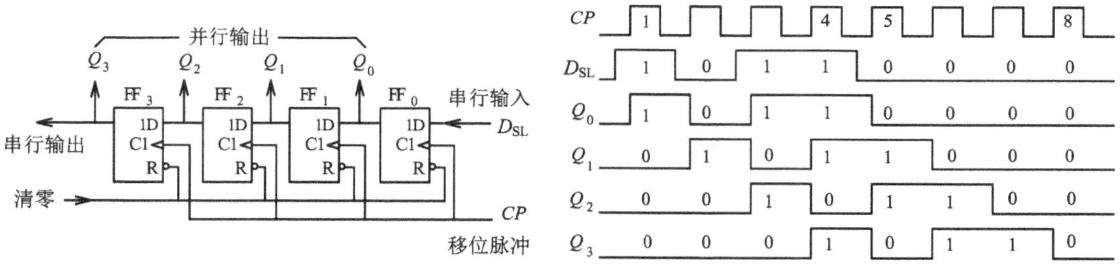

（a）　（b）

图 5-28　4 位左移移存器

移存器使用前先清零，然后输入数据。设输入数码为 1011，当第一个移位脉冲到来时，第一位数码进入触发器 FF_0 中；第二个移位脉冲到来时，第二位数码进入 FF_0，同时 FF_0 的数码移入 FF_1；……这样，在移位脉冲作用下，数码由右向左依次输入移存器。当加入四个移位脉冲后，1011 四位数码恰好全部输入移存器，这时可从四个触发器 Q 端得到并行输出数据。如果需要串行输出数据，则将 Q_3 作为输出端，再加四个移位脉冲，Q_3 端将依次输出 1011 串行信号，如图 5-28（b）所示。

右移移存器与左移移存器工作原理相同，只是其数码移动方向与左移移存器相反。

2．双向移位寄存器

双向移存器能够左移或右移所存数码。74HC194 是 4 位双向通用移存器，其逻辑符号如图 5-29 所示，功能表见表 5-11。该电路具有异步清零功能，清零信号 $\overline{CR}$ 低电平有效，即当 $\overline{CR}=0$ 时，使数据输出 Q_0～Q_3 立即置 0。进行寄存或移位工作时，$\overline{CR}=1$。M_1、M_0 为工作方式控制端，使电路能够选择 4 种工作方式（4 种工作方式表示为 $M\frac{0}{3}$，即 M0～M3）：当 $M_1M_0=11$，即 $M\frac{0}{3}$ 中 M3 方式时，为并行送数方式，在 CP 脉冲上升沿作用下，数据由 $D_3D_2D_1D_0$ 端并行送入移存器；当 $M_1M_0=10$ 时，即 M2 方式时，电路执行左移操作，数据由 D_{SL} 端串行输入，在 CP 脉冲上升沿作用下，数据逐位左移（图 5-29 中为从底向顶），这时可在 Q_0～Q_3 端得到并行数据输出，也可从 Q_3 端输出串行数据；当 $M_1M_0=01$ 即 M1 方式时，电路执行右移操作，数码由 D_{SR} 端串行输入，可选择并行输出方式，也可选择串行输出，串行输出端为 Q_0；当 $M_1M_0=00$ 即 M0 方式时，$Q_i^{n+1}=Q_i^n$（i=0, 1, 2, 3），即移存器寄存数据保持原状态不变。由上述分析可见，74HC194 具有异步清零、左/右移数码、串/并行输入、串/并行输出、保持等功能。

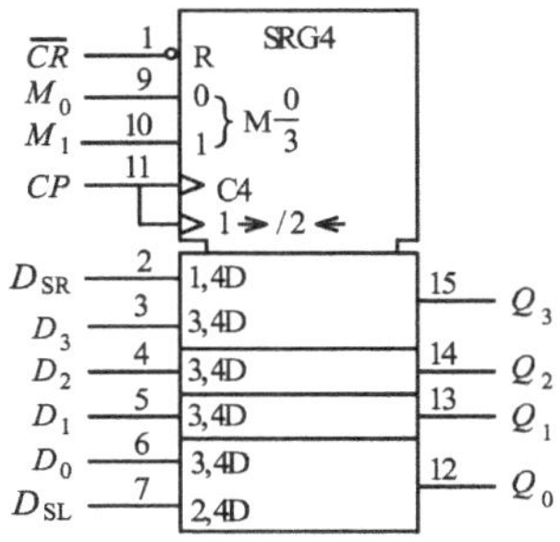

图 5-29　4 位双向通用移存器 74HC194

表 5-11　4 位双向通用移存器 74HC194

$\overline{CR}$	M_1	M_0	CP	功　能
0	×	×	×	异步清零。Q_i 全 0
1	0	0	↑	保持当前状态。$Q_i^{n+1}=Q_i^n$
1	0	1	↑	串入、右移。$Q_3=D_{SR}$，$Q_{i-1}^{n+1}=Q_i^n$
1	1	0	↑	串入、左移。$Q_0=D_{SL}$，$Q_{i+1}^{n+1}=Q_i^n$
1	1	1	↑	并行输入。$Q_i=D_i$

表5-12列出了若干集成寄存器、锁存器、移存器产品，供读者查阅。

表5-12 集成寄存器、锁存器、移存器

型　号	名称及功能
174	六上升沿D触发器（公共时钟和清零）
363	八D锁存器（带“使能输出”端）
364	八D触发器（公共时钟）
4508，14508	双4位锁存器（三态）
573	8位锁存器（三态）
91	8位串行输入/串行输出移存器
164	8位串行输入/并行输出移存器
166	8位串、并行输入/串行输出移存器
194	并行存取4位双向通用移存器
195	并行存取，$J\overline{K}$串入4位双向通用移存器
395	4位移存器（三态输出）
170	4×4寄存器阵（OC）
670	4×4寄存器阵（三态输出）

5.2.3 寄存器应用举例

寄存器用途十分广泛，可用于寄存数据，数据串/并行转换，构成计数器、累加器等。

1. 累加器

能够连续进行多次运算的电路称为累加器。累加器是计算机的中央处理单元CPU的一个组成部分。图5-30（a）所示是累加器的结构图，由寄存器（称为累加寄存器）和组合逻辑电路组成。图中数据线是一组导线，所含导线数目等于并行传输数据位数。若组合逻辑电路是加法器，则该累加器能实现多个数的相加求和。累加之前，将寄存器清零，即A=0。送入第1个数据$B1$，第1个求和命令（即时钟信号）把A加B之和送到寄存器，由于A=0，所以第1次求和结果是将$B1$送入寄存器，并且使A=$B1$。再送入第2个数据$B2$，第2个求和命令将原存于寄存器的数据$B1$（即A）与第2个数$B2$相加的和再送入寄存器。再送入第3个数据$B3$，……。累加过程一直继续到加完所有应该相加的数为止。

如果图5-30（a）中的组合逻辑电路不是加法器，而是ALU，如图5-30（b）所示，则习惯上也将其称为累加器。在控制信号作用下，电路能够实现算术累加运算、逻辑累加运算、逻辑和算术混合运算的多功能累加运算。

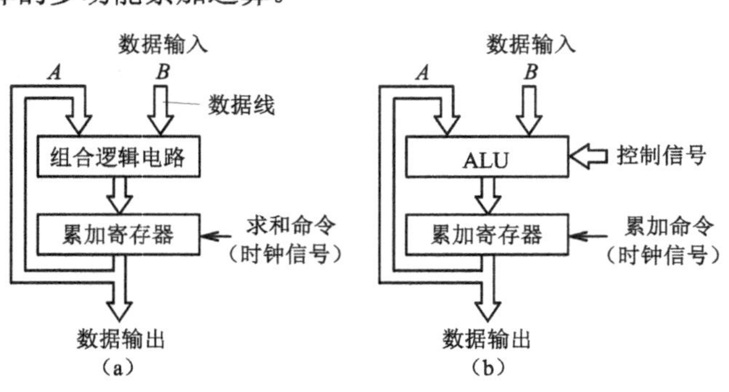

图5-30 累加器结构图

2．移存型计数器

由移位寄存器构成的计数器称为移存型计数器。常用的有两种类型：环形计数器和扭环形计数器。它们都是同步计数器。

（1）环形计数器

图 5-31 所示为 4 位环形计数器，是将单向移存器串行输出端与串行输入端连在一起构成的。若要构成 k 位环形计数器，把 Q_k 接到 D_1 即可。

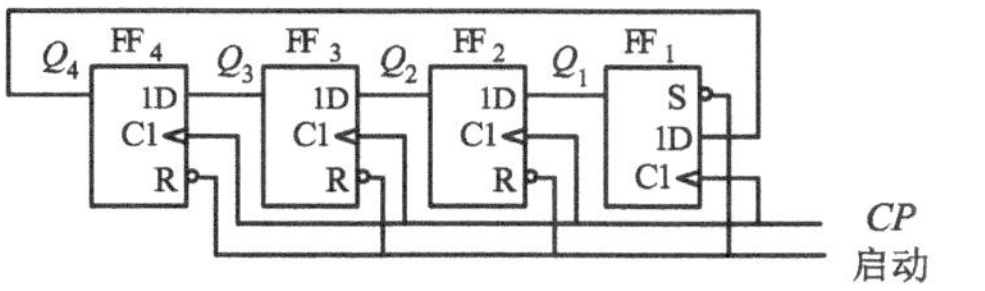

图 5-31　环形计数器

工作时，启动脉冲使计数器处于起始状态 $Q_4Q_3Q_2Q_1$=0001。此后，在计数脉冲 CP 作用下，计数器按 0001→0010→0100→1000→0001 规律循环。这 4 种状态为有效状态，其余 12 种均为无效状态，状态图如图 5-32（a）所示。可见，计数器不能自启动。

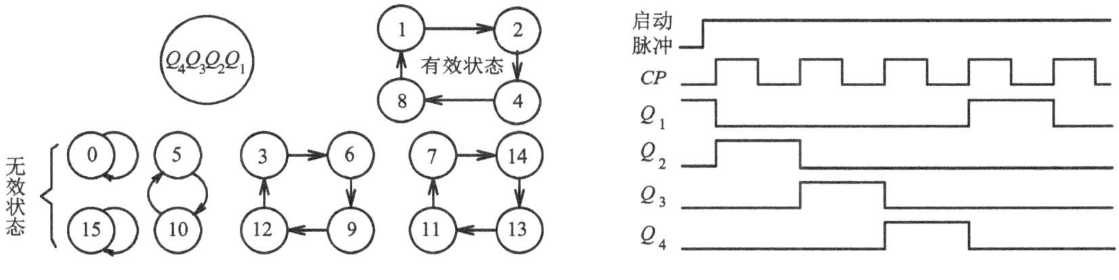

（a）　　　　（b）

图 5-32　环形计数器状态图及波形图

环形计数器的波形图如图 5-32（b）所示，其特点是，在 CP 脉冲连续作用下，各触发器 Q 端轮流输出正脉冲信号。

环形计数器的缺点是所用触发器数目多。若组成 k 状态计数器就需要用 k 个触发器，且有（2^k-k）个状态未被利用。

（2）扭环形计数器

扭环形计数器是把单向移存器最后一级 $\overline{Q}$ 端与第一级输入端相连构成的。4 位扭环形计数器如图 5-33 所示。

工作时首先将计数器置成全 0 状态，此后加入计数脉冲 CP 便可计数，其状态图如图 5-34 所示。该计数器有 8 个有效状态、8 个无效状态，不能自启动。

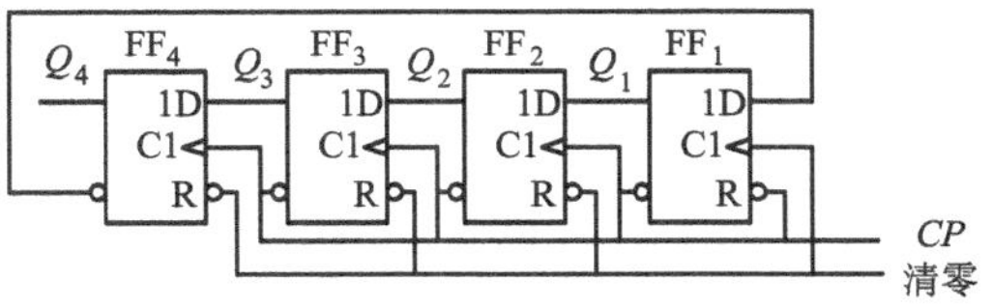

图 5-33　扭环形计数器

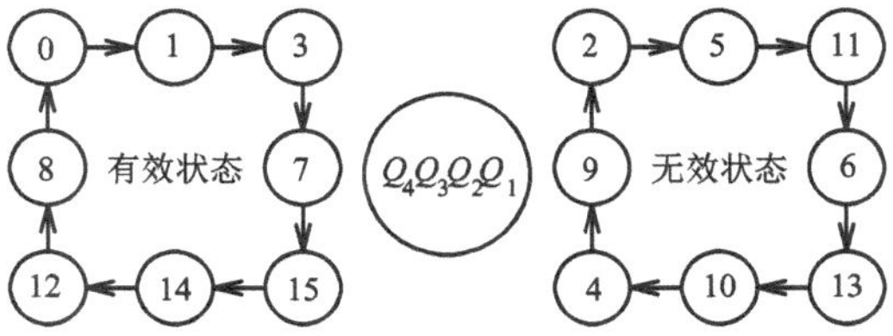

图 5-34　扭环形计数器状态图

图 5-35（a）所示是能自启动的 4 位扭环形计数器，其状态图如图（b）所示。

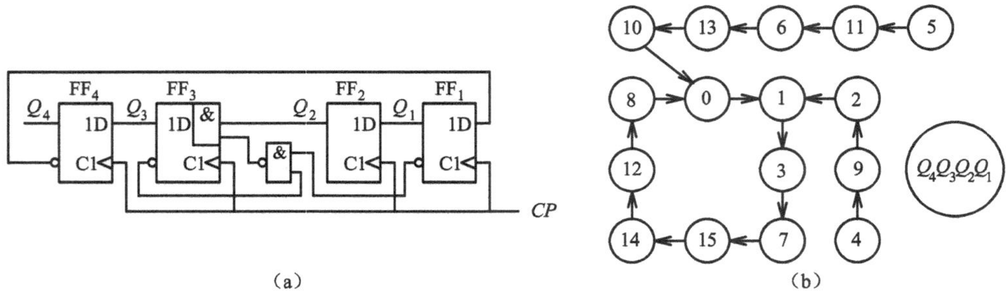

图 5-35 能自启动的扭环形计数器

扭环形计数器的特点是，计数顺序按循环码顺序进行，相邻码之间仅一位不同，对其译码输出时不会产生冒险。缺点是所用触发器多，与环形计数器相比，虽然有效状态数提高一倍，但仍有（2^k-2k）个状态未被利用。

3. 程序分频器

程序分频器的作用是，将输入脉冲信号按预定要求及程序进行分频输出，以得到不同频率的矩形波。程序分频器主要用于数字移动通信设备中，如手机等。

图 5-36 所示是利用寄存器 74HC175 与计数器 74HC161、多路开关 74HC151 组成的程序分频器。74HC161 是模 16 计数器，其功能表见本章习题表 P5-1。图 5-36 中，用 74HC161 ①、②实现脉冲信号分频，再用 74HC175 和 74HC151 实现对输出分频信号频率范围及频率微调的控制，只要改变寄存器的数据输入信号（即分频控制信号）X_0～X_6，就能将脉冲信号按预定要求及程序进行分频输出。例如，$X_6X_5X_4X_3X_2X_1X_0$=0110111 时，74HC151 选定第“111”路，即第“7”路 10 kHz 信号传输，由于 $X_6X_5X_4X_3$=0110，所以第③片 74HC161 为十分频器，因此，输出信号 Y 的频率是 1 kHz。

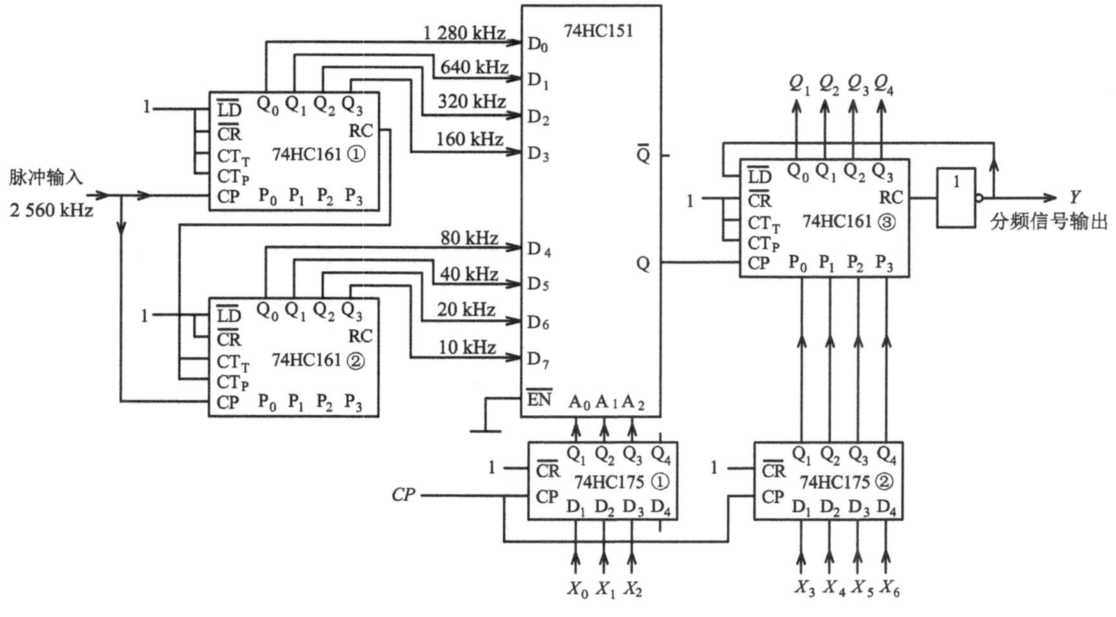

图 5-36 程序分频器

5.3　本章小结

1．时序电路的特点是，任一时刻的输出信号不仅与当时的输入信号有关，且与前一时刻电路的状态有关。这是时序电路与组合逻辑电路的主要区别。时序电路一定含有存储电路。

2．时序电路的分析依据是输出方程、状态方程和驱动方程。时序电路的功能可以用状态方程、状态转换真值表、状态转换图描述。

3．最常用的时序逻辑部件是计数器、寄存器。利用计数器、寄存器的控制端，能够对其功能进行扩展，并可以组成其他功能的时序电路，如节拍脉冲发生器、累加器、程序分频器等。因此，要特别注意掌握各控制端的作用及功能扩展方法。

5.4　习题 5

5-1　组合逻辑电路与时序逻辑电路的主要区别是什么？

5-2　4 位二进制同步计数器 74HC161 的功能表见表 P5-1，逻辑符号如图 P5-1 所示。试分析其逻辑功能，列出状态表，画出状态图及工作波形图。

表 P5-1

CP	$\overline{CR}$	$\overline{LD}$	CT_T	CT_P	操作
×	0	×	×	×	异步清零
↑	1	0	×	×	同步预置数
↑	1	1	1	1	加计数
×	1	1	0	×	保持
×	1	1	×	0	保持

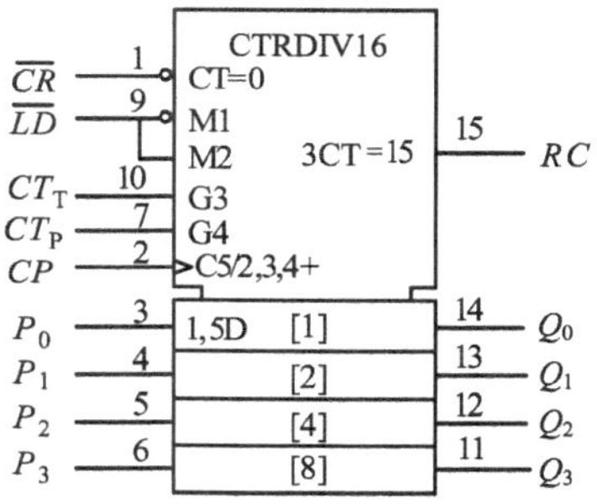

图 P5-1

5-3　4 位十进制同步加/减计数器 74HC192 的功能表见表 P5-2，逻辑符号如图 P5-2 所示。试列出 CP_U=1 且 CP_D 端有时钟信号输入时的状态表，并画出状态图及工作波形图。74HC192 具有自启动功能，分析时不必考虑无效状态。

表 P5-2

CR	$\overline{LD}$	CP_U	CP_D	动作
1	×	×	×	异步清零
0	0	×	×	异步预置数
0	1	1	↑	减计数
0	1	↑	1	加计数

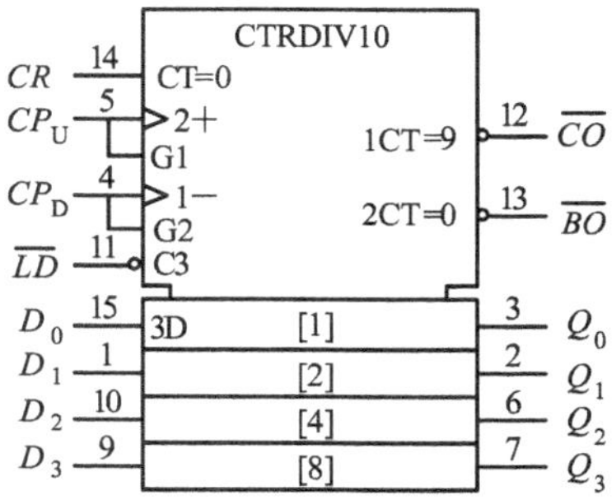

图 P5-2

5-4　在图 5-4 所示的计数器中，如果 $Q_{11}Q_{10}Q_9Q_8Q_7Q_6Q_5Q_4Q_3Q_2Q_1Q_0$=1010 0000 0000 且执行减计数，试分析当下一个计数脉冲 CP 到来后计数器的计数值将是多少？计数器是怎样工作的？

5-5　列出图 5-9 所示的异步 4 位二进制加法计数器的状态表。

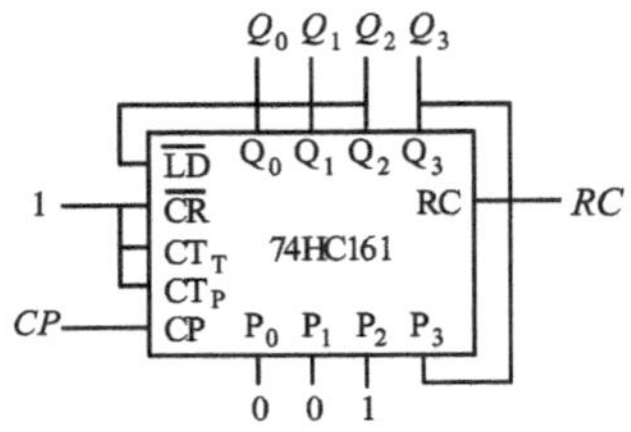

图 P5-3

5-6 分别用 74HC161、74HC163 构成模 7 计数器（163 也是同步模 16 计数器，其功能表与 161 基本相同，差别是 163 为同步复位）。

5-7 用 74LS191 构成二十四进制计数器。74LS191 的功能与 74HC191 相同。

5-8 用 74LS162A 构成模 30、模 365 计数器。74LS162A 的功能与 74HC162 相同。

5-9 分析图 P5-3 所示电路为几进制计数器，并画出其状态图及工作波形图。

5-10 74LS90 的几种连接方式如图 P5-4 所示，试分析电路各为几分频器。

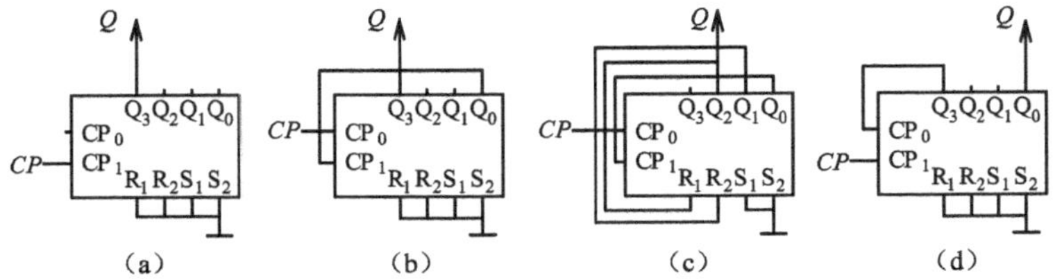

图 P5-4

5-11 用 74HC161 按图 P5-5 所示的接线构成某个多功能数字部件。试分别说明控制端 E 为 1 和 0 时该电路的功能。

*5-12 设计一个同步模 7 计数器（选用 JK 触发器）。

*5-13 分析图 P5-6 所示电路的功能，并画出 Q_1, Q_2, Q_3 端波形图。

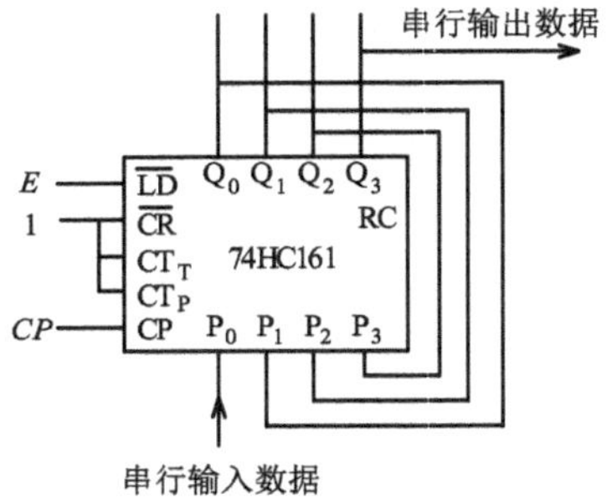

图 P5-5

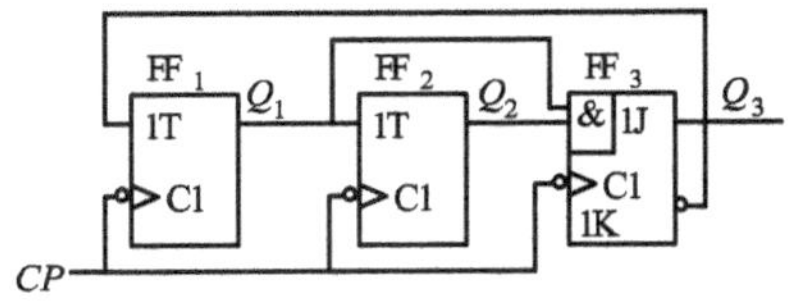

图 P5-6

5-14 试用 74LS138 和 74LS162A 构成一个八节拍脉冲分配器，画出逻辑图及工作波形图。

5-15 8 位移位寄存器 74HC164 的逻辑符号如图 P5-7（a）所示，功能表见表 P5-3。分析该寄存器的功能，并回答以下问题：

（1）输入数据时是否需要先清零？电路为同步清零，还是异步清零？清零信号是高电平有效，还是低电平有效？

（2）电路是单向移存器还是双向移存器？

（3）电路能否实现串行输入/串行输出？如何实现？

（4）电路能否实现串行输入/并行输出？如何实现？

（5）根据图 P5-7（b）所示 $\overline{CR}$, CP, A, B 的波形，画 Q_A～Q_H 波形图。

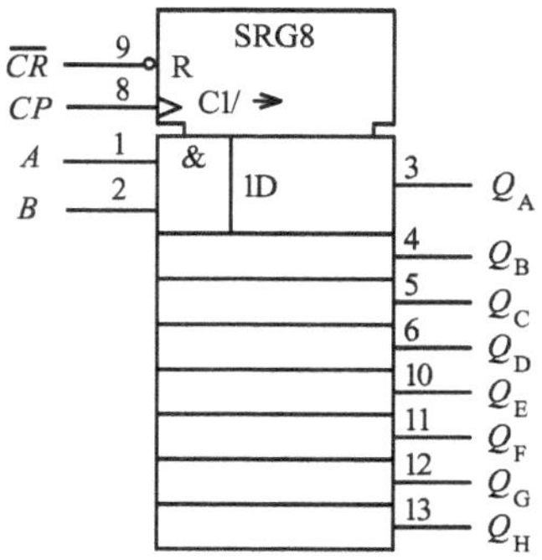

(a)

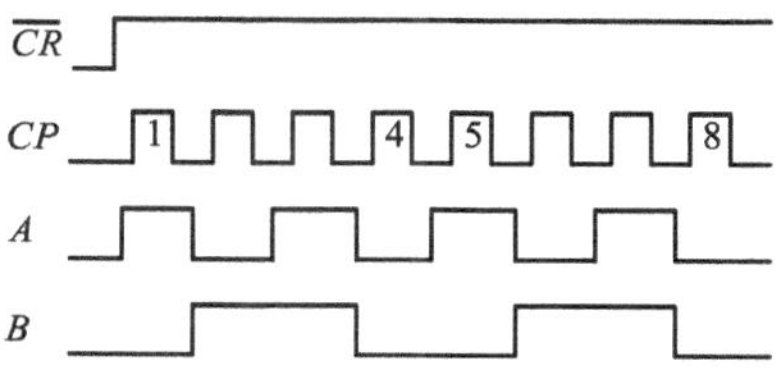

(b)

图 P5-7

表 P5-3

输入				输出			
$\overline{CR}$	CP	A	B	Q_A	Q_B	…	Q_H
0	×	×	×	0	0	…	0
1	↑	×	0	0	$Q_B^{n+1}=Q_A^n$	…	$Q_H^{n+1}=Q_G^n$
1	↑	0	×	0	$Q_B^{n+1}=Q_A^n$	…	$Q_H^{n+1}=Q_G^n$
1	↑	1	1	1	$Q_B^{n+1}=Q_A^n$	…	$Q_H^{n+1}=Q_G^n$

5-16　能否用图 5-31 所示的环形计数器做节拍脉冲分配器？

5-17　用二进制数表示图 5-34 所示的扭环形计数器状态图，观察其状态按什么规律变化。

5-18　图 5-36 所示的程序分频器中：

（1）当 $X_6X_5X_4X_3X_2X_1X_0$＝0011100 时，输出信号 Y 的频率是多少？

（2）如果使输出信号 Y 频率变化为：1 kHz→2 kHz→15 kHz→30 kHz→80 kHz→1 kHz，试设计 $X_6X_5X_4X_3X_2X_1X_0$ 的控制程序。

5.5　实验

实验 8.　计数器

实验目的：进一步熟悉计数器的功能，掌握集成计数器的使用方法、功能扩展方法。

实验用器件：74LS00，74LS160A/161A。74LS160A/161A 的功能与引线排列同 74HC160/161。

实验用设备：数字电路通用实验仪，万用表。

1．计数器功能测试

对 74LS160A/161A 进行功能测试，并将结果填入实验表 8-1。

实验表 8-1

74LS160A						74LS161A					
CP	$\overline{CR}$	$\overline{LD}$	CT_T	CT_P	功　能	CP	$\overline{CR}$	$\overline{LD}$	CT_T	CT_P	功　能
×	0	×	×	×		×	0	×	×	×	
↑	1	0	×	×		↑	1	0	×	×	
↑	1	1	1	1		↑	1	1	1	1	
×	1	1	0	×		×	1	1	0	×	
×	1	1	×	0		×	1	1	×	0	

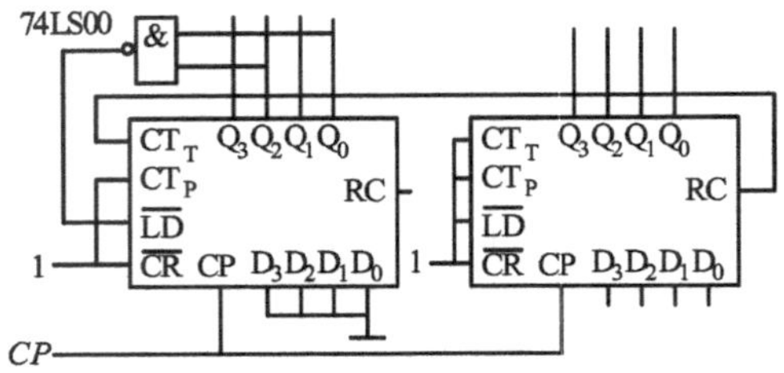

实验图 8-1

2．用两片 74LS160A 与 74LS00 构成六十进制计数器，如实验图 8-1 所示，测试计数器功能，并将结果列成表格。

3．用 74LS160A 和 74LS00 构成十二进制计数器，画接线图，测试计数器，将结果列成表格。

实验 9. 寄存器及其应用

实验目的：掌握寄存器、移存器的使用方法。

实验用器件：74LS00，74LS194，74LS373。

74LS373 为八 D 型锁存器（3S、公共控制），逻辑符号如实验图 9-1 所示。74LS194 的功能与引线排列同 74HC194。

实验用设备：数字电路通用实验仪，双踪示波器，万用表。

1．寄存器用作总线驱动

用两片 74LS373 与 74LS00 构成双向总线驱动器，如实验图 9-2 所示。图中，C 接逻辑开关；CP_1 或 CP_2 接单次脉冲；数据总线作输入时接逻辑开关，作输出时接电平指示灯。

拟定 4 组由 A 向 B 方向的传输数据及 4 组由 B 向 A 方向的传输数据，制成表格。验证电路功能。

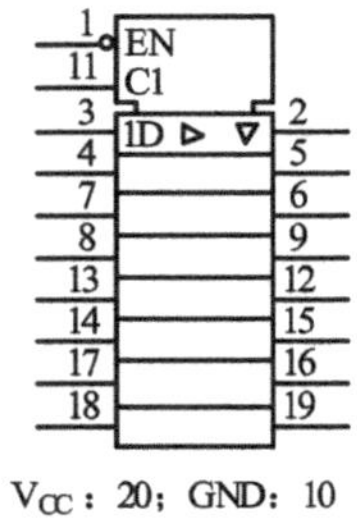

实验图 9-1

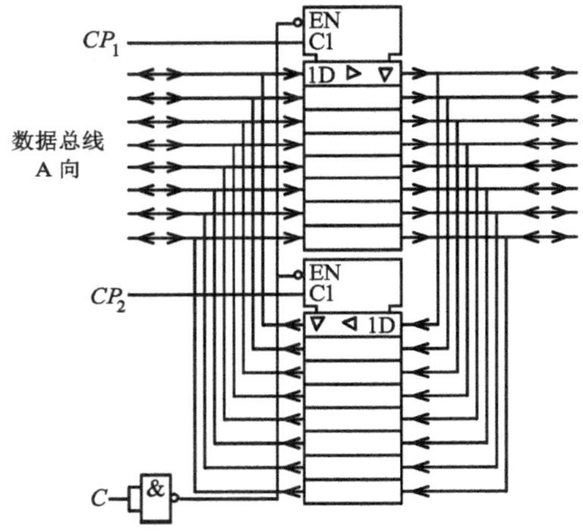

实验图 9-2

2．验证 74LS194 功能

自拟 74LS194 功能表格，并将测试结果填入表中。

3．74LS194 实现数据串-并行转换

用两片 74LS194 构成 8 位移存器，如实验图 9-3 所示。

（1）选择下列几组数码，作为右移及左移数码输入，观察并记录移存器并行及串行输出状态，将结果填入自拟的表格。

10011001；00111011；10101010；11101101

（2）选择下列几组数码，作为并行数码输入，观察并记录移存器并行及串行输出状态，将结果填入自拟的表格。

01010101；11001100；00110011；11101101

4．移存器用作分频器

74LS194 与 74LS00 构成的三分频器如实验图 9-4 所示。接通电源后，必须首先在$\overline{CR}$端加单次清零脉冲，电路才能进入分频工作。用示波器观测 CP 及 Q_0 波形，记录结果，并根据记录结果求分频数。

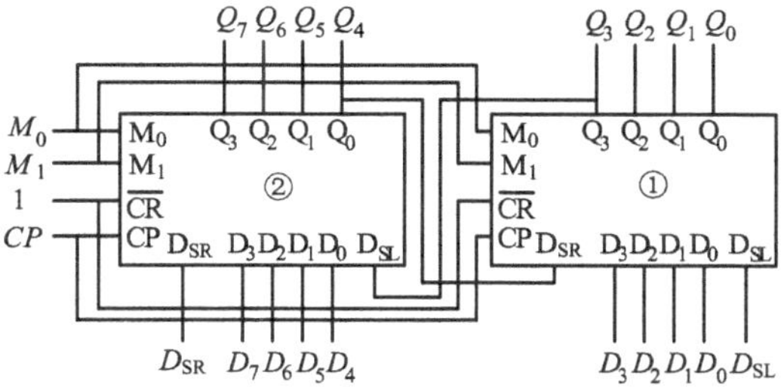

实验图 9-3

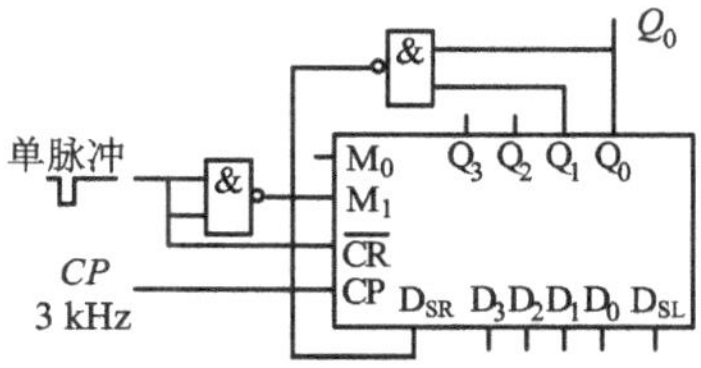

实验图 9-4

实验 10．综合实验——动态扫描显示电路

实验目的：通过实验，培养运用理论知识指导实践的能力、综合使用各种逻辑功能器件的能力。

在多位显示时，采用动态扫描显示，可以减少译码器的数量及内部连线。4 位动态扫描显示电路如实验图 10-1 所示。

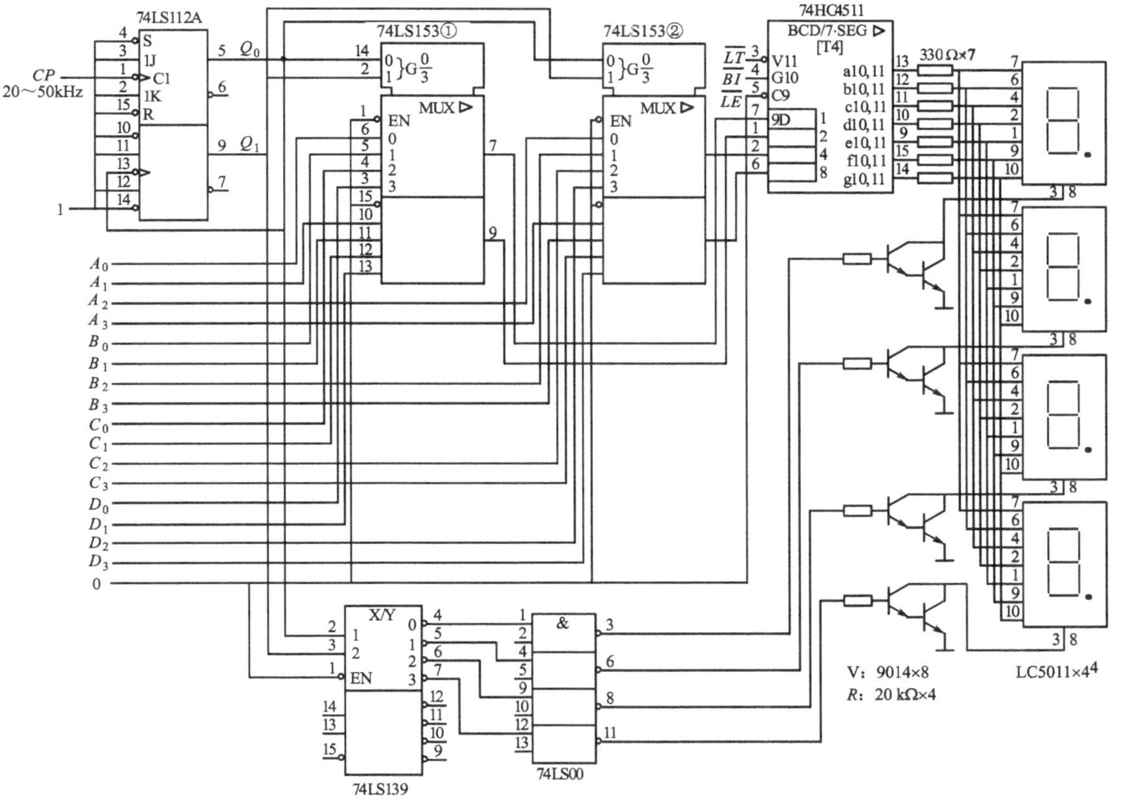

实验图 10-1

译码器用 74HC4511。74HC4511 是 BCD-七段译码器/驱动器（锁存输出），$\overline{BI}$为灭灯输入端，$\overline{LT}$为试灯输入端，$\overline{LE}$为锁存允许端。由逻辑符号可见，$\overline{LE}$低电平有效，即$\overline{LE}$=0 时，锁存器接收输入数据；$\overline{LE}$=1 时，输入数据被锁存。输出为高电平有效，因此，74HC4511 能够驱动共阴极显示器件 LC5011。

74LS153 ①、②构成 4 路 4 选 1 数据选择器，在地址信号控制下，将 4 路数据 A_i, B_i, C_i, D_i 依次串行送入 4511 输入端。

双 JK 触发器 112 接成 2 位二进制加法计数器，计数器输出信号 Q_1Q_0，作为 153 的地址信号使用。

74LS139 使用其中一个 2-4 线译码器，与计数器 112 构成节拍脉冲发生器。74LS139 对 Q_1Q_0 译码，输出顺序脉冲，通过 74LS00 控制 4 路达林顿晶体管：当达林顿管基极为高电平时，晶体管导通，相应一路数码管公共端接地，数码管能够发光；当达林顿管基极为低电平时，晶体管截止，数码管公共端与地断开，数码管不能发光。

实验要求：

（1）分析电路的工作原理，确定电路各部分的功能。

（2）确定实验用仪器、芯片，准备需要使用的资料。

（3）查阅器件手册，确定所用芯片的引线排列，列出器件功能表。

（4）拟定实验用表格，并提出实验注意事项。

（5）连接电路，测试并记录结果。

（6）将 *CP* 频率降低为 400 Hz，观察数码管的显示有何变化。

（7）总结实验过程，并设计 6 位动态扫描显示电路，以备后用。

实验 11. 综合实验——示波器多踪显示接口电路

实验目的：培养综合使用各种器件的能力，以及使用各种实验仪器、设备的能力。

示波器 4 路显示接口电路如实验图 11-1 所示，其中 4052 与 CF741 采用双电源+5 V、–5 V 供电。4052 的 V_{DD}（第 16 脚）接+5 V，V_{SS}（第 7 脚）接–5 V，GND（第 8 脚）接地。集成运放 CF741 引脚排列如实验图 11-2（a）所示，外部接线如图 11-2（b）所示，其中 R_P 是调零电位器。

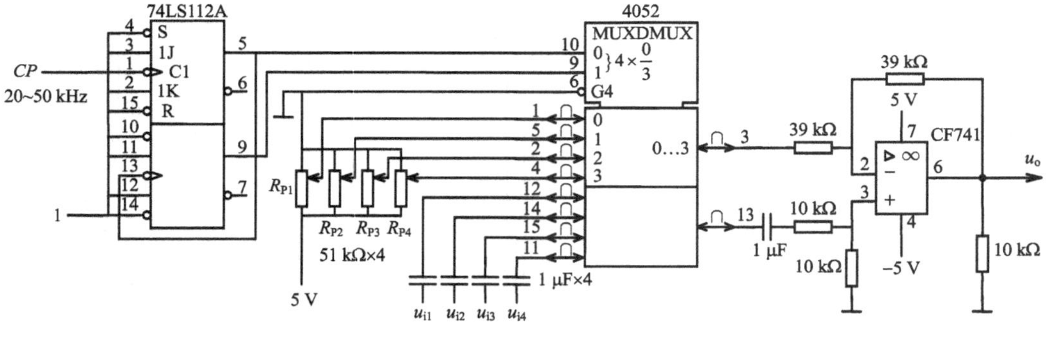

实验图 11-1

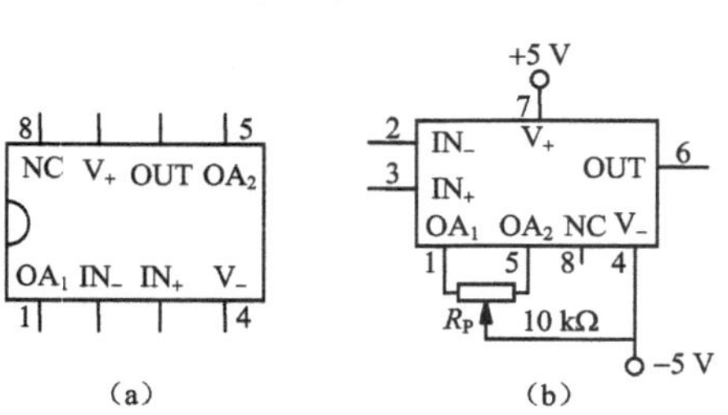

实验图 11-2

实验要求：

（1）分析电路的工作原理，确定电路各部分的功能。

（2）确定实验用仪器、芯片，准备需要用的资料。

（3）拟定实验用表格，并提出实验注意事项。

（4）连接电路，测试并记录结果。

测试按以下步骤进行：

a．不接入 u_{i1}～u_{i4}，调 R_{P1}～R_{P4}，在示波器上显示 4 条水平亮线。

b．将 u_{i1}～u_{i4} 端连接在一起，输入 500 Hz、0.5 V 的正弦信号，观察显示波形。

c．在 u_{i1}～u_{i4} 端输入相同频率、不同波形进行显示。

d．在 u_{i1}～u_{i4} 端输入不同频率的波形进行显示。选择 u_{i1}, u_{i2}, u_{i3}, u_{i4} 分别为 500 Hz, 1 kHz, 2 kHz, 4 kHz 的矩形波。

（5）总结实验过程。

第 6 章　半导体存储器与可编程器件

存储器具有记忆功能，在数字系统中用来存储程序、数据等。本章将重点讨论半导体存储器的基本原理及使用方法。

可编程器件的应用日益广泛，它使数字电路的设计更方便，成本更经济。本章将简介有关可编程器件的知识。

学习目标

1. 了解半导体存储器的基本概念和分类。
2. 熟悉 RAM 的基本结构，理解其工作原理。
3. 熟悉 ROM 的基本结构，掌握各种 ROM 的特点。
4. 了解可编程逻辑器件的组成和特点。

6.1　半导体存储器

按存储介质分类，存储器有半导体存储器、磁表面存储器、光盘存储器等。其中，半导体存储器按使用功能又分为，随机存取存储器 RAM（Random Access Memory）和只读存储器 ROM（Read Only Memory）两类。

6.1.1　RAM

随机存取存储器又称随机存储器、读/写存储器，是能够在存储器中的任意指定位置输入（又称存入、写入）或者输出（取出、读出）信息的存储器。

RAM 有双极型和单极型两类。双极型 RAM 存取速度快，但集成度低，功耗大，成本高。单极型 MOS RAM 集成度高，功耗小，价格便宜，但速度比双极型低。下面介绍广泛使用的 MOS RAM。

1. RAM 基本结构

RAM 基本组成框图如图 6-1 所示，由存储矩阵、地址译码器、读写电路（其中包括读/写控制器、输入/输出电路和片选控制器）组成。

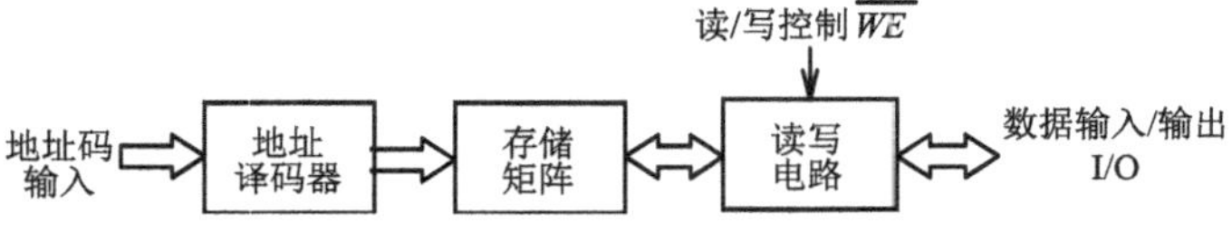

图 6-1　RAM 基本结构

（1）存储矩阵

存储矩阵是存储器的核心，由许多存储单元按矩形阵列排列组成。每个存储单元存放着由若干位二进制数码组成的一组信息。存储单元个数越多，存储器存储的信息量越多，即存储容量越大。存储容量是存储器最重要的指标之一，用所能存储的（字数）×（字长）表示，或表示成 KB, MB, GB 等。B（Byte）称为字节，8 位二进制数是 1 个字节，即 1 B＝8 b（b 是位“bit”的缩写）。此外，1 K＝2^{10}＝1 024。例如，容量为 1 024×2 的存储器，共有 1 024 个存储单元，即能存储 1 024 个字，每字 2 位；又如，容量为 64 MB 的存储器，共包含 64 MB＝64×1 024 KB＝64×1 024×1 024 B＝64×1 024×1 024×8 b，即 536 870 912 个存储位。

（2）地址译码器

为了能够对存储矩阵中某个选定的存储单元进行信息存取（又称访问），必须对每个存储单元的位置编制唯一确定的地址，这些地址的编码称为地址码。这样，当输入一个地址码时，利用地址译码器，就可以在存储矩阵中找出唯一相应的一个存储单元，对其进行访问。

（3）读/写控制器

读/写控制器用于控制存储器进行写入，或者读出操作。

（4）输入/输出电路（I/O 电路）

输入/输出电路是数据进、出存储矩阵的通道。写入时，写入数据先经输入缓冲器放大，再进入存储矩阵；读出时，读出数据经输出缓冲器放大再输出。输入、输出缓冲器常采用三态电路，这样可以将几片存储器的输入/输出数据线（记作 I/O 线）并联，以扩充存储容量。

（5）片选控制器

大容量存储系统，往往是由多片 RAM 构成的，在进行读/写操作时一般只对其中一片进行信息存取。片选控制器使得只有在该片存储器被选中时，才进行读出（或写入）操作；而其余未被选中的各片，I/O 线呈高阻状态，不能与外部交换数据。

2. 地址译码方式

RAM 地址译码方式有两种类型。

（1）单译码结构（又称字结构）

图 6-2 所示是单译码结构的存储器框图。其中，每个小方框表示一个存储位，每两个存储位构成一个存储单元，即 1 个字。该存储器可存储 4 个 2 位数据字：（1，1）存储第一个字的第 1 位，（1，2）存储第一个字的第 2 位，……。每个存储单元有一条字选择线（简称字线），以控制该存储单元是否被选中。每个存储位有两条数据位线（简称位线）D 与 $\overline{D}$，用来传输数据。同一列各存储位的位线并联接到读写电路上。由于位线并联，各存储位具有三态特性。每一列共用一个读写电路，D_I 是写入数据线，D_O 是读出数据线。地址译码器有 2 条地址线 A_0 和 A_1、4 条输出线（也就是字线）。这样，每当输入一个 2 位地址码时，就可从 4 个字中选出 1 个字，进行 2 位数据字的读（或写）操作。选中的字线为 1 电平，其余的均为 0 电平。

单译码结构的缺点是字线多、地址译码器结构复杂，所以，只在小容量存储器中使用。

（2）双译码结构（又称字位结构）

图 6-3 所示是一个 8×2 双译码结构的存储器框图，它有两个地址译码器：X 地址译码器

（又称行地址译码器）输出字线，以控制存储矩阵中哪一行单元被选中；Y 地址译码器（又称列地址译码器）的输出控制读写选通电路，以决定哪一列数据线与读写电路接通。任何时候，X 地址译码器输出及 Y 地址译码器输出中分别只有一个为 1 电平，而其余均为 0 电平。因而，每次只会找出一个字的 2 个存储位进行读（或写）操作。

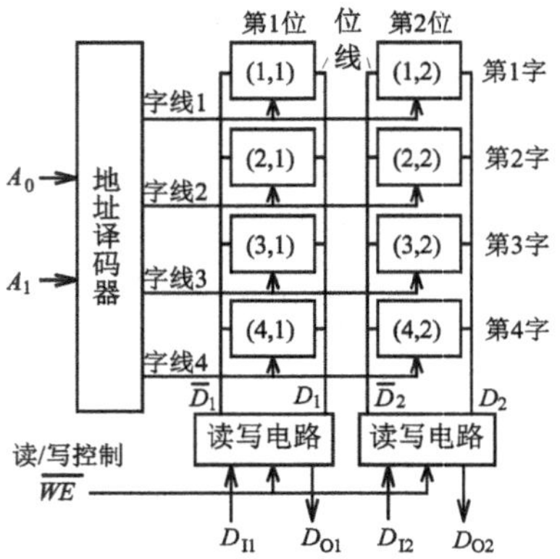

图 6-2　4×2 单译码结构存储器

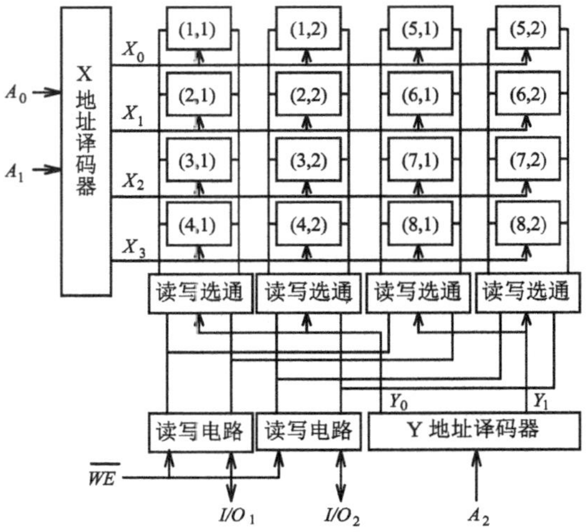

图 6-3　8×2 双译码结构存储器

图 6-3 中有三条地址线：A_0, A_1, A_2。其中，A_0 和 A_1 送给 X 地址译码器，A_2 送给 Y 地址译码器。地址线总数 $p=q+r$。式中，q 表示 X 地址线数；r 表示 Y 地址线数。p 与存储字数 N 存在如下关系：

$$N=2^p=2^{q+r}$$

本存储器 $q=2$，$r=1$，$N=2^{2+1}=8$。

尽管双译码结构有两个地址译码器，但每个译码器的结构都比较简单，这是它的优点。例如，256×1 的存储器，如果用单译码结构，地址译码器要有 8 条输入线、$2^8=256$ 条输出线，控制 256 个存储单元。而用双译码结构，每个译码器有 4 条输入线、$2^4=16$ 条输出线，两个译码器共 32 条输出线，控制 $2^{4+4}=256$ 个存储单元。存储器容量越大时，双译码结构的优点越突出。目前，大容量存储器多采用此结构。

3．RAM 基本存储单元——存储位

RAM 的 1 位数据存储电路简称为存储位电路。单极型存储位电路分为静态和动态两种。

（1）静态存储位电路

图 6-4 所示是六管 MOS 型 RAM 存储位电路，由触发器、控制电路和开关管等构成。V_1～V_4 构成触发器，用于存储一位二进制信息。V_5、V_6 是开关管，由字线 X_i 控制：当 $X_i=1$ 时，V_5、V_6 导通，触发器输出端 Q、$\overline{Q}$ 分别与位线 D_j、$\overline{D}_j$ 接通；当 $X_i=0$ 时，V_5、V_6 截止，Q、$\overline{Q}$ 与位线断开。V_7 和 V_8 是每一列存储位共用的两个开关管，构成读写选通电路，由列线 Y_j 控制：当 $Y_j=1$ 时，V_7、V_8 导通，使数据线 d_j、$\overline{d}_j$ 与位线 D_j、$\overline{D}_j$ 接通；当 $Y_j=0$ 时，V_7、V_8 截止，数据线 d_j、$\overline{d}_j$ 与位线 D_j、$\overline{D}_j$ 断开，该列所有位既不能写入数据也不能读出数据。G_1～G_3 是读写电路，$\overline{WE}$ 是读写控制：当 $\overline{WE}=1$ 时，执行读操作，G_1、G_2 被禁止，数据从位

线 D_j 通过 V_7，经 G_3 读出到 $(I/O)_j$ 端；当 $\overline{WE}=0$ 时，执行写操作，G_3 被禁止，$(I/O)_j$ 端输入数据经 G_1、G_2 传输至 $\overline{d}_j$、d_j 后，再经 V_8、V_7 存入同时由字线选中的该触发器中。

由上述可见，只有当该位字线 X_i 和列线 Y_j 都为 1 时，使开关管 V_5～V_8 全部导通，才能对该位进行读写操作。具体执行的读或写，由 $\overline{WE}$ 控制。

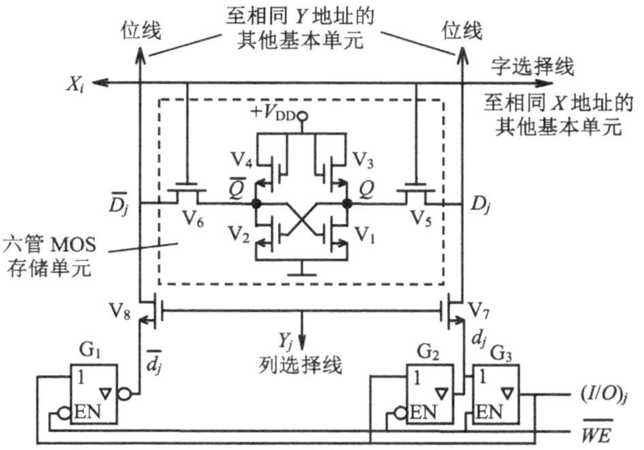

图 6-4　六管 MOS 型 RAM 存储位电路

（2）动态存储位电路

所谓动态存储是相对静态而言，静态存储只要不断电，信息就可永久保存，而动态存储则不然。由于动态存储是以 MOS 管栅极电容为保存信息的主要元件，因此信息只能保存很短的时间。为了长久保存信息，必须及时给电容补充电荷，通常称该操作为刷新或再生。

图 6-5 所示是四管 MOS 动态存储位电路，数据以电荷形式存储在栅极等效电容 C_1、C_2 上，而 C_1、C_2 上的电压又控制 V_1、V_2 或导通或截止。当 C_1 电压大于 V_1 开启电压，而 C_2 上无电压时，V_1 导通，V_2 截止，Q=0。反之，若 C_2 电压大于 V_2 开启电压，C_1 上无电压，则 Q=1。

V_5、V_6 组成位线预充电电路，为同一列存储电路共用。读信息时，先在 V_5、V_6 栅极加预充电脉冲，使 V_5、V_6 导通，于是电源 V_{DD} 通过 V_5、V_6 向位线分布电容 C、C' 充电，使位线 D_j、$\overline{D}_j$ 电位升至高电平。预充电脉冲消失后，位线高电平在短时间内由 C 和 C' 维持。当字列线 X_i、Y_j 同时为 1 时，V_3 和 V_4、V_7 和 V_8 导通，这时可输出存储信息，设所存信息 Q=0，则 C 预充电电荷经 V_3 和 V_1 迅速放掉，使 $D_j=0$，同时由于 V_2 截止，$\overline{D}_j$ 仍为 1，这样，数据 D_j、$\overline{D}_j$ 通过导通的 V_7、V_8 送至数据线 d_j、$\overline{d}_j$。

以上过程中，对位线分布电容预充电十分重要。如果 V_3、V_4 导通前没有对 C 和 C' 充电，那么 V_4 导通后，$\overline{D}_j$ 高电平必须靠 C_1 向 C' 充电来建立，这势必使 C_1 损失一部分电荷。而且因位线连接同一列多个位电路，使分布电容 C' 比 C_1 大得多，这就可能在读数据时使 C_1 高电平遭到破坏，存储信息丢失。有预充电后，V_3、V_4 导通时，由于 C' 电压比 C_1 电压还高，所以 C_1 上的电荷不仅不会损失，反而得到补充，因此读出过程也就是刷新过程。

写入时，输入数据加到 d_j、$\overline{d}_j$ 上，X_i、Y_j 同时为 1，数据通过 V_7、V_8 送到位线 D_j、$\overline{D}_j$，经 V_3、V_4 把数据存入栅极电容 C_1、C_2 中。

图 6-6 所示是单管动态 RAM 存储位电路，它是所有存储位电路中结构最简单的一种。写入时，字、列线为 1，V 导通，写入信息通过读出放大器和 V 存入电容 C_1。读出时，字、列线为 1，电容 C_1 上的存储信息通过 V 输出到位线，经鉴别力极高的灵敏读出放大器放大后送到存储器输出端。为节省芯片面积，存储电容 C_1 不能做得很大，一般都比位线分布电容 C

小，使得每次读出后，C_1 存储的电荷发生较大变化，即破坏性读出。因此，要保持原信息，必须将取出的信息再重写回去。读出放大器能够完成在读取信息后立即进行回写的工作。此外，刷新也是通过读操作完成的。通常，刷新脉冲宽度为 1 μs，重复周期为 2 ms。刷新操作时不单独对每个位刷新，而是按行进行。

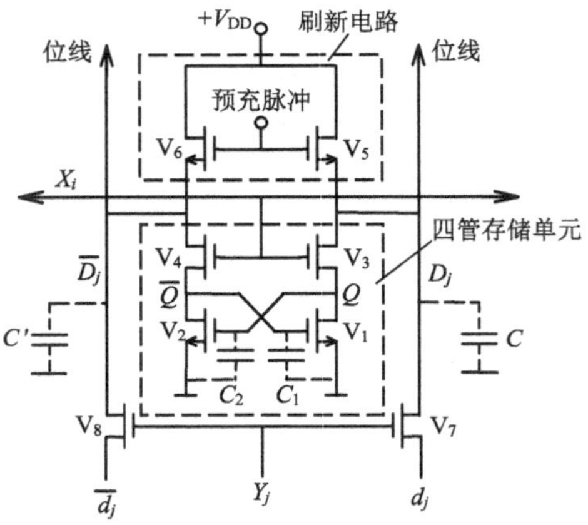

图 6-5　四管 MOS 动态存储位电路

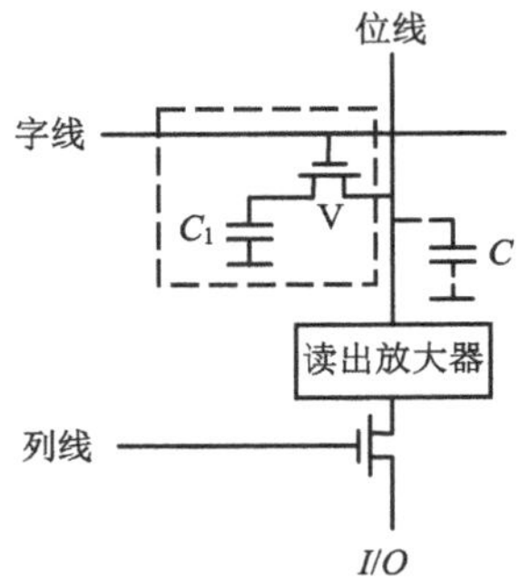

图 6-6　单管动态 RAM 存储位电路

比较两种动态存储位电路可见，四管存储电路用管多，所占面积大，使集成度降低，但外围电路比较简单。单管电路元件最少，功耗低，外围电路复杂，但因外围电路是公用的，所以大容量集成存储器都用单管存储器。

应用举例

在计算机中，存储器按其作用分为主存储器、高速缓冲存储器、辅助存储器等。主存储器又称内存储器，简称主存、内存，用来存放 CPU 正在使用或随时要使用的程序或数据，CPU 可直接对其进行访问。高速缓冲存储器即 Cache，是位于 CPU 与内存之间的一种容量较小、但速度极高的存储器。Cache 保存着内存内容的部分副本，CPU 访问时首先访问 Cache，只在 Cache 不含有 CPU 所需信息时再去访问内存。辅助存储器又称外存储器，用来存放长期保存或相对来说暂时不用的程序和数据。CPU 不直接访问外存，必须将外存信息调入内存才能被 CPU 使用。

静态 RAM（Static RAM，缩写 SRAM）的优点是存取速度快，不需要刷新，缺点是基本存储电路包含器件数目较多，功耗较大，成本较高，主要作 Cache。动态 RAM（Dynamic RAM，缩写 DRAM）所用器件少，功耗低，集成度高，价格便宜，缺点是存取速度较慢，并要有刷新电路，主要做内存。而外存主要用磁表面存储器和光盘存储器。

4. RAM 的使用

（1）操作方式

以典型的 SRAM 芯片 2114 为例介绍。2114 采用+5 V 电源供电，双列直插式封装，其结构框图及引脚排列如图 6-7 所示。芯片容量为 1 024×4，1 024×4＝4 096 个存储位排成 64×64 矩阵。地址线有 10 条：A_0～A_9。其中 A_3～A_8 共 6 条用于行译码，输出 2^6＝64 条 X 选择线。A_0, A_1, A_2 和 A_9 用于列译码，输出 2^4＝16 条 Y 选择线，每条 Y 线同时接 4 列存储位选通电路，即同时接到同 1 字的 4 个位。这样，对应 10 条线输入的地址码，即可选中 1 字，进行 4 位数据字的写入（或读出）操作。数据线有 4 条：I/O_0～I/O_3。它们与片内三态输入、输出门相接。这些三态门由片选信号 $\overline{CS}$ 和写允许信号 $\overline{WE}$ 共同控制。读出时 $\overline{CS}$=0 且 $\overline{WE}$=1，使 G_{10} 输出 0，输入三态门 G_1～G_4 被禁止；而 G_9 输出 1，使输出三态门 G_5～G_8 打开，被选中单元的 4 个存储位，将其保存的数据通过列 I/O 电路与输出三态门送到 I/O_0～I/O_3 端。写入时 $\overline{CS}$=0 且 $\overline{WE}$=0，输出三态门 G_5～G_8 禁止，输入三态门 G_1～G_4 打开，从 I/O_0～I/O_3 输入的数据通过 G_1～G_4 及列 I/O 电路写入被选中单元的 4 个存储位中。当 $\overline{CS}$=1 时，输入、输出三态门均呈高阻，从而使存储器数据线与外部数据线断开。

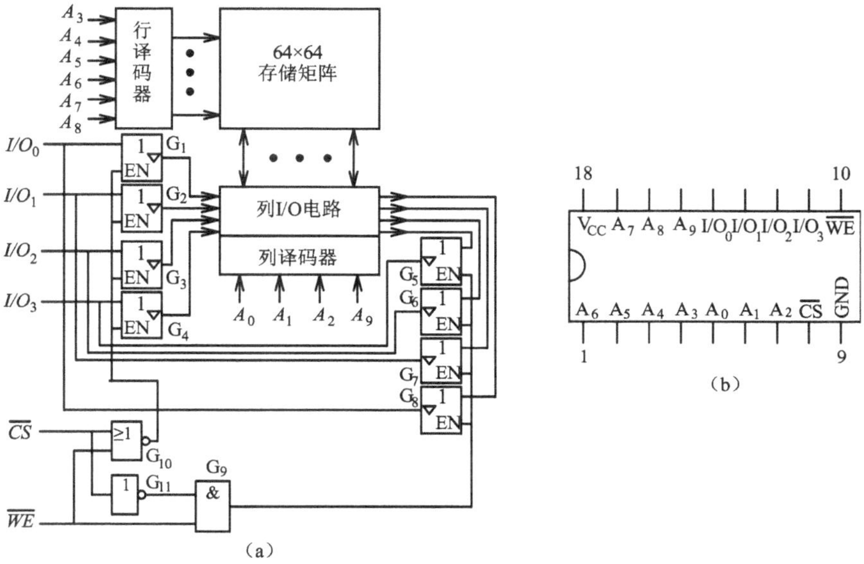

图 6-7　SRAM 芯片 2114

6116、6264 是日本日立公司生产的 SRAM 芯片。前者容量 2 K×8，24 脚双列直插式封装。后者容量 8 K×8，28 脚双列直插式封装。引脚排列如图 6-8 所示。控制端名称如下：

片选　　　　$\overline{CS}$、CS

片选使能　　$\overline{CE}$

写允许　　　$\overline{WE}$

输出允许　　$\overline{OE}$

$\overline{CS}$，$\overline{CE}$，$\overline{WE}$，$\overline{OE}$ 均低电平有效，CS 高电平有效。以 6264 为例，其操作方式见表 6-1。

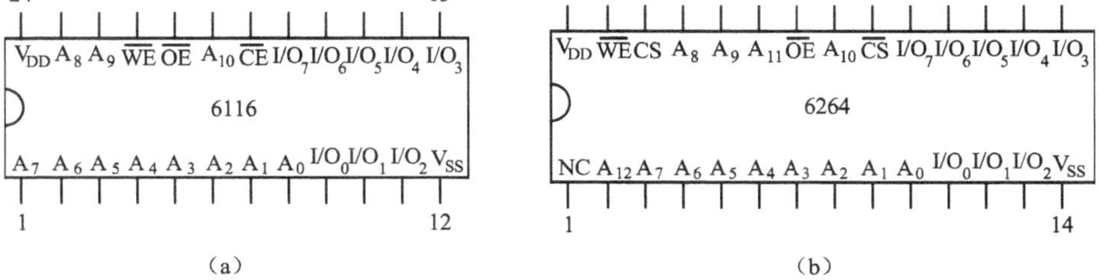

图 6-8　SRAM 6116 与 6264

表 6-1　6264 操作方式

$\overline{CS}$	CS	$\overline{OE}$	$\overline{WE}$	方式	功能
0	1	1	0	写	I/O_0～I/O_7 输入信息写入 A_0～A_{12} 指定单元
0	1	0	1	读	A_0～A_{12} 对应单元内容输出到 I/O_0～I/O_7 端
1	×	×	×	非选	I/O_0～I/O_7 端呈高阻
×	0				

（2）扩展存储容量

由于集成度的限制，目前生产的存储器单片容量有限。实际使用时常将若干 RAM 芯片组合到一起，构成一个容量更大的存储体。扩展时主要是扩展每字位数或增加总字数。

位扩展较为简单，可将各芯片的地址线、读/写控制线、片选线对应并联在一起，而各片的输入/输出线作为字的各个位线。例如，用 2 片 2114 扩展为容量 1 K×8 的 RAM，接法如图 6-9 所示。

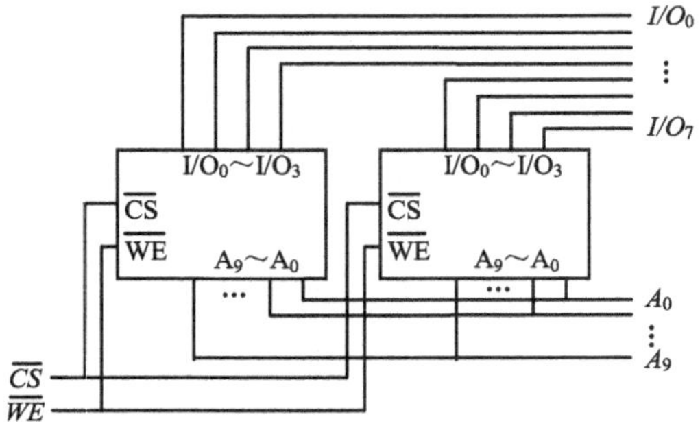

图 6-9　RAM 位扩展

字扩展时需要外加译码器，将地址高位送译码器输入，译码器输出作为每片 RAM 的片选信号。例如，用 6116 组成 8 K×8 存储器。6116 容量 2 K×8，因此，组成 8 K×8 存储器需用 4 片 RAM，其连接如图 6-10 所示。地址线共 13 条：A_0～A_{10} 作为每一片的字选信号；A_{11}、A_{12} 送 2-4 线译码器，译码器的 4 条输出线作为 4 片 6116 的片选信号。由于输出具有三态特性，所以将它们的数据线并联起来作为整个 RAM 的数据 I/O 线。$\overline{OE}$ 作为整个 RAM 的输出允许线，$\overline{CE}$ 作为整个 RAM 的片选线。

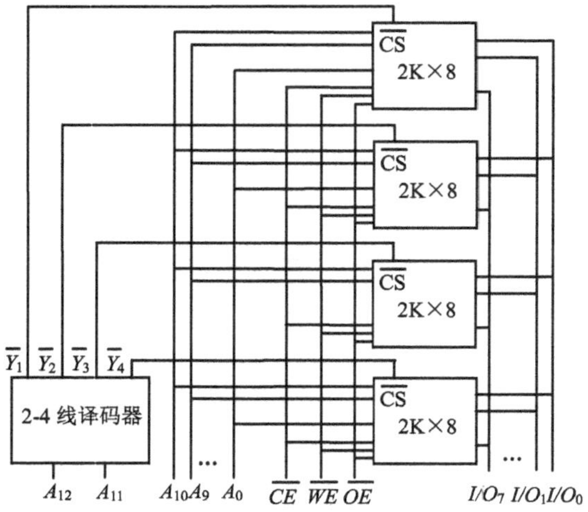

图 6-10　RAM 字扩展

6.1.2 ROM

上述 RAM 只能暂存信息，因为它们都具有易失性，一旦断电，存储的信息便随之消失。在数字系统中，常常需要存储一些固定不变的信息，如常数表、数据转换表、字库或固定程序等，这就需要用 ROM。ROM 的内容是在制造过程中写入（又称编程）的，或者用专门设备由使用者写入。一旦写入，便只能读出，而不能在运行程序时予以改变。

根据电路的工作特点，ROM 属于组合逻辑电路，给定一组输入（地址），存储器便给出一种输出（1 个存储单元内容）。但就其组成而言，它和 RAM 又有许多相似之处，它由地址译码器、存储矩阵和输出电路等三部分组成。

下面首先介绍各种类型的 ROM，然后介绍利用 ROM 实现组合逻辑函数的方法。

1. 各类 ROM 简介

根据存储内容写入的方法，ROM 分为掩模型 ROM、可编程 PROM、可擦除可编程 ROM 等。

（1）掩模型 ROM

掩模 ROM 中的信息，是制造厂家在生产时用掩模技术写入的。双极型 ROM 速度较快，但功耗大，只用在速度要求较高的系统中。MOS 型掩模 ROM 功耗小，但速度较慢。

图 6-11 所示是用二极管构成的双极型掩模 ROM。图中，地址译码器输出 4 条字线 W_0～W_3。二极管构成 4 字×4 存储矩阵：在字线与位线之间接有二极管的，该字该位存储数据为 1；不接二极管的为 0。4 个地址单元对应的存储内容见表 6-2。

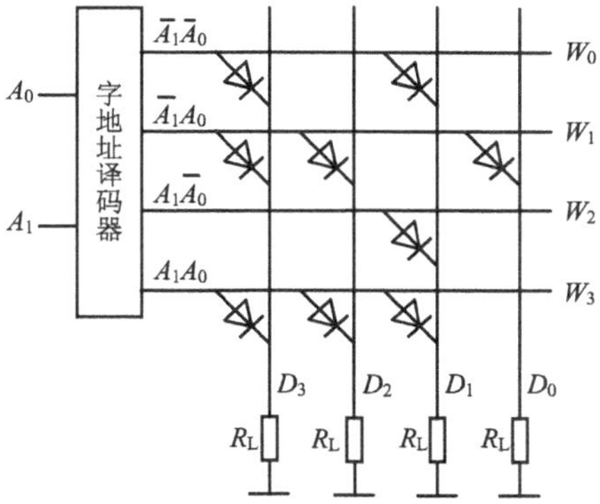

图 6-11　4 字×4 掩模 ROM

表 6-2　ROM 存储内容

地　址		数　据			
A_1	A_0	D_3	D_2	D_1	D_0
0	0	1	0	1	0
0	1	1	1	0	1
1	0	0	0	1	0
1	1	1	1	1	0

（2）可编程 PROM

PROM（Pro-grammable ROM）所存储的内容是由用户根据需要自己写入的，但只能写入一次，一经写入，存储内容即被固定且不能修改。

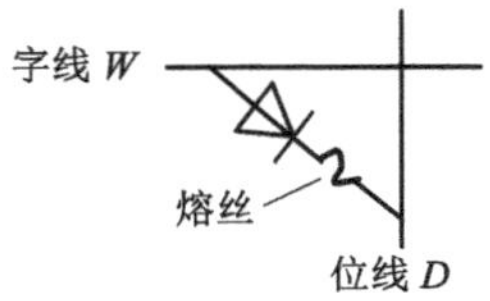

图 6-12　熔丝式 PROM 基本存储单元

为使用户能自己写入内容，厂家在生产 PROM 时，把存储矩阵中所有字线和位线的交叉处，都跨接上串有熔丝的二极管，如图 6-12 所示，这时全部基本存储单元内容均为 1。用户编程时，只要给熔丝通以足够大的电流即可将熔丝烧断，从而将存储内容改写为 0。熔丝一旦烧断，便无法恢复。因此，当某一位写入 0 后，就不能再改写为 1。

（3）可擦除可编程 ROM

目前使用的可擦除可编程只读存储器有以下几种：EPROM（Erasable Programmable ROM），EEPROM（Electrically Erasable Programmable ROM），Flash ROM。

可擦除可编程只读存储器 EPROM 的内容可多次修改，也可长期保存。修改时，在芯片上方的石英玻璃窗口处，用紫外线灯照射 10～30 分钟，芯片中原保存信息将全部丢失，然后用专用编程器写入新的内容。为使写好的信息不丢失，通常在窗口上都贴有不干胶避光纸，以防止外界紫外线照射。

电擦除可编程只读存储器 EEPROM 又记作 E^2PROM，是从 EPROM 发展来的，它针对 EPROM 不能按单元修改及不能电擦除的缺点而改进。E^2PROM 的擦除和写入实际是同一过程，擦除实为改写。改写时需要加高压电源。早期生产的 E^2PROM 改写高压电源要外接，使用时由用户提供。现在生产的 E^2PROM 改写高压由芯片内部自行产生，于是在使用上就基本与 RAM 相同了，只是写入速度较慢，无论改写 1 个单元，还是改写整片，所需时间均是 10 ms。

Flash ROM 又记作 Flash Memory，称为闪速存储器或快闪存储器，是电擦除可编程存储器。擦写时为分区擦写（每区的字节数由生产商规定）或整片擦写。与 E^2PROM 相比，其优点是单位体积容量大，因此，单位体积容量成本低。

应用举例

计算机主板系统的 BIOS（Basic Input Output System）芯片保存着计算机系统最重要的基本输入/输出程序等，决定了计算机性能的优越。若改进计算机性能，就需要改进 BIOS 中存储的程序，即升级 BIOS。早期主板系统的 BIOS 芯片多采用 PROM 或 EPROM，如图 6-13 所示，不能升级或升级困难。目前生产的主板，BIOS 芯片多用 Flash ROM，因此便于用户升级。此外，计算机外设之一——U 盘中的存储器也是 Flash ROM。在手机中，用来存储手机系统运行程序的存储器也使用 Flash ROM，以便于升级，而一些可以修改、校正的数据等，则存储在 E^2PROM 中。

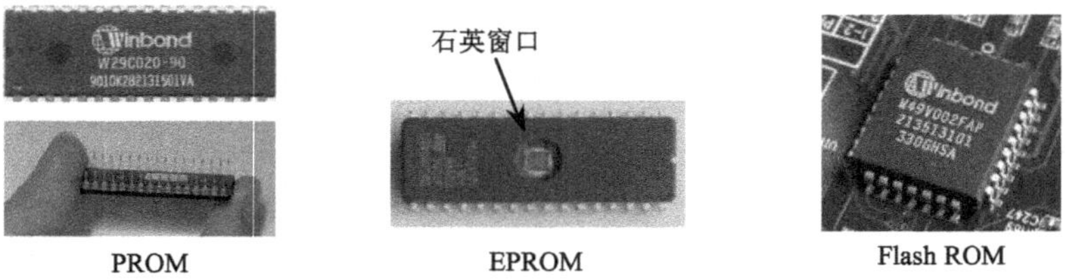

图 6-13　计算机主板 BIOS 芯片举例

2. 用 ROM 实现组合逻辑函数

ROM 的地址译码器是由很多与门构成的阵列，称之为与阵。如果将地址译码器的地址输入看作是组合逻辑电路的输入变量，则地址译码器输出的各条字线便是全部输入变量的各个最小项。在图 6-11 中，将地址 A_0 和 A_1 作为输入变量，地址译码器的输出分别为

$$W_0=\overline{A}_1\overline{A}_0;\quad W_1=\overline{A}_1A_0;\quad W_2=A_1\overline{A}_0;\quad W_3=A_1A_0$$

ROM 的存储矩阵是一个或门阵列，称之为或阵。它的各个位线输出使上述最小项之间构成一定的或逻辑关系。在图 6-11 中有

$$D_0=W_1=\overline{A}_1A_0$$
$$D_1=W_0+W_2+W_3=\overline{A}_1\overline{A}_0+A_1\overline{A}_0+A_1A_0$$
$$D_2=W_1+W_3=\overline{A}_1A_0+A_1A_0$$
$$D_3=W_0+W_1+W_3=\overline{A}_1\overline{A}_0+\overline{A}_1A_0+A_1A_0$$

综上所述，可以把 ROM 看作是一个与或阵列，如图 6-14 所示。其中，图（a）为 ROM 组成框图，图（b）为 ROM 阵列示意图。图（b）中，与阵中的“•”表示对应的逻辑变量参与与运算，或阵中的“×”表示对应的最小项参与或运算。由于该图是根据表 6-2 所画，因而，它就是图 6-11 所示 ROM 的阵列图。

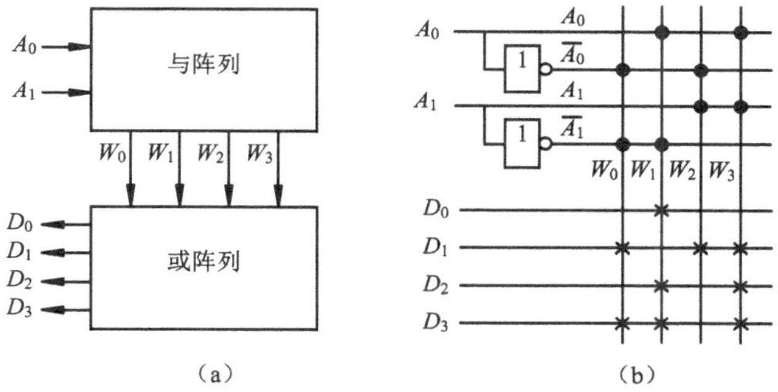

图 6-14　用与或阵列表示 ROM

例 6-1　根据图 6-15 所示的与或阵列图，写出逻辑函数 F_1、F_2 的表达式。

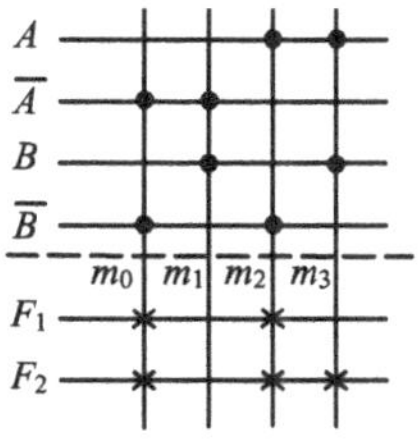

图 6-15　例 6-1 图

解： 根据图中的与阵图可得

$$m_0=\overline{A}\,\overline{B};\quad m_1=\overline{A}B;\quad m_2=A\overline{B};\quad m_3=AB$$

根据或阵图可得

$$F_1=m_0+m_2=\overline{A}\,\overline{B}+A\overline{B}=\overline{B};\quad F_2=m_0+m_2+m_3=\overline{A}\,\overline{B}+A\overline{B}+AB=A+\overline{B}$$

用 ROM 实现组合逻辑函数时，首先列真值表，写函数最小项表达式，然后画 ROM 阵列图。厂家根据用户提供的阵列图，便可生产出用户所需要的 ROM。用户自己也可以使用编程器对 PROM 进行编程。市售通用编程器一般都能支持各厂家生产的 PROM。

在数字系统中，ROM 应用广泛，如实现各种逻辑函数、各种代码转换、函数运算等。ROM 与寄存器配合还可以构成时序电路。

例 6-2　用 ROM 将 4 位二进制码转换为格雷码。

解： 列 4 位二进制码转换为格雷码的真值表，见表 6-3。由表写最小项表达式如下：

$$Y_3=\sum m\ (8, 9, 10, 11, 12, 13, 14, 15)$$
$$Y_2=\sum m\ (4, 5, 6, 7, 8, 9, 10, 11)$$
$$Y_1=\sum m\ (2, 3, 4, 5, 10, 11, 12, 13)$$
$$Y_0=\sum m\ (1, 2, 5, 6, 9, 10, 13, 14)$$

根据以上各式画 4 位二进制码转换为格雷码的 ROM 阵列图，如图 6-16 所示。用 PROM 实现上述码制转换，只要按图 6-16 编程或阵即可。

表 6-3　4 位二进制码转换为格雷码的真值表

序　号	二进制码（存储地址）				格雷码（存储数据）			
	A_3	A_2	A_1	A_0	Y_3	Y_2	Y_1	Y_0
0	0	0	0	0	0	0	0	0
1	0	0	0	1	0	0	0	1
2	0	0	1	0	0	0	1	1
3	0	0	1	1	0	0	1	0
4	0	1	0	0	0	1	1	0
5	0	1	0	1	0	1	1	1
6	0	1	1	0	0	1	0	1
7	0	1	1	1	0	1	0	0
8	1	0	0	0	1	1	0	0
9	1	0	0	1	1	1	0	1
10	1	0	1	0	1	1	1	1
11	1	0	1	1	1	1	1	0
12	1	1	0	0	1	0	1	0
13	1	1	0	1	1	0	1	1
14	1	1	1	0	1	0	0	1
15	1	1	1	1	1	0	0	0

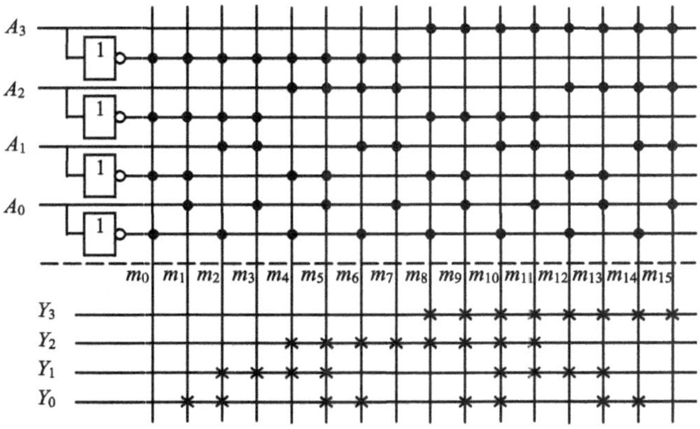

图 6-16　4 位二进制码转换为格雷码的 ROM 阵列图

6.2　可编程逻辑器件

可编程逻辑器件 PLD（Programmable Logic Device）是一种由用户编程完成逻辑功能的

器件，按构成分为可编程 ROM、可编程阵列逻辑 PAL（Programmable Array Logic）、可编程逻辑阵列 PLA（Programmable Logic Array）、通用阵列逻辑 GAL（Generic Array Logic）、现场可编程门阵列 FPGA（Field Programmable Gate Array）和复杂可编程逻辑器件 CPLD（Complex PLD）等。由于 PLD 的集成度远大于中小规模 TTL 或 CMOS 电路，每片可达几百门、数千门，甚至上万门；具有变换正负逻辑、三态输出和存储功能等；可借助计算机软件对器件进行编程，用编程器构造器件。因而，PLD 是目前构成数字系统的理想器件。用 PLD 实现逻辑功能，设计方便，速度快，功耗低，可靠性高，节省成本。

PLD 有许多类型。例如，已介绍的 PROM 属于这类器件。PLD 中使用最广泛的是 PAL 器件和 GAL 器件。

6.2.1　PLD 的一般组成与电路表示法

1．PLD 的一般组成

图 6-17 所示是 PLD 的一般组成。输入电路用于对输入信号缓冲，并产生原变量与反变量两个互补信号供与阵列使用；与阵实现与逻辑；或阵实现或逻辑；输出电路有多种形式，如三态输出、寄存器型输出等。有些 PLD 还有内部反馈电路（图中未画出）。

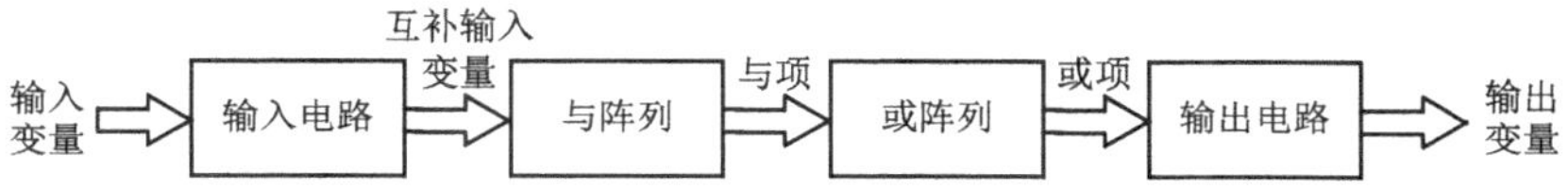

图 6-17　PLD 结构框图

表 6-4 是 3 种 PLD 的比较。PROM 或阵可编程，与阵（即地址译码器）不可编程，与阵的每一个输出端对应一个最小项，而且不管这个最小项在逻辑函数表达式中是否出现，它均在或阵（即存储矩阵）中占据一条字选择线。因此，与其他 PLD 相比，在实现相同的逻辑函数时，ROM 芯片面积较大，所以 PROM 多作存储器使用。PAL 器件由于与阵可编程，所以适于多输入情况；由于或阵固定，器件体积可以做得小，因此速度快。PLA 器件的与阵和或阵都可编程，这使它具有更大的灵活性，适合实现复杂的逻辑功能。但 PLA 器件结构因管芯尺寸和速度关系而使成本有所增加，因此对于简单的逻辑功能，通常采用 PAL 器件（性价比更好）。

表 6-4　PROM, PLA, PAL 比较

名　称	与　阵	或　阵
PROM	固定	可编程
PLA	可编程	可编程
PAL	可编程	固定

2．PLD 电路表示法

由于 PLD 阵列规模庞大，所以在 PLD 电路描述中使用一种简化方法，如图 6-18 所示。图中，“固定连接”表示两交叉线相连，与传统表示法无区别，可以理解为“焊死”的连接点；“编程连接”表示两交叉线通过编程的方法连接，也可以通过编程的方法断开；“不连接”表示两交叉线互不相连。

图 6-18　PLD 电路表示法

6.2.2 可编程阵列逻辑 PAL

PAL 器件的基本结构是可编程与阵和固定的或阵。图 6-19 所示是双极型 PAL 原理图，它与 PROM 一样，利用烧断熔丝进行编程。图 6-20 所示是其阵列图。图中，每条横线对应一个与项，称为与线；竖线对应一个输入变量的原变量或反变量，称为输入线。若与线与输入线交叉处的熔丝保留，则该条与线对应的与项中包含输入线所对应的变量；若熔丝烧断，则该与项与输入线所对应的变量无关。显然，如果一条与线上的熔丝全部保留，则这条与线始终为低电平；如果一条与线上的熔丝全部烧断，则这条与线恒为高电平。交叉点处有“×”表示熔丝保留，即编程连接；而无“×”则表示熔丝烧断。图 6-21 所示是熔丝全部保留的简化符号。

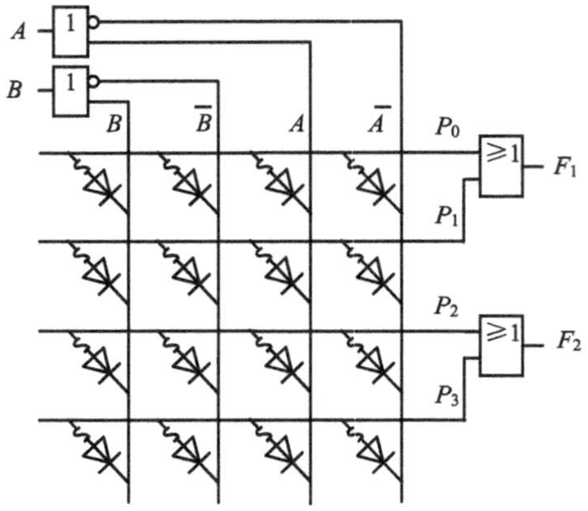

图 6-19　双极型 PAL 原理图

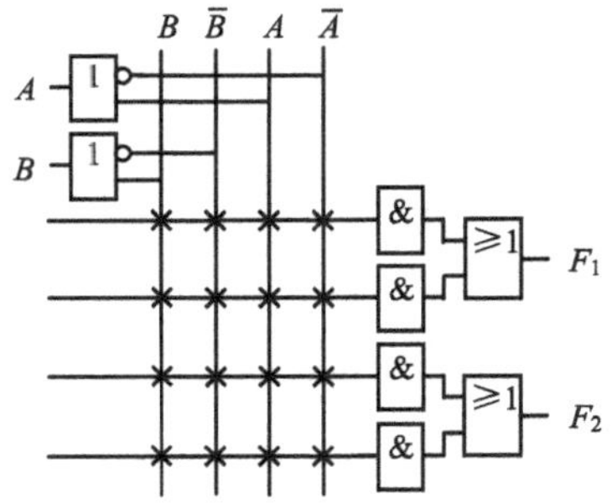

图 6-20　PAL 阵列图

例 6-3　图 6-22 所示是 CT74PAL14L8 部分阵列图，写出 F_1～F_4表达式。

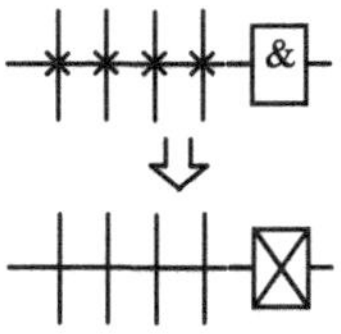

图 6-21　熔丝全保留的简化符号

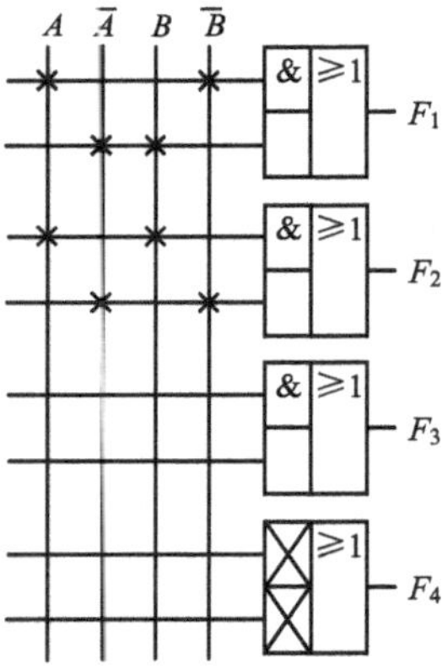

图 6-22　例 6-3 PAL 阵列

解： $F_1=A\overline{B}+\overline{A}B$；$F_2=AB+\overline{A}\ \overline{B}$；$F_3=1+1=1$；$F_4=0+0=0$

PAL 器件有多种型号，它们的与阵结构相同，规模略有不同，输出结构不相同。常见的输出结构有以下两种。

（1）组合型。这种输出结构适合构成组合逻辑电路。常见的有或门输出、或非门输出，以及带互补输出端的或门等。具有三态特性的输出端还能兼做输入端用。以上所用 PAL14L8 就是组合型 PAL 器件，采用的是或门输出。

（2）寄存型。这种输出结构适于构成时序电路。

PAL 器件采用助记名的命名方法，器件型号提供了有关器件能力的一些基本信息，如图 6-23 所示。采用 CMOS 工艺的 PAL，优点是功耗低，噪声容限大，电源电压适应范围宽，而且可用紫外线擦除或电擦除，可实现多次编程。

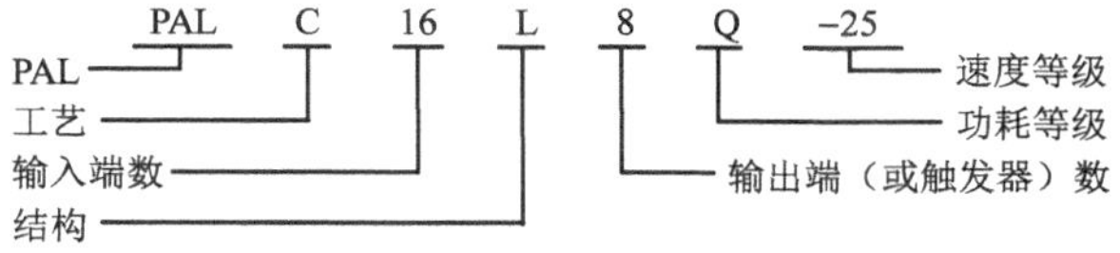

注：

- 工艺代号中，C 为 COMS，空白为 TTL。
- 如果有反馈，则输入端数中包括反馈输入端数。
- 结构代码中，H 为高电平有效输出，L 为低电平有效输出，P 为输出极性可编程，C 为互补输出，R 为寄存器输出，X 为异或门，XP 为异或门可编程极性，V 为多用途，等等。
- 速度等级表明传输延迟时间，单位：ns。
- 功耗等级中，空白为全功耗 180～240 mA；Q 为 1/4 功耗。

图 6-23　PAL 器件型号命名方法

6.2.3　门阵列 GAL

GAL 是在 PAL 技术上发展起来的，基本类型有 16V8, 20V8, 39V18 等。前两种称为普通型 GAL 器件，它们的与阵可编程，或阵是固定连接的。而 39V18 的与阵和或阵都可编程。GAL 器件的输出结构可以由用户组态，构成组合型输出、寄存型输出等。

GAL 具有双极型器件的高速性，而功耗却只有它的 1/2 或 1/4。E^2CMOS 工艺使它可反复擦除、改写，且擦除时间仅为 10 ms，不需紫外光源，不需窗口式封装，在封装前后都可对芯片进行反复、完善、实际的测试。采用 16V8（共 20 脚）和 20V8（共 24 脚）两种 GAL 器件，在功能和性能上几乎可以取代整个 74LS, 54LS, 74HC 和 4000 系列的中小规模集成器件。因此，GAL 是一种结构灵活、性能优越、功能可靠的可编程逻辑器件。

图 6-24 所示是 GAL16V8 的引脚排列，引脚 2～9 为 8 个输入端；引脚 12～19 为 8 个输出端；引脚 1 为时钟端 *CK*，引脚 11 为三态输出控制端 *OE*，根据需要，1 脚与 11 脚还可以作为输入端；引脚 20 为+5 V 电源端；引脚 10 为“地”端。

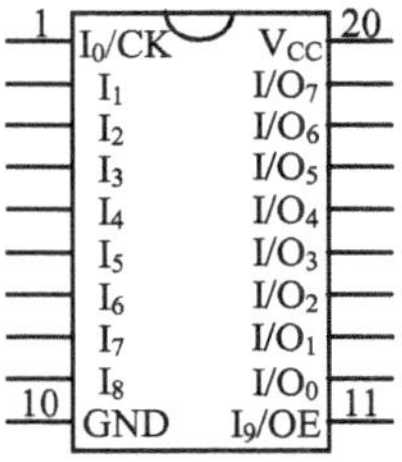

图 6-24　16V8 引脚排列

在 16V8 中，除 8 个引脚（2～9）固定做输入外，还可将 8 个输出引脚配置成输入模式。因此，这类芯片最多可有 16 个引脚做输入端，而输出端最多 8 个（这就是芯片型号 16V8 中两个数字的含义）。

6.2.4　PLD 的开发

PLD 之所以能够迅速发展和得到普遍应用，是因为可借助丰富的计算机辅助设计软件对其进行设计和编程。

PLD 的开发主要经过以下步骤：

（1）根据设计要求写出真值表和最简逻辑表达式；

（2）选择所需芯片的型号；

（3）根据所选 PLD 芯片，给各引脚赋以相应的逻辑引线名称；

（4）在计算机上按支撑软件要求编写编程文件，并运行所使用的软件工具；

（5）将计算机接上 PLD 编程器，编程器按照软件运行结果对 PLD 编程（所谓编程就是将 PLD 芯片中的交叉线按照功能要求接通或断开）。

应当指出，不同的软件和编程器有不同的使用方法和要求，具体操作时，应按照所用软件和编程器的使用要求进行操作。

在数字系统中采用 PLD 代替常用的 74/54 系列 TTL 或 CMOS 芯片，有一些明显的好处，主要是：

（1）系统设计灵活方便。在设计某一系统时，可根据任务进行逻辑抽象，给出逻辑描述，如写真值表、列逻辑表达式、画状态图等。这些逻辑功能要靠器件实现，而在数百种中小规模 TTL 或 CMOS 器件中选用合适的器件，使设计达到较高的性能价格比，对设计人员来说并非易事。采用 PLD 并辅以开发工具，将使事情变得容易得多。如使用 GAL，会很容易地在 3～4 种可供选择的器件中确定采用哪种型号。高级的开发软件使逻辑设计变得很简单，在对任务进行确切的逻辑描述后，由编程工具自动确定 GAL 器件应配置的内部电路结构。这样，逻辑设计的主要任务是集中力量求解逻辑描述，并保证其正确无误。

在一个系统的研制阶段，由于任务变动或设计错误而修改设计是经常发生的。如果设计中采用非可编程器件，则可能要更换、增加器件。而采用 PLD 设计，便可将原有器件立即改写后继续使用。

在普通中小规模集成器件中，引脚的定义是相对固定的。一个复杂系统的印制电路板设计常会因个别引脚走线而陷入困境，而在 PLD 中，引脚功能的定义有较大的灵活性，可由设计者确定，这将大大简化印制电路板的设计。

（2）系统体积缩小、可靠性高。据统计，一个 GAL 器件在功能上可替代 4～12 个中小规模集成器件，从而使系统体积缩小，可靠性提高，也进一步简化了印制电路板的设计。

6.3 本章小结

1. 半导体存储器分为 ROM 和 RAM。根据存储特点、存取速度、集成度及价格，各种存储器用于不同的场合。

2. PLD 的基本构成是与阵和或阵。ROM 与阵不可编程，或阵可编程，适用于与项多的逻辑函数。PAL 与阵可编程，或阵不可编程，输出结构有多种形式，使用方便。GAL 输出结构可以组态，在赋予引脚功能后，内部组态由设计软件完成，因此，功能灵活，能够实现复杂的逻辑功能。FPGA 的与或阵列由门电路构成。视型号不同，门阵列规模由数门到数万门不等。这使得设计者能够根据功能要求，灵活选择器件，并能够用它实现极为复杂的逻辑功能。因此，FPGA 是 PLD 中目前发展最快、应用最为广泛的产品。

6.4 习题 6

6-1 存储器主要分为哪些种类？

6-2 某一存储器的容量是 20 GB。问该存储器有多少存储位？

6-3 16 384 字×16 RAM 地址码是多少位？有多少存储单元？有多少存储位？

6-4 某存储器存储容量为 64 MB，字长 32 b。试确定该存储器的地址线总数，以及行、列地址线数目。

6-5　SRAM 和 DRAM 在电路结构和读写操作上各有什么特点？

6-6　试根据图 6-8 所示 6116 的引脚符号，参照表 6-1，写出 6116 操作方式表。

6-7　试用 6264 组成 8 K×16 RAM，画出连接图。

6-8　试用 2114 组成 2 K×8 RAM，画出连接图。

6-9　ROM 有几种主要类型？它们之间有哪些异同点？

6-10　RAM 和 ROM 在电路结构和工作原理上有何不同？

6-11　写出图 P6-1 所示 ROM 阵列图所对应的逻辑函数表达式。

6-12　用一片 ROM 实现以下函数：

$$F_1=AB+C\overline{D}+BC+\overline{A}\ \overline{B}\ \overline{C}D;\ F_2=B+CD+\overline{B}\,\overline{C}$$

选择 ROM 地址和存储数据位数，画 ROM 阵列图。

6-13　利用 ROM 实现：

（1）8421BCD 码转换余 3 码；

（2）BCD 格雷码转换余 3 码。

6-14　写出图 P6-2 所示 PAL 阵列对应的逻辑函数表达式。

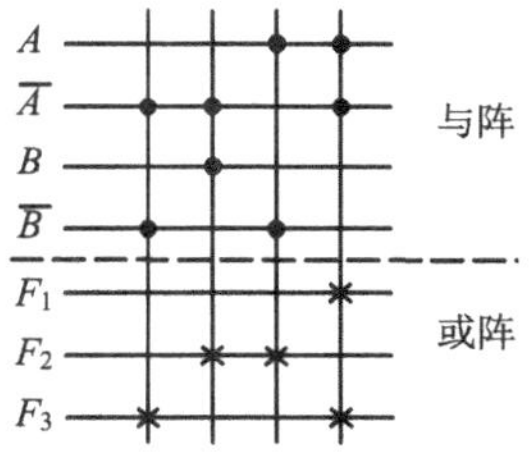

图 P6-1

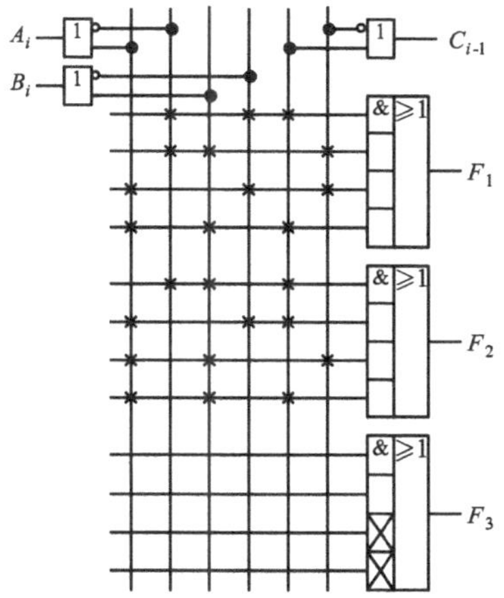

图 P6-2

6-15　试用 PAL 实现逻辑函数

$$F_1=\overline{A}\,\overline{B}\,\overline{C}\,\overline{D}+\overline{A}B\overline{C}D+A\overline{B}C\overline{D}+ABCD;\ F_2=\overline{A}\,\overline{B}C\overline{D}+\overline{A}BCD+A\overline{B}\,\overline{C}\,\overline{D}+AB\overline{C};\ F_3=\overline{A}BD+\overline{B}C\overline{D};$$

$$F_4=BD+\overline{B}\ \overline{D}$$

6-16　利用 PAL 实现：

（1）8421BCD 码转换余 3 码；

（2）BCD 格雷码转换余 3 码。

6.5　实验

实验 12．存储器

实验目的：进一步理解 RAM 的工作原理，了解其使用方法。

实验用器件：INTEL 2114 一片，74 125 一片，74LS163A 一片。

实验用设备及装置：直流稳压电源，通用集成电路实验装置，万用表，示波器及示波器多踪显示接口电路。

实验注意事项：由于半导体存储器极易烧毁，实验中一定要仔细，接线要正确，接触要良好，确保接线、电源电压正确后，再加电实验。测试过程中一定要防止出现存储器工作在读出状态、而又在 I/O 端加入写 1 信号的情况，否则必将烧毁存储器。

1．用单拍方式向存储器单元写入数据

按实验表 12-1 所示单元地址，将对应数据写入存储器。注意以下两个问题：

（1）为防止烧毁存储器，将 74 125 加到 I/O 端用以保护，如实验图 12-1 所示。图中，S_0～S_6 表示逻辑开关，V_{DD} 取 5 V。

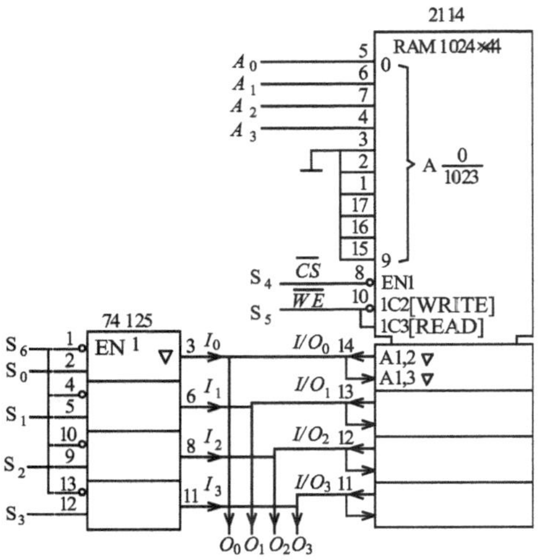

实验图 12-1

实验表 12-1

控 制		地 址										数 据			
$\overline{CS}$	$\overline{WE}$	A_9	A_8	A_7	A_6	A_5	A_4	A_3	A_2	A_1	A_0	I/O_3	I/O_2	I/O_1	I/O_0
0	0	0	0	0	0	0	0	0	0	0	0	0	0	0	0
		0	0	0	0	0	0	0	0	0	1	0	0	0	1
		0	0	0	0	0	0	0	0	1	0	0	0	1	0
		0	0	0	0	0	0	0	0	1	1	0	0	1	1
		0	0	0	0	0	0	0	1	0	0	0	1	0	0
		0	0	0	0	0	0	0	1	0	1	0	1	0	1
		0	0	0	0	0	0	0	1	1	0	0	1	1	0
		0	0	0	0	0	0	0	1	1	1	0	1	1	1
		0	0	0	0	0	0	1	0	0	0	1	0	0	0
		0	0	0	0	0	0	1	0	0	1	1	0	0	1
		0	0	0	0	0	0	1	0	1	0	1	0	1	0
		0	0	0	0	0	0	1	0	1	1	1	0	1	1
		0	0	0	0	0	0	1	1	0	0	1	1	0	0
		0	0	0	0	0	0	1	1	0	1	1	1	0	1
		0	0	0	0	0	0	1	1	1	0	1	1	1	0
		0	0	0	0	0	0	1	1	1	1	1	1	1	1

（2）写入时，各个信号要按照规定的时间顺序操作，才能保证正确写入。2114 的写入时序是：加入地址码→使写控制$\overline{WE}$有效（$\overline{WE}$=0）→使片选$\overline{CS}$ 有效（$\overline{CS}$ =0）→向某一单元写入数据（将 I/O_i 线上的数据可靠地送入存储器）→使片选$\overline{CS}$ 无效（$\overline{CS}$ =1）→使写控制 $\overline{WE}$ 无效（$\overline{WE}$ =1）→撤去地址码。

2．用单拍方式读出存储器存储内容

用单拍方式从存储器各单元读出上面写入的数据，并填入实验表 12-2。读出时，$\overline{CS}$、$\overline{WE}$ 接逻辑电平开关，O_i接电平指示灯。按照 2114 的读时序操作：加入地址码→使片选$\overline{CS}$ 有效（$\overline{CS}$ =0）→由某一单元读出数据（将存储数据输出到 I/O_i 线）→使片选 $\overline{CS}$ 无效（$\overline{CS}$ =1）→撤去地址码。注意，在读操作期间，始终保持读控制信号 $\overline{WE}$ 有效，即 $\overline{WE}$ =1。

实验表 12-2

控　制		地　址										数　据			
$\overline{CS}$	$\overline{WE}$	A_9	A_8	A_7	A_6	A_5	A_4	A_3	A_2	A_1	A_0	O_3	O_2	O_1	O_0
0	1	0	0	0	0	0	0	0	0	0	0				
		0	0	0	0	0	0	0	0	0	1				
		0	0	0	0	0	0	0	0	1	0				
		0	0	0	0	0	0	0	0	1	1				
		0	0	0	0	0	0	0	1	0	0				
		0	0	0	0	0	0	0	1	0	1				
		0	0	0	0	0	0	0	1	1	0				
		0	0	0	0	0	0	0	1	1	1				
		0	0	0	0	0	0	1	0	0	0				
		0	0	0	0	0	0	1	0	0	1				
		0	0	0	0	0	0	1	0	1	0				
		0	0	0	0	0	0	1	0	1	1				
		0	0	0	0	0	0	1	1	0	0				
		0	0	0	0	0	0	1	1	0	1				
		0	0	0	0	0	0	1	1	1	0				
		0	0	0	0	0	0	1	1	1	1				

3．用动态连续循环方式从存储器读出数据

使地址由 0000→0001→…→1111→0000→…连续动态循环，从存储器各对应单元读出数据，用示波器观测 I/O_0～I/O_3 的波形并记录在坐标纸上。连接电路参照实验图 12-2。

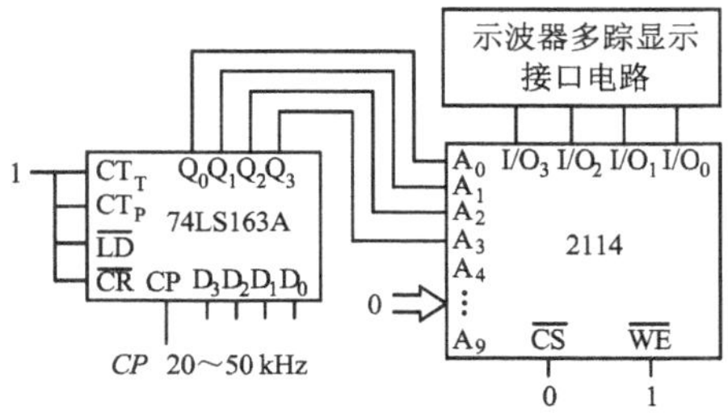

实验图 12-2

第 7 章　脉冲电路

脉冲电路的作用是产生或变换脉冲波形。本章将讨论各种脉冲电路的组成、工作原理及应用。

学习目标

1. 熟悉各种 RC 波形变换电路的组成，熟知它们的功能。
2. 熟悉多谐振荡器的电路特点，会估算振荡器的振荡频率，会调整振荡周期。
3. 熟悉单稳态触发器的电路特点，会估算单稳态持续时间，并会通过调节电路参数改变单稳态的持续时间。知道单稳态触发器的用途。
4. 熟悉施密特触发器的特点，知道施密特触发器的用途。
5. 会查阅集成电路手册，识读集成单稳态触发器、集成施密特触发器的引脚和功能，并能正确使用。
6. 熟悉 555 集成电路各引脚的功能，能用 555 集成电路组成各种脉冲电路，并能通过调整电路参数来调整脉冲参数。

7.1　RC 电路

本节首先扼要复习简单 RC 电路的过渡过程及其三要素分析法，然后介绍脉冲电路中几种常用的 RC 电路。

7.1.1　RC 电路的过渡过程及其三要素分析法

1. RC 电路的过渡过程

RC 电路中，电容器是储存电能的元件。电容充电是指电容器积累电能；电容放电是指电容器释放电能。电能的积累与释放不能瞬间完成，由此决定了 RC 电路中存在着过渡过程。

（1）电容充电过程

图 7-1（a）所示的简单 RC 电路中，设 t=0 前开关 S 置于②处，电容 C 没有充电，u_C=0 V。

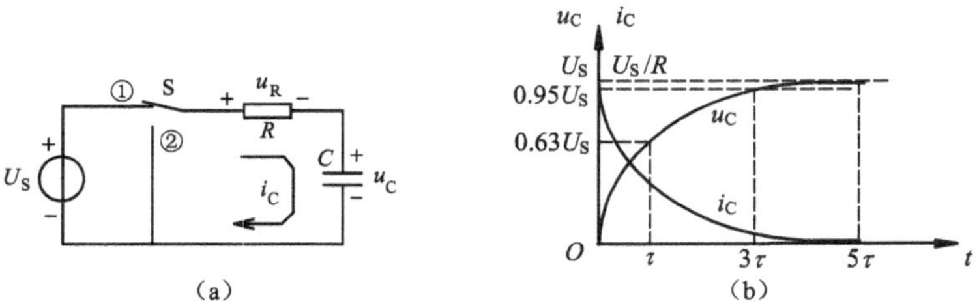

图 7-1　电容充电过程

t=0 时，将 S 由②扳到①处，电源 U_S 与 RC 电路接通，C 开始被充电，充电电流 i_C（t）=[U_S−u_C（t）]/R。

在开关 S 刚扳向①的瞬间（用 0^+表示），由于电容还未来得及充电，所以 u_C（0^+）=0 V，充电电流 i_C（0^+）=（U_S−0 V）/R=U_S/R 为最大值，u_R（0^+）=i_CR 也为最大值。随着时间延续，C 被充电，u_C 上升，而 i_C 下降。当充电到 u_C=U_S 时，i_C=0 A，u_R=0 V，充电过程结束，电路进入稳定状态。充电过程中，u_C 及 i_C 随时间的变化规律是

$$u_C(t)=U_S(1-e^{-t/\tau}) \tag{7-1}$$

$$i_C(t)=\frac{U_S}{R}e^{-t/\tau} \tag{7-2}$$

式中，τ=RC 为电路时间常数，单位为 s（秒）。

由式（7-1）、式（7-2）可以看出，电容充电过程中，u_C、i_C 随时间按指数规律变化，变化曲线如图 7-1（b）所示。从理论上讲，在 t=∞时电容充电才能完成。但由表 7-1 所给指数函数的常用数值可见，时间常数τ 决定了充电的快慢，在 t=3τ～5τ 时，充电过程基本结束。因此，工程上通常把充电时间确定为 3τ～5τ。

表 7-1　指数函数常用数值

t/τ	0	0.69	1	2.30	3	5
$e^{-t/\tau}$	1	0.50	0.37	0.10	0.05	0.01
$1-e^{-t/\tau}$	0	0.50	0.63	0.90	0.95	0.99

（2）电容放电过程

电容充电结束后，若将开关 S 由①扳回②，如图 7-2（a）所示，C 将通过电阻 R 放电，放电电流 i_C（t）=u_R/R=−u_C/R。在 S 刚扳到②的瞬间，由于电容充电所积累的电能来不及释放，故有 u_C=U_S，i_C=−U_S/R。随着电容继续放电，i_C 及 u_C 逐渐衰减，直至衰减到零，放电过程结束，电路进入稳定状态。放电过程中，u_C 及 i_C 随时间变化的规律是

$$u_C(t)=U_Se^{-t/\tau} \tag{7-3}$$

$$i_C(t)=-\frac{U_S}{R}e^{-t/\tau} \tag{7-4}$$

式（7-4）中，负号表示电容放电与充电电流方向相反。u_C、i_C 随时间变化的曲线如图 7-2（b）所示。放电快慢也取决于时间常数τ，τ 越小放电越快，经过 3τ～5τ，放电过程基本结束。

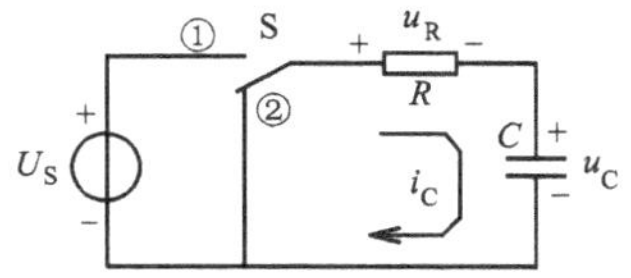

（a）

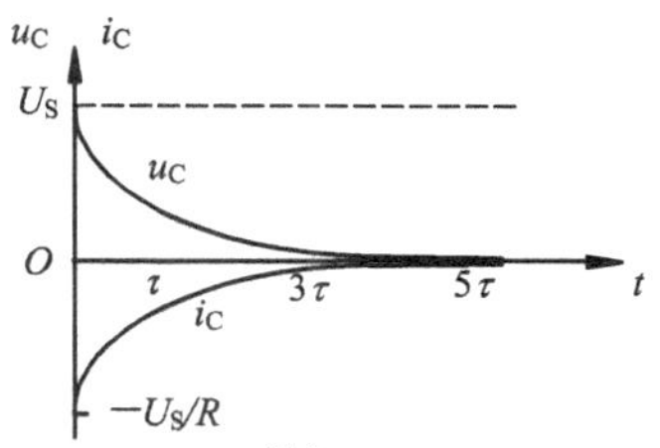

（b）

图 7-2　电容放电过程

2. 简单RC电路三要素分析法

简单RC电路是指一个电阻和一个电容串联的电路。实际中，RC电路可能有多个电阻或电容混联，如果用串、并联等方法能将电路最终简化成一个电阻和一个电容串联的电路，这类电路也属于简单RC电路。

（1）开关定理

电容充、放电时，两端电压不能突变，即在开关动作前后瞬间，电容电压保持不变。这就是开关定理（或称换路定律）。数学表示式为

$$u_C(t_n^+)=u_C(t_n^-) \tag{7-5}$$

式中，t_n^+表示开关动作后一瞬间；t_n^-表示开关动作前一瞬间。

（2）简单RC电路“三要素”分析法

简单RC电路在过渡过程中，某一支路电流或某两端电压随时间的变化关系式为

$$f(t)=f(\infty)+[f(0^+)-f(\infty)]e^{-t/\tau} \tag{7-6}$$

式中，$f(0^+)$表示过渡过程开始瞬间（即开关动作后瞬间）电流或电压的起始值；$f(\infty)$表示过渡过程结束后电流或电压的终了值，即电路进入稳定状态后电流或电压的稳态值。

对于简单RC电路，只要确定$f(0^+)$、$f(\infty)$及时间常数τ这三个基本量（称为三要素），代入式（7-6）便可求得过渡过程中电流或电压的变化规律。这种分析方法称为“三要素”法。

例7-1 如图7-3（a）所示的电路，在t=0前处于S_1闭合、S_2断开的稳态。t=0时，S_1断开、S_2闭合。试求，从S_1断开、S_2闭合到u_A=0 V时所需要的时间t_w。

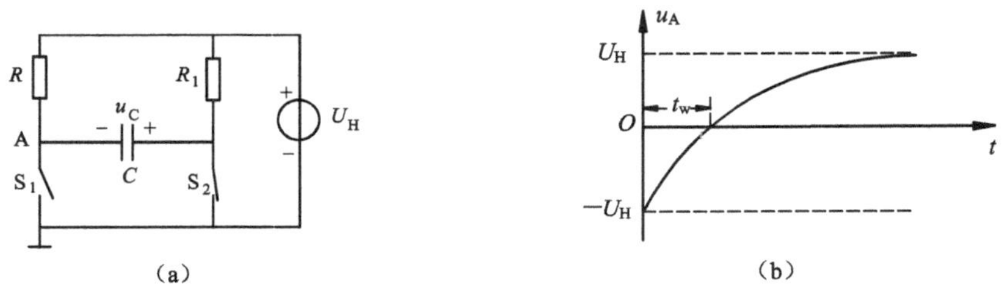

图7-3 例7-1图

解：由式（7-6）可得

$$t=\tau\ln\frac{f(\infty)-f(0^+)}{f(\infty)-f(t)} \tag{7-7}$$

因为$t<0$时，电路处于S_1闭合、S_2断开的稳态，电容电压$u_C=U_H$。所以S_1断开、S_2闭合的0^+时刻，有

$$u_A(0^+)=-u_C(0^+)=-u_C(0^-)=-U_H$$

又当$t\to\infty$时，$i_C(\infty)$=0 A，电容相当于开路，因此

$$u_C(\infty)=-U_H;\ u_A(\infty)=-u_C(\infty)=U_H$$

根据$u_A(0^+)$与$u_A(\infty)$，大致画出$u_A(t)$的曲线如图7-3（b）所示，其中$u_A(t_w)$=0 V。

求时间常数τ时，将电压源视为短路，则

$$\tau = RC$$

所以

$$t_w=\tau \ln\frac{u_A(\infty)-u_A(0^+)}{u_A(\infty)-u_A(t_w)}=RC\ln\frac{U_H-(-U_H)}{U_H-0}=RC\ln 2\approx 0.7RC$$

7.1.2　RC 波形变换电路

1．微分电路

RC 微分电路如图 7-4（a）所示，它能将矩形脉冲变换为尖脉冲。在输入矩形脉冲 u_i 时，为使输出 u_o 为尖脉冲，时间常数 τ 与输入脉冲宽度 t_w、脉冲间隔 t_g 之间应满足条件：

$$\tau=RC<<t_w;\quad \tau=RC<<t_g$$

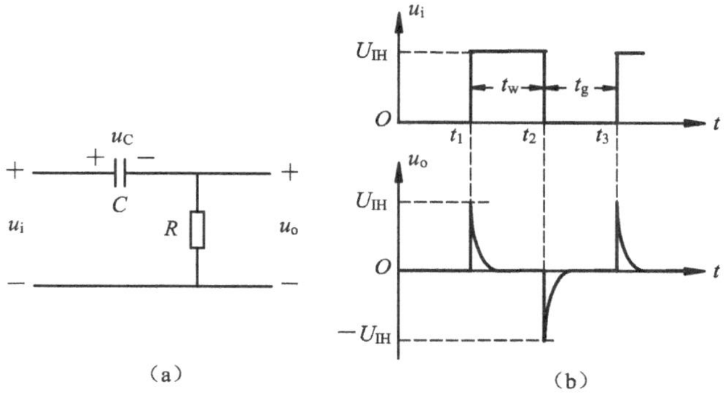

图 7-4　微分电路

（1）工作原理

微分电路输入、输出的电压波形如图 7-4（b）所示。

① 在 $t<t_1$ 时，$u_i=0$ V，$u_C=0$ V，$u_o=u_i-u_C=0$ V。

② $t=t_1$ 时，u_i 由 0 V 跳变到 U_{IH}。由于电容端电压不能突变，$u_C(t_1^+)=u_C(t_1^-)=0$ V，因此，输入电压 u_i 全部降落在 R 上，使 $u_o(t_1^+)=u_i(t_1^+)=U_{IH}$，即 u_o 随 u_i 跳变到 U_{IH}。

③ t_1～t_2 期间，$u_i=U_{IH}$ 不变，在 u_i 作用下，C 被充电，使 u_C 由 0 V 按指数规律上升，u_o 由 U_{IH} 按指数规律下降。经过 3τ～5τ 时间，C 充电基本完成，$u_C=U_{IH}$，而 u_o 下降到 0 V。因为 $\tau<<t_w$，所以相对 t_w，上述过程所用时间很短，远在 t_2 时刻之前，充电过程即已完成，输出电压 u_o 形成正尖脉冲。

④ $t=t_2$ 时，u_i 由 U_{IH} 跳变到 0 V。由于 $u_C(t_2^+)=u_C(t_2^-)=U_{IH}$，所以 $u_o(t_2^+)=-u_C(t_2^+)=-U_{IH}$，即 u_o 由 0 V 跳变到 $-U_{IH}$。

⑤ t_2～t_3 期间，$u_i=0$ V，又有条件 $\tau<<t_g$，所以 C 放电使 u_C 迅速下降到 0 V，而 u_o 从 $-U_{IH}$ 迅速上升到 0 V，形成负尖脉冲输出。

由上可见，当微分电路输入矩形脉冲时，在输出端得到的是正、负相间的尖脉冲。

（2）τ 的取值

在脉冲电路中，尖脉冲主要用来作触发信号或控制信号，因此，要有一定的幅度和宽度。若 τ 取值很小，将使尖脉冲宽度太窄。但 τ 也不能太大，必须满足 $\tau<<t_w$、$\tau<<t_g$ 的条件。考虑上述原因，取

$$\frac{1}{10}t_w \leqslant \tau \leqslant \frac{1}{3\sim5}t_w \quad (7\text{-}8)$$

2. 积分电路

积分电路也是一种波形变换电路，它可以把矩形波变换成三角波等。积分电路可以作为数字电路的延时器、定时器。在电视机中，利用积分电路从复合行场同步信号中取出场同步脉冲。

RC 积分电路如图 7-5（a）所示，输出电压取自电容 C 两端，电路条件为

$$\tau = RC >> t_w$$

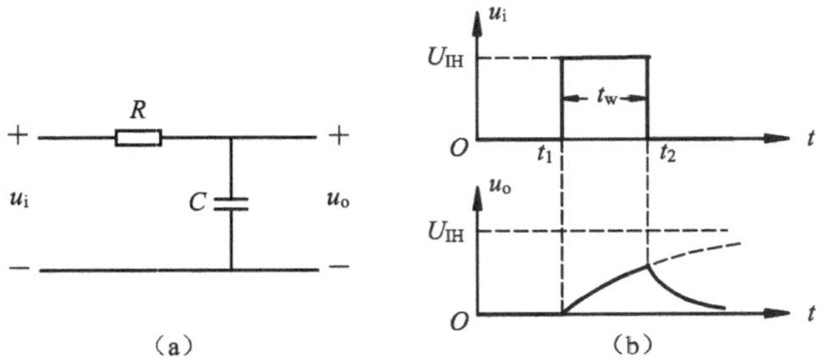

图 7-5　积分电路

图 7-5（b）所示为积分电路输入、输出电压波形图。在 t_1 时刻，u_i 从 0 V 跳变到 U_{IH}，因电容电压不能突变，u_o=0 V。$t_1 \sim t_2$ 期间，$u_i=U_{IH}$，C 充电，u_o 上升。因 $\tau >> t_w$，所以 u_o 近似是线性上升。t_2 时刻，u_i 由 U_{IH} 下跳到 0 V，此后电容放电，u_o 按指数规律逐渐衰减到零。可见，积分电路将矩形波变换成为三角波。

3. 脉冲分压器

在脉冲电路中，有时需要将脉冲信号经过电阻分压送到后级电路，如图 7-6 中实线所示。由于电路中存在寄生电容等，其作用就好像在分压器输出端并接了一个电容 C_o，如图 7-6 中虚线所示。这样，当输入电压 u_i 突变时，因 C_o 充、放电产生的延缓作用，使 u_o 不能跟随 u_i 一起跳变，输出波形边沿变差。例如，在图 7-6 中，当 u_i 由 0 V 跳到 U_{IH} 时，经过一段时间后，u_o 才达到稳态值 $U_{IH}R_2/(R_1+R_2)$。

为克服 C_o 产生的影响，可在电路中加入加速电容。首先来看加速电容的作用。如图 7-7 所示，当 u_i 由 0 V 跳到 U_{IH} 时，由于 C_j 两端电压不能突变，所以 u_o 随 u_i 跳到 U_{IH}。C_j 充电结束后，u_o 下降到稳态值 $U_{IH}R_2/(R_1+R_2)$。由此可见。C_j 与 C_o 对脉冲信号传输所产生的影响相反，C_j 有使 u_o 随 u_i 跳变而加速跳变的作用。因此，称 C_j 为加速电容。

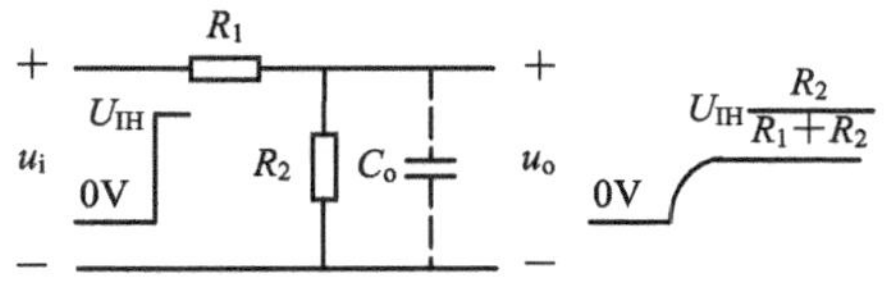

图 7-6　等效电容 C_o 对输出波形的影响

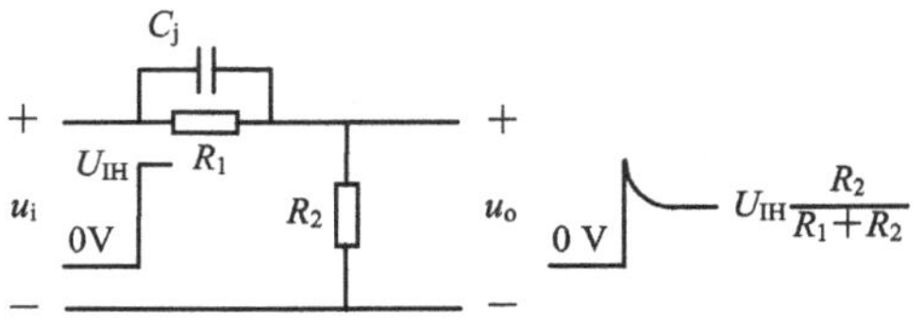

图 7-7　C_j 加速作用

有加速电容 C_j 的脉冲分压器如图 7-8（a）所示。由于 C_j 的加速作用与 C_o 的延缓作用相

抵消，因而使输出波形边沿得到改善。图 7-8（b）所示为 C_j 取不同值时对输出波形的改善情况：C_j 较小时，其加速作用不足以克服 C_o 的延缓作用，输出波形边沿仍较差，此称为欠补偿；C_j 较大时，其加速作用超过 C_o 的延缓作用，使输出波形出现超过稳态值的尖顶过冲，称为过补偿；只有 C_j 取值合适，使 C_j、C_o 的作用完全抵消，输出与输入波形才相一致，这时称为正补偿或最佳补偿。可证明，C_j 的最佳值为

$$C_j=C_o\frac{R_2}{R_1} \tag{7-9}$$

实际应用中，C_j 的取值还应通过实验进一步调整。

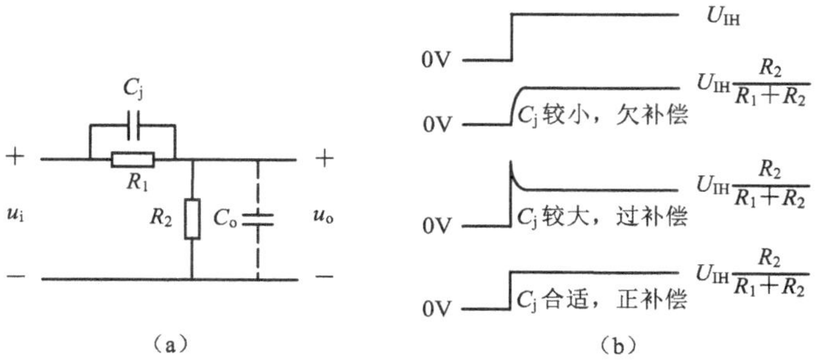

图 7-8 加速电容 C_j 改善输出波形

例 7-2 设图 7-9（a）所示电路的输入信号 u_i 为理想方波，周期 T=10 μs，幅度 U_m=5 V，如图 7-9（b）所示。画出输出信号 u_o 的波形。

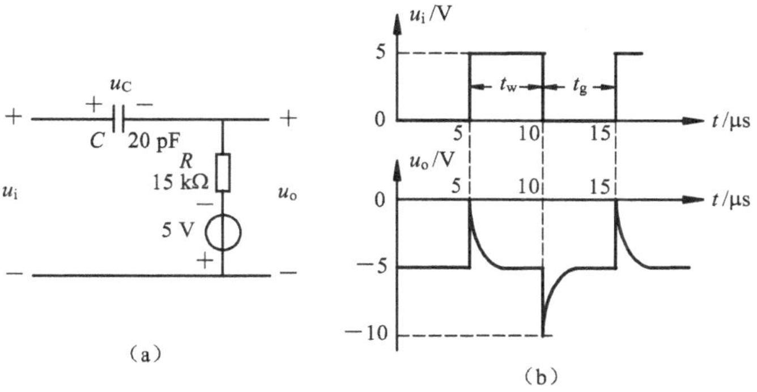

图 7-9 例 7-2 电路与波形图

解：首先求时间常数

$$\tau=RC=15\times10^3\times20\times10^{-12}=3\times10^{-7}\text{ s}=0.3\ \mu\text{s}$$

因为 $\tau<<t_w$，且输出电压由电阻两端输出，所以电路满足微分电路条件。

设 u_C（0）=5 V。0～T/2 期间，u_i=0 V，电容 C 不充电也不放电，u_o=−5 V。

T/2～T 期间，u_i=5 V，u_i 与电路中 5 V 的直流电源共同对 C 充电，因电路是微分电路，在 t_w 或 t_g 期间，电容能够充、放电完毕，所以

$$u_C[(T/2)^+]=5\text{ V},\ u_C(T^-)=10\text{ V}$$

$$u_o[(T/2)^+]=u_i[(T/2)^+]-u_C[(T/2)^+]=5-5=0\text{ V}$$

$$u_o(T^-)=u_i(T^-)-u_C(T^-)=5-10=-5\ \text{V}$$

T～$3T/2$ 期间，u_i=0 V，C 通过回路放电，有

$$u_C(T^+)=u_C(T^-)=10\ \text{V},\quad u_C[(3T/2)^-]=5\ \text{V}$$

$$u_o(T^+)=u_i(T^+)-u_C(T^+)=0-10=-10\ \text{V}$$

$$u_o[(3T/2)^-]=0-5=-5\ \text{V}$$

根据以上分析，画 u_o 波形如图 7-9（b）所示。其中电容充、放电时间取 5τ 。

7.2 施密特触发器

施密特触发器是一种双稳态电路，触发方式为电平触发。与第 4 章所介绍的电平触发双稳态电路的区别是：触发信号从低电平上升与从高电平下降时的触发电平不同。

7.2.1 工作原理

施密特触发器有多种构成形式，图 7-10（a）所示是用 TTL 门电路构成的。设 TTL 门电路阈值电压 U_{TH}=1.4 V，二极管导通电压 U_D=0.7 V，下面结合图 7-10（b）所示波形进行讨论。设输入电压 u_i 为三角波。

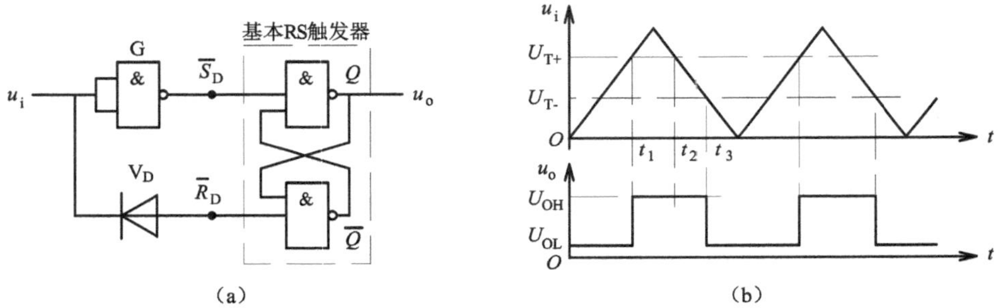

图 7-10　施密特触发器

（1）第一稳定状态

当 t=0 时，u_i=0 V，G 关闭，输出高电平，使 $\overline{S}_D$=1；又由于 u_i=0 V，二极管 V_D 导通，$\overline{R}_D$ 端电平为 0.7 V，$\overline{R}_D$=0，所以 RS 触发器为 0 态，u_o 输出低电平。此时电路处于初始稳定状态，称为第一稳态。

t>0 后，u_i 上升，只要 u_i<U_{TH}=1.4 V，G 总是关闭，使 $\overline{S}_D$=1，RS 触发器将保持 0 态不变，即施密特触发器保持第一稳态。

（2）第一次翻转

当 t=t_1 时，u_i 上升到 1.4 V，G 即刻转为开通，输出低电平，使 $\overline{S}_D$=0；$\overline{R}_D$ 端电平为 u_i+U_D=2.1 V，$\overline{R}_D$=1，RS 触发器被置 1，u_o 跳为高电平。电路由第一稳态翻转为第二稳态。

输入电压上升，使电路由第一稳态翻转为第二稳态的电压值称为上升触发电平或正向阈值电平，用 U_{T+}表示。由上分析可知，图 7-10 所示的施密特触发器 U_{T+}=1.4 V。

（3）第二稳定状态

$t_1 \sim t_2$ 期间，$u_i > U_{T+}$，电路保持第二稳态。

当 $t=t_2$ 时，u_i 下降到 1.4 V，G 转为关闭，$\overline{S}_D=1$；而此时由于二极管的电平转移作用，使（u_i+U_D）仍高于 U_{TH}，$\overline{R}_D=1$，所以 RS 触发器状态不变，电路继续保持为第二稳态。

（4）第二次翻转

$t \geq t_3$，$u_i \leq 0.7$ V，$\overline{R}_D$ 端电平（u_i+U_D）$\leq U_{TH}=1.4$ V，$\overline{R}_D=0$，从而使 RS 触发器由 1 态翻转为 0 态，电路由第二稳态翻转回第一稳态。

输入电压下降，使电路由第二稳态翻转为第一稳态的电压值称为下降触发电平或负向阈值电平，用 U_{T-} 表示。此处 $U_{T-}=0.7$ V。

综上分析可得结论：

① 施密特触发器具有两种稳定状态，状态的维持与转换依赖于外加输入电压的取值。

② $U_{T+} \neq U_{T-}$。通常把上升触发电平与下降触发电平不等的特性称为回差特性（或滞后特性），并定义 $U_{T+}-U_{T-}=\Delta U$，ΔU 称为回差电压。

回差的存在有利有弊。图 7-11（a）所示是受到干扰的矩形脉冲，若要将它还原为原矩形脉冲，则要求电路具有一定回差。当回差较小时，设 $U_{T+}=U_{T-}$，A、B 处的干扰信号仍起作用，如图（b）所示。只有加大回差才能克服干扰的影响，得到原矩形脉冲，如图（c）所示。

有些场合又不希望回差太大。例如，要将图 7-12（a）所示的正弦波变为矩形波，若回差太大，输出波形如图（b）所示，得不到所需要的矩形波；若回差小些，输出波形如图（c）所示，达到了变换波形的目的。

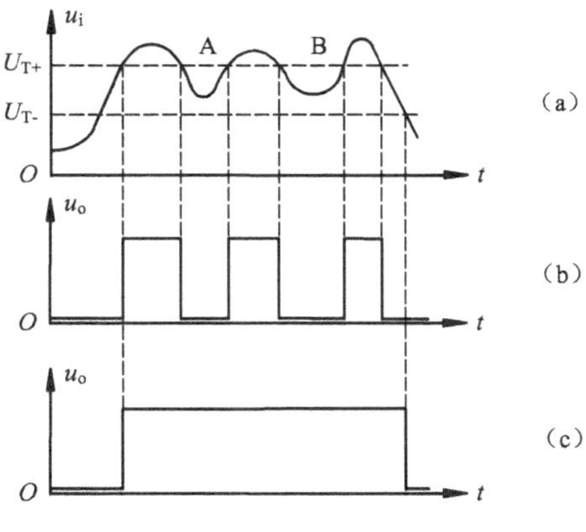

图 7-11　回差大利于消除干扰

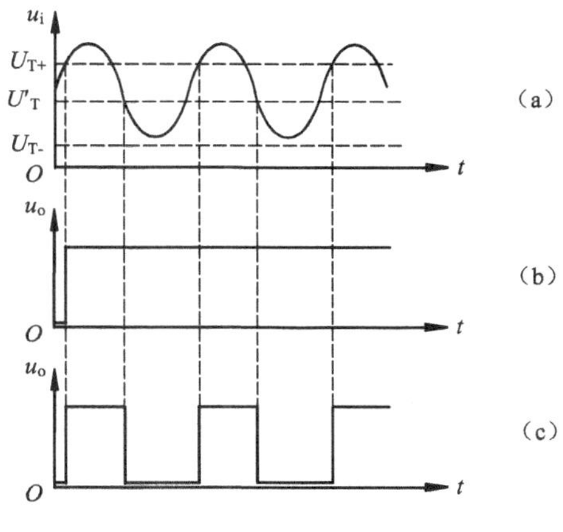

图 7-12　波形变换与回差的关系

74 13 是具有施密特特性的双 4 输入与非门，逻辑符号如图 7-13（a）所示，图（b）是其传输特性。图中符号“⎍”表示施密特特性。在电路状态改变时，由于 74 13 内部存在强烈的正反馈，所以状态转变十分迅速，使传输特性在两个状态的过渡区十分陡直。

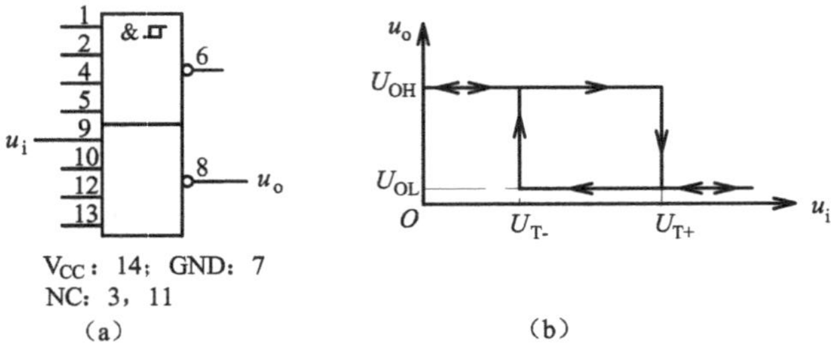

图 7-13　双 4 输入与非门 74 13

7.2.2　施密特触发器的应用

1．波形变换与整形

施密特触发器可以将三角波、正弦波等变换为矩形波，见图 7-10、图 7-12。

施密特触发器用于波形整形，可以将边沿差、带有干扰的脉冲信号变换成边沿陡峭的矩形脉冲，如图 7-14 所示。

2．脉冲幅度鉴别

如图 7-15 所示，欲将输入信号 u_i 中幅度大于 U_{REF} 的脉冲保留、幅度小于 U_{REF} 的脉冲去掉，这时可将施密特触发器上升触发电平调整到 $U_{T+}=U_{REF}$，则 u_i 中幅度超过 U_{REF} 的脉冲有输出，幅度小于 U_{REF} 的脉冲没有输出。

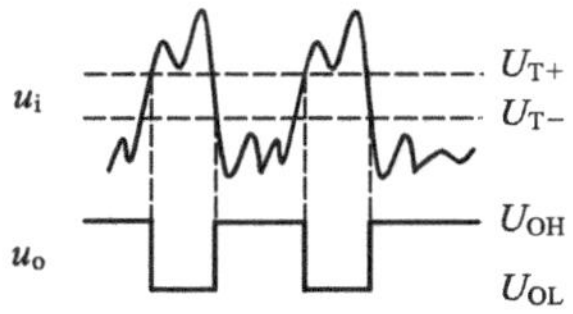

图 7-14　波形整形

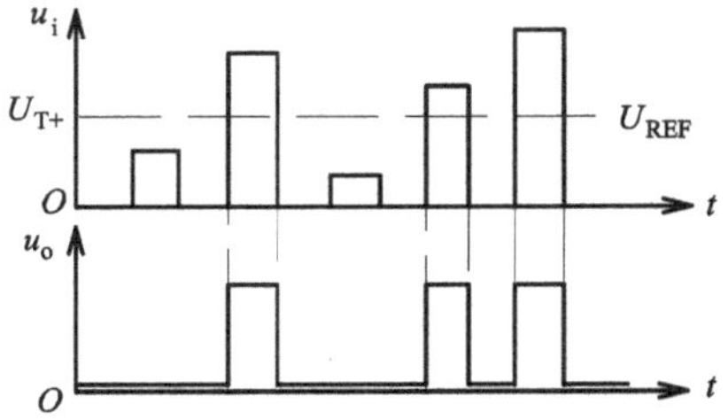

图 7-15　鉴别脉冲幅度

7.3　单稳态触发器

单稳态触发器具有一个稳态和一个暂稳态。在外加触发信号的作用下，电路能从稳态翻转为暂稳态，经过一段时间 t_w 后，又能自动返回到原稳态。暂稳态的持续时间由电路本身的参数决定，与触发信号无关。

7.3.1　集成门单稳态触发器

用集成门构成的单稳态触发器分为微分型和积分型两种，图 7-16 所示是微分型电路。图中 G_1 到 G_2 利用 RC 微分电路耦合；G_2 到 G_1 直接耦合，整个电路构成正反馈环路。R 和 C 决定暂稳态的持续时间，称之为定时元件。为保证稳态时 G_1 开通、G_2 关闭，要求 $R<R_{ON}$。

1．工作原理

下面结合图 7-17 所示的波形进行分析。设 G_1、G_2 均为 74LS 系列门电路。

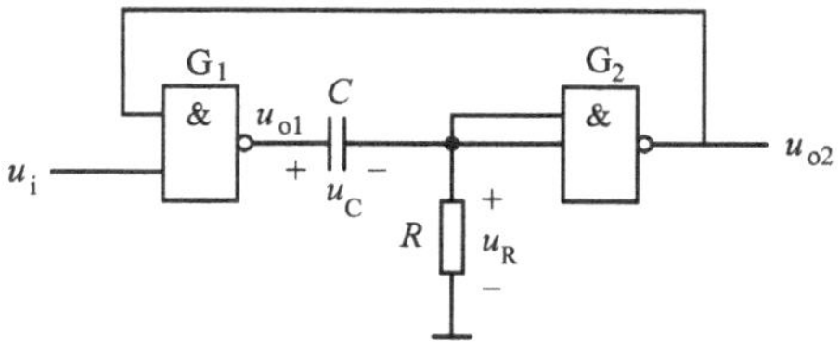

图 7-16　微分型单稳态触发器

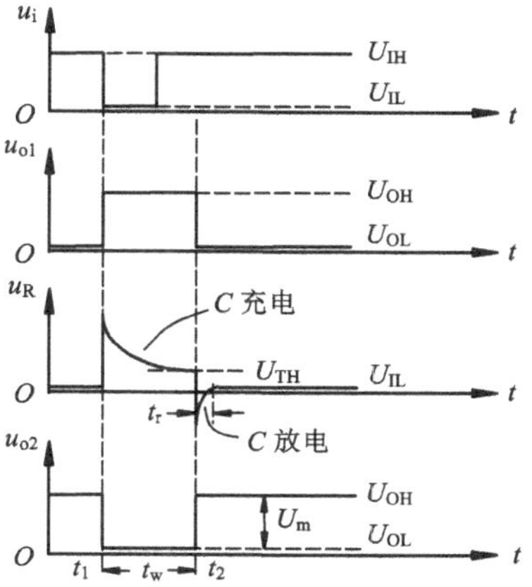

图 7-17　微分型单稳态触发器波形图

（1）稳定工作状态

u_i 为高电平时，电路处于稳态。由于 $R<R_{ON}$，G_2 关闭，u_{o2} 为高电平并反馈到 G_1 另一输入端，所以，G_1 两个输入端均为高电平，使 u_{o1} 为低电平。

（2）触发翻转

$t=t_1$ 时，u_i 负跳变使 G_1 转为关闭，u_{o1} 跳升为 U_{OH}。由于 C 两端电压不能突变，所以，u_R 立即跟随 u_{o1} 跳升，使 u_R 大于 U_{TH}，G_2 转为开通，u_{o2} 下降并耦合到 G_1 输入端，维持 G_1 关闭。

（3）暂稳定状态

暂稳态期间，G_1 关闭，$u_{o1}=U_{OH}$；G_2 开通，$u_{o2}=U_{OL}$。G_1 输出高电平 U_{OH}，经 R 对 C 充电，充电回路如图 7-18 所示，u_C 逐渐上升，u_R 随之逐渐减小。但只要 u_R 大于 U_{TH}，G_2 状态便维持不变，G_1 状态也维持不变，即 u_{o1}、u_{o2} 维持不变。

（4）自动翻转

$t=t_2$ 时，u_R 下降到 U_{TH}，使 G_2 输出电压 u_{o2} 上升，电路自动产生下列正反馈过程：

$$C\text{充电使 } u_R \text{ 下降到 } G_2 \text{ 阈值电压 } U_{TH} \rightarrow u_{o2}\uparrow \rightarrow u_{o1}\downarrow \xrightarrow{C\text{耦合}} u_R\downarrow$$

上述过程进行很快，电路迅速翻转为 G_1 开通、G_2 关闭状态。

（5）恢复阶段

电路自动翻转到 G_1 开通、G_2 关闭后便转入恢复过程。C 放电，放电回路如图 7-19 所示。由于 C 主要通过 G_2 输入端放电，放电很快，从而使 u_R 迅速上升。当 u_R 恢复到 u_i 负跳变前所具有的数值时，恢复过程结束，电路返回到稳定状态。

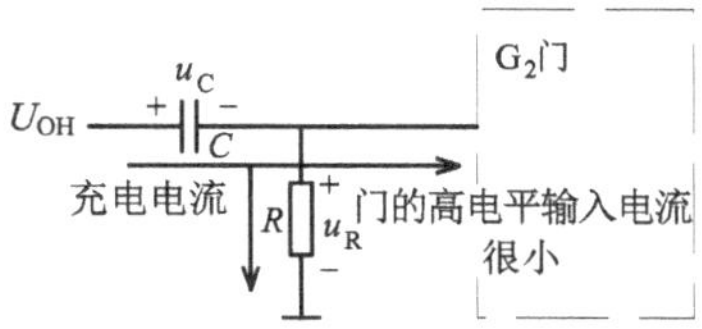

图 7-18　C 充电回路

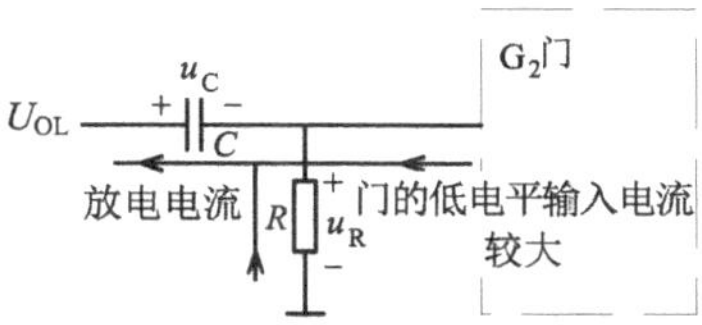

图 7-19　C 放电回路

2. 脉冲参数估算

（1）输出脉冲幅度 U_m

由 u_{o2} 波形可知

$$U_m=U_{OH}-U_{OL}\approx U_{OH}$$

（2）输出脉冲宽度 t_w

t_w 是暂稳态持续时间。由工作原理分析可知，t_w 与暂稳态期间 C 充电的快慢有关。由于门参数的离散性，精确计算 t_w 是困难的，实际中，多用经验公式估算：

$$t_w\approx RC$$

一般，C 和 R 都可调，C 常为粗调，R 为细调，以获得所需要的 t_w 值。但调 R 时，阻值不能过大，应满足 $R<R_{ON}$。

（3）恢复时间 t_r

t_r 即 C 的放电时间。由于 C 放电很快，所以 t_r 很小。

（4）分辨时间 T_{min}

单稳态触发器在触发翻转后，要经过暂稳态和恢复期这两个过程，即需要经过（t_w+t_r）时间才能完全回到稳态。所以，触发信号的最小周期（即分辨时间 T_{min}）应满足

$$T_{min}\geqslant t_w+t_r$$

而最高工作频率为

$$f_{max}=\frac{1}{T_{min}}\leqslant\frac{1}{t_w+t_r}$$

7.3.2 集成单稳态触发器

集成单稳态触发器有一次触发和可重触发两种类型。

1. 一次触发单稳态触发器

74LS221 是由两个独立结构一次触发单稳态电路构成的，其功能表见表 7-2，逻辑符号如图 7-20 所示，图中，定性符号“1 ⎍”表示一次触发，带“×”的引脚为非逻辑连接：CX 与 RX/CX 两引脚间接定时电容，RX/CX 引脚接定时电阻。集成单稳态触发器的型号不同，内部结构不同，定时电阻另一端的接法便不同（或接地，或接正电源端）。74LS221 定时电阻电容接法如图 7-21 所示。

表 7-2　74LS221 功能表

输入			输出	
$\overline{R}_D$	$\overline{A}$	B	Q	$\overline{Q}$
0	×	×	0	1
×	1	×	0	1
×	×	0	0	1
1	0	↑	⎍	⊔
1	↓	1	⎍	⊔
↑	0	1	⎍	⊔

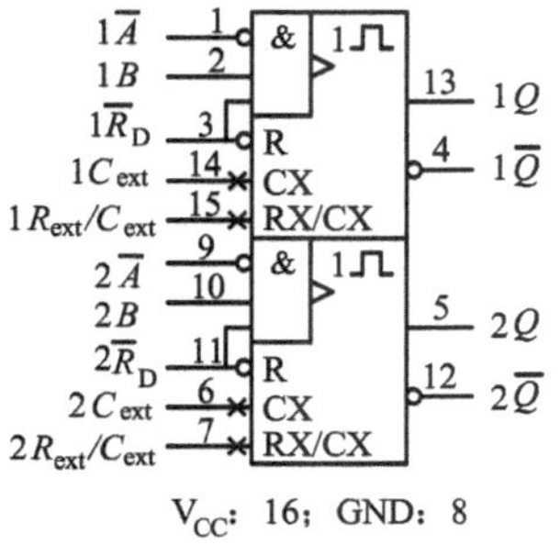

图 7-20　单稳态触发器 74LS221

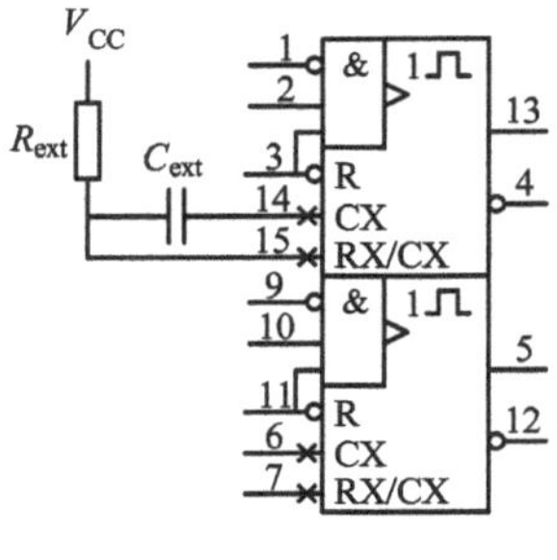

图 7-21　74LS221 定时电阻电容接法

（1）触发方式

74LS221 为一次触发，在暂稳态期间不接收新的触发信号。

由逻辑符号及功能表可见，触发信号$\overline{A}$低电平有效，B 高电平有效，亦即只要$\overline{A}$=1、B 任意，或 B=0、$\overline{A}$任意，便不能构成触发条件，触发器处于 Q=0 的稳定状态。

触发时，内部连接符号“＞”表示触发信号为上升沿触发，因此，$\overline{A}$取非与 B 相与后若形成上升沿，则触发 Q 翻转，且$\overline{A}$为下降沿触发，B 为上升沿触发。所以有两种触发方式：$\overline{A}$=0，B 由 0→1；B=1，$\overline{A}$由 1→0。由于触发信号具有上升沿触发和下降沿触发两种方式，所以，在构成系统时便于灵活选择。

（2）复位功能

$\overline{R}_D$为直接复位端，低电平有效。当$\overline{R}_D$=0 时，不论电路处于何种工作情况，均使输出 Q 立即为 0。在$\overline{R}_D$恢复为 1 时，若$\overline{A}$和 B 未构成触发条件，则 Q 仍为 0；若$\overline{A}$和 B 构成了触发条件，则从$\overline{R}_D$变 1 时起，Q 输出正常宽度的正脉冲，如功能表 7-2 最后一行所示。

（3）输出脉宽 t_w

输出脉宽 t_w 由下式估算：

$$t_w \approx 0.7 R_{ext} C_{ext}$$

式中，R_{ext} 的取值范围是 2～100 kΩ；C_{ext} 的取值范围是 10 pF～10 μF。

2. 可重触发单稳态触发器

可重触发单稳态触发器，在暂稳态期间能再次接受新的触发脉冲，产生以新触发信号作用时刻起，规定脉宽的矩形波输出。

74LS122 是具有可重触发功能的单稳态触发器，其逻辑符号如图 7-22 所示，功能表见表 7-3。

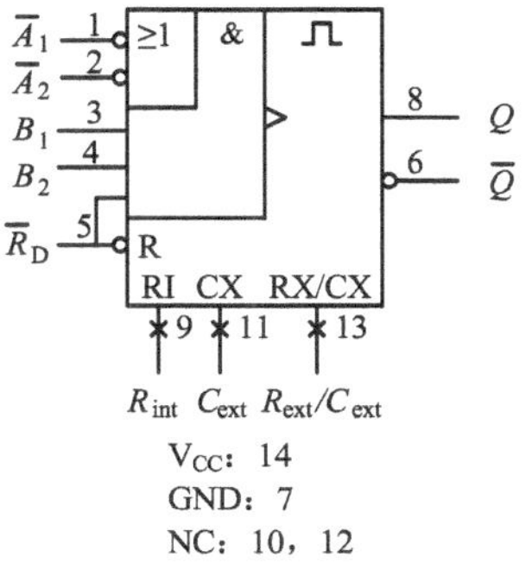

图 7-22 单稳态触发器 74LS122

表 7-3 74LS122 功能表

输入					输出	
$\overline{R}_D$	$\overline{A}_1$	$\overline{A}_2$	B_1	B_2	Q	$\overline{Q}$
0	×	×	×	×	0	1
×	1	1	×	×	0	1
×	×	×	0	×	0	1
×	×	×	×	0	0	1
1	0	×	↑	1	⊓	⊔
1	0	×	1	↑	⊓	⊔
1	×	0	↑	1	⊓	⊔
1	×	0	1	↑	⊓	⊔
1	1	↓	1	1	⊓	⊔
1	↓	↓	1	1	⊓	⊔
1	↓	1	1	1	⊓	⊔
↑	0	×	1	1	⊓	⊔
↑	×	0	1	1	⊓	⊔

（1）触发方式

稳态 Q 为 0。此时 $\overline{A}_1$ 和 $\overline{A}_2$ 必须同时为 1，B_1 和 B_2 任意；或 $\overline{A}_1$ 和 $\overline{A}_2$ 任意，B_1 和 B_2 中必须有一个为 0。

触发时，内部触发信号上升沿触发，因此有两种触发方式：

① 利用 B 信号上升沿触发。稳态时 $\overline{A}_1$ 和 $\overline{A}_2$ 中必须有一个为 0；B_1 和 B_2 中有一个为 0，一个为 1。设 B_1=1、B_2=0，当 B_2 由 0→1 时，形成触发。

② 利用 $\overline{A}$ 信号下降沿触发。稳态时 $\overline{A}_1$ 和 $\overline{A}_2$ 为 1，B_1 和 B_2 为 1。当 $\overline{A}_1$ 和 $\overline{A}_2$ 中有一个由 1→0，或 $\overline{A}_1$ 和 $\overline{A}_2$ 同时由 1→0 时，形成触发。

（2）复位功能

$\overline{R}_D$ 为直接复位，低电平有效。在 $\overline{R}_D$ 负脉冲到来时，不论电路处于何种工作情况，均使输出 Q 立即为 0。在 $\overline{R}_D$ 负脉冲结束时，若 $\overline{A}_1$，$\overline{A}_2, B_1, B_2$ 未构成触发条件，则 Q 仍为 0；若 $\overline{A}_1$，$\overline{A}_2, B_1, B_2$ 构成了触发条件，则从 $\overline{R}_D$ 负脉冲结束时起，Q 输出正常宽度的正脉冲。

（3）输出脉宽 t_w

74LS122 可以使用内部定时电阻 R_{int} 来确定 t_w，此时只需将 R_{int}（即 9 脚）与 V_{CC} 端相连即可，如图 7-23 所示，R_{int}=10 kΩ。如果使用外接电阻 R_{ext}，则使 R_{int} 引脚 9 悬空，R_{ext} 接在 13 脚与 14 脚之间。R_{ext} 取值范围为 5～260 kΩ。C_{ext} 为外接电容，C_{ext} 的取值范围不限制，但建议 C_{ext}≥1 000 pF。在 C_{ext}≥1 000 pF 时，输出脉宽为

$$t_w \approx 0.45 R_{ext} C_{ext}$$

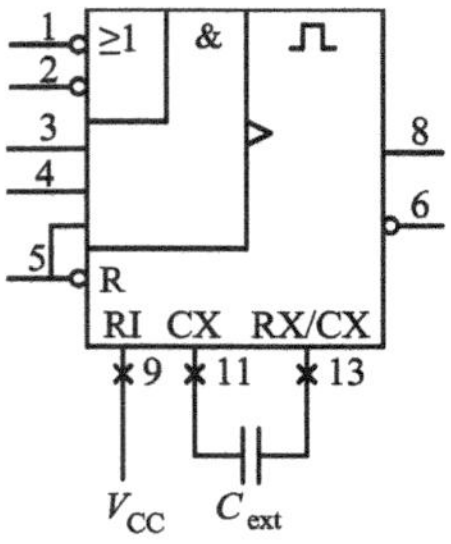

图 7-23 74LS122 使用内部定时电阻

7.3.3 单稳态触发器的应用

单稳态触发器应用极为广泛，可用于定时、延时、脉冲波形整形、产生脉冲信号等。

（1）脉冲波形整形

在输入触发信号的作用下，单稳态触发器能够输出宽度和幅度都固定的矩形脉冲。用于脉冲波形整形，可以将幅度和宽度不等的矩形输入信号 u_i 整形为具有固定幅度和宽度的规则脉冲输出信号 u_o，如图 7-24 所示。

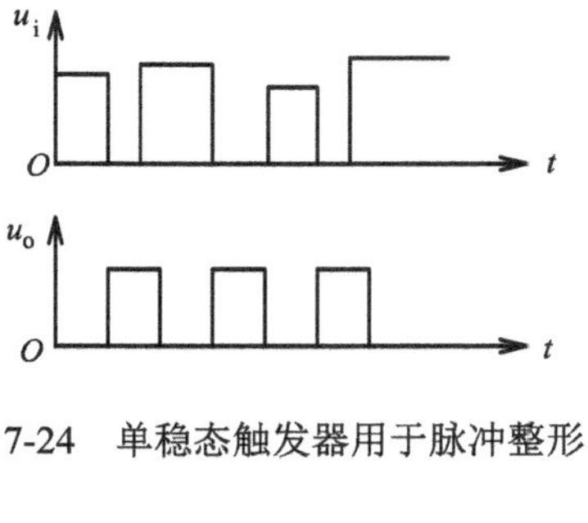

图 7-24 单稳态触发器用于脉冲整形

（2）定时

利用单稳态触发器输出的暂稳态脉冲信号，可以控制电子开关在规定的时间动作，达到

定时的目的。例如，自动熄灭路灯开关、电子照相机的延时自动拍照等。

7.4　多谐振荡器

多谐振荡器具有两个暂稳态，它不需要外加触发信号，便能在两个暂稳态之间自行转换，产生一定频率和脉宽的矩形脉冲。在数字系统中，多谐振荡器被作为脉冲信号源使用。

7.4.1　基本多谐振荡器

用 TTL 非门和一对 RC 定时元件构成的基本多谐振荡器如图 7-25 所示。为保证电路正常工作，R_1 和 R_2 的阻值均小于开门电阻 R_{ON}。

1. 工作原理

多谐振荡器的两种工作状态都是暂稳定状态，可以从任意一种暂稳定状态的开始时刻着手分析。设 G_1 输出的 u_{o1} 刚由低电平变为高电平，G_2 输出的 u_{o2} 刚由高电平变为低电平，如图 7-26 所示，电路开始了第一暂稳态。

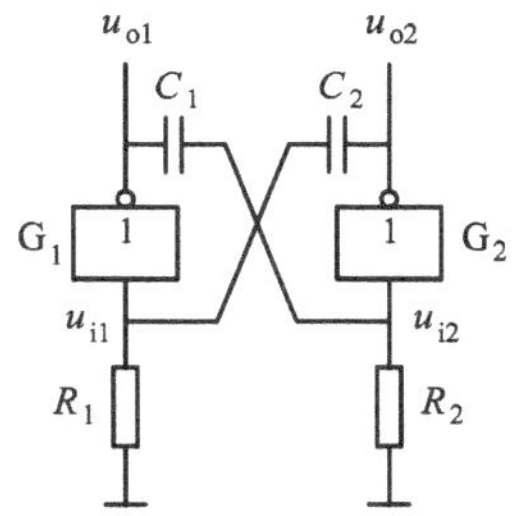

图 7-25　基本多谐振荡器

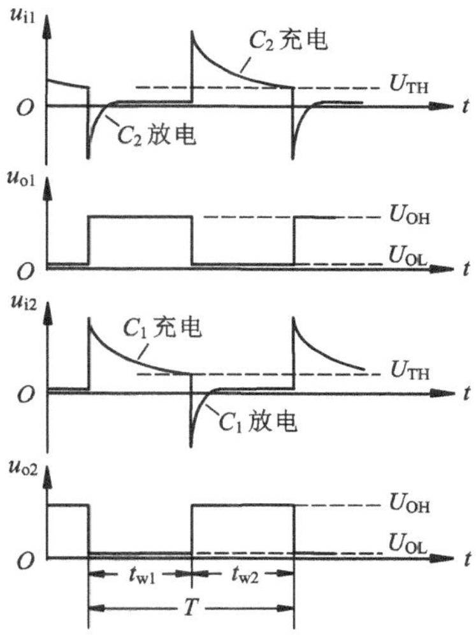

图 7-26　基本多谐振荡器波形图

（1）第一暂稳态

此期间 G_1 关闭，$u_{o1}=U_{OH}$；G_2 开通，$u_{o2}=U_{OL}$。电容 C_1 充电，C_2 放电，电容充、放电回路如图 7-27 所示。

随着 C_2 放电，u_{i1} 逐渐升高。由于 C_2 放电很快，使 u_{i1} 很快上升到稳定值。因 R_1 小于 R_{ON}，该稳定值低于 G_1 阈值电压 U_{TH}。

随着 C_1 充电，u_{i2} 逐渐下降。当 u_{i2} 下降到 G_2 阈值电压 U_{TH} 时（此时 C_2 放电已经结束），使 u_{o2} 上升，引起如下的正反馈过程：

$$C_1\text{充电}\rightarrow u_{i2}\text{下降到 }U_{TH}\rightarrow u_{o2}\uparrow \xrightarrow{C_2\text{耦合}} u_{i1}\uparrow\rightarrow u_{o1}\downarrow \xrightarrow{C_1\text{耦合}} u_{i2}\downarrow$$

正反馈过程结束，电路从第一暂稳态翻转到第二暂稳态。

第一暂稳态持续时间 t_{w1} 取决于电容 C_1 的充电快慢。按经验公式估算 $t_{w1}\approx R_2C_1$。

（2）第二暂稳态

电路在第二暂稳态期间，G_1 开通，$u_{o1}=U_{OL}$；G_2 关闭，$u_{o2}=U_{OH}$。电容 C_1 放电，C_2 充电，如图 7-28 所示。C_1 很快放电完毕，u_{i2} 上升到稳定值。其稳定值低于 G_2 阈值电压 U_{TH}。C_2 充电使 u_{i1} 逐渐下降，当 u_{i1} 下降到 G_1 阈值电压 U_{TH} 时，引起又一次的正反馈过程：

$$C_2\text{充电}\rightarrow u_{i1}\text{下降到 }U_{TH}\rightarrow u_{o1}\uparrow\xrightarrow{C_1\text{耦合}}u_{i2}\uparrow\rightarrow u_{o2}\downarrow\xrightarrow{C_2\text{耦合}}u_{i1}\downarrow$$

正反馈过程导致电路从第二暂稳态迅速翻转到第一暂稳态。

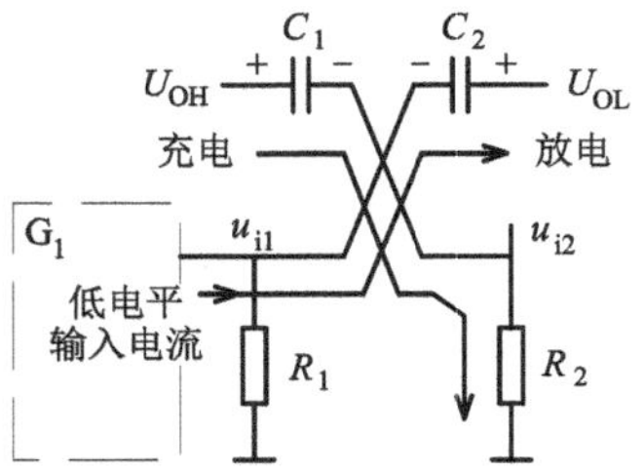

图 7-27 第一暂稳态（C_1 充电、C_2 放电）

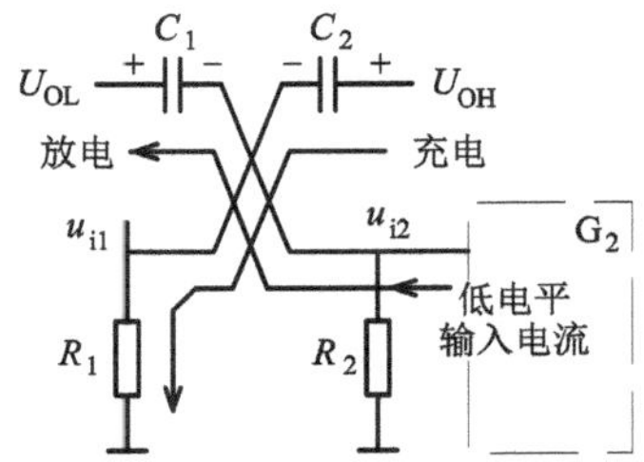

图 7-28 第二暂稳态（C_1 放电、C_2 充电）

第二暂稳态持续时间 t_{w2} 取决于电容 C_2 的充电快慢。$t_{w2}\approx R_1C_2$。

2. 振荡周期 T

多谐振荡器在两个暂稳态之间不停翻转，振荡周期 T 为两个暂稳态持续时间之和，即

$$T=t_{w1}+t_{w2}\approx R_2C_1+R_1C_2$$

7.4.2 简易多谐振荡器

图 7-29（a）所示是简易多谐振荡器，图（b）是其工作波形。为便于分析，设门电路 U_{TH}=1.4 V，U_{OL}=0.3 V，U_{OH}=3.5 V。从 u_A 刚下降到 U_{TH}，使 u_B 刚上跳为高电平的时刻开始讨论。此时，u_o 由高电平 3.5 V 下跳为低电平 0.3 V，经电容 C 耦合到 A 点，使 u_A 由 1.4 V 跳为−1.8 V，电路进入第一暂稳态期间。此后，G_1 输出高电平，经电阻 R 对 C 充电，使 u_A 逐渐上升。当 u_A 上升到 1.4 V 时，电路产生正反馈过程，导致 G_1、G_2 状态翻转，使 u_B 跳为低电平，u_o 跳为高电平，经 C 耦合到 A 点，使 u_A 跳为 4.6 V，电路进入第二暂稳态。在第二暂稳态期间，G_2 输出高电平，通过 R 对 C 反充电，使 u_A 逐渐下降。当 u_A 下降到 1.4 V 时，G_1、G_2 再次翻转，u_B 跳为高电平，u_o 跳为低电平，电路回到第一暂稳态。此后电容 C 又开始充电，重复上述过程。

简易多谐振荡器的振荡周期 T 为

$$T=t_{w1}+t_{w2}$$

式中，t_{w1} 为第一暂稳态持续时间，$t_{w1}\approx 0.9RC$；t_{w2} 为第二暂稳态持续时间，$t_{w2}\approx 1.4RC$。所以

$$T\approx 2.3RC$$

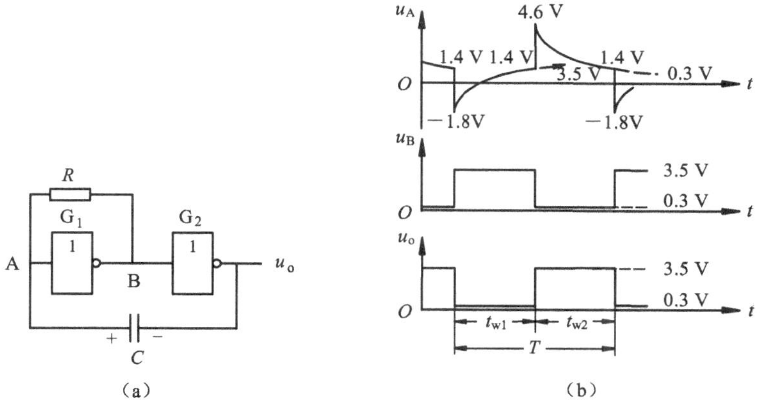

图 7-29　简易多谐振荡器

7.4.3　晶体振荡器

晶体振荡器如图 7-30 所示，当石英晶体工作在串联谐振频率时相当于短路，能够使电路构成正反馈，产生振荡，所以，振荡频率取决于石英晶体串联谐振频率，振荡频率非常稳定。图中，C_1 是石英晶体的负载电容，用以微调频率；C_2 是耦合电容；电阻 R、R_1 和 R_2 是门的偏置电阻。

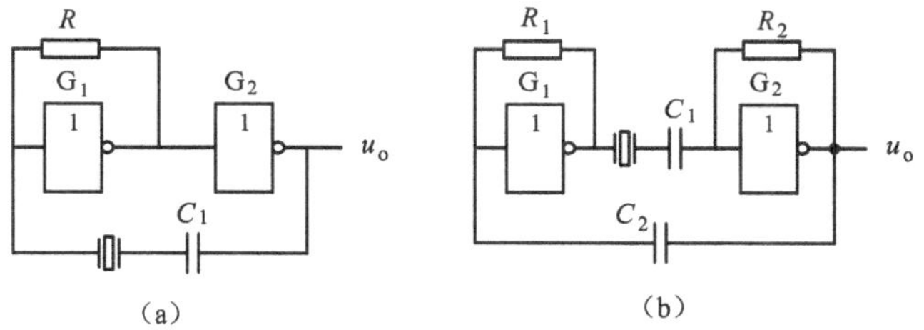

图 7-30　晶体振荡器

晶体振荡器在调试中若遇停振现象，可适当减小偏置电阻的阻值。偏置电阻的阻值大小与门电路的特性有关，在保证可靠振荡的前提下应尽量选大些，以减轻门的负载。

7.5　555 定时器

555 定时器是一种多用途单片集成电路，利用它能方便地接成施密特触发器、单稳态触发器和多谐振荡器。

555 定时器有双极型产品，也有单极型 CMOS 产品。几乎所有双极型产品型号的最后 3 位是 555，所有 CMOS 产品型号的最后 4 位是 7555。

7.5.1　定时器电路的构成及功能

以 CC7555 为例介绍。CC7555 电路及引脚排列如图 7-31 所示，电路由三部分组成：

（1）RS 触发器。$\overline{R}_D$ 为直接置 0 端，低电平有效。当 $\overline{R}_D$=0 时，触发器置 0，$\overline{Q}$=1，输出 OUT=0，即在 $\overline{R}_D$ 端加低电平可将定时器直接置 0。$\overline{R}_D$ 端不用时，应接高电平。

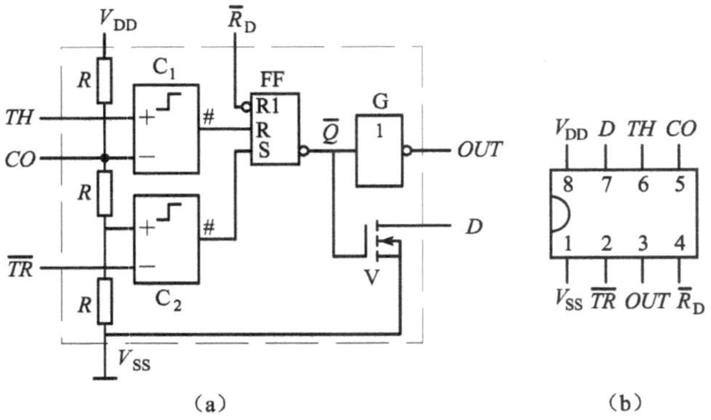

图 7-31 CC7555 定时器

（2）两个比较器 C_1、C_2 与三个分压电阻 R 构成比较电路。“#”表示比较器输出数字信号。三个电阻 R 串接对 V_{DD} 分压，确定比较器 C_1“−”端电压 $U_-=\frac{2}{3}V_{DD}$ 及 C_2“+”端电压 $U_+=\frac{1}{3}V_{DD}$。当阈值输入端 TH 电压超过 $\frac{2}{3}V_{DD}$ 时，C_1 输出高电平，使 RS 触发器置 0，OUT=0；当触发输入端 $\overline{TR}$ 电压低于 $\frac{1}{3}V_{DD}$ 时，C_2 输出高电平，使 RS 触发器置 1，OUT=1。CO 是控制电压输入端，如在 CO 端加控制电压，可改变 C_1“−”端及 C_2“+”端的参考电压。若 CO 端不用，一般都通过一个 0.01 μF 电容接地，以旁路高频交流干扰，保证该端电压稳定在 $\frac{2}{3}V_{DD}$。

（3）NMOS 管 V 及输出缓冲器 G。V 是开关管，状态受 $\overline{Q}$ 控制。当 $\overline{Q}$ 为低电平时，V 截止；$\overline{Q}$ 为高电平时，V 导通，外接电容器可经 D 端通过 V 放电，所以称 D 为放电端。D 端也可作为漏极开路输出端。

输出缓冲器 G 使定时器具有较强的带负载能力。

CC7555 功能表见表 7-4。

表 7-4 CC7555 功能表

阈值输入 TH	触发输入 $\overline{TR}$	复位 $\overline{R}_D$	输出 OUT	开关管 V
×	×	0	0	导通
$>\frac{2}{3}V_{DD}$	$>\frac{1}{3}V_{DD}$	1	0	导通
$<\frac{2}{3}V_{DD}$	$>\frac{1}{3}V_{DD}$	1	原状态	原状态
$<\frac{2}{3}V_{DD}$	$<\frac{1}{3}V_{DD}$	1	1	截止

7.5.2 定时器应用举例

1. 单稳态触发器

将 CC7555 按图 7-32（a）所示连接即可构成单稳态触发器，R、C 为定时元件，决定暂稳态持续时间，u_i 为触发输入脉冲。

为便于讨论，设接通电源后电路已进入稳态：开关管 V 导通，电容 C 两端电压 u_C=0 V，输出电压 u_o 为低电平，如图 7-32（b）所示。

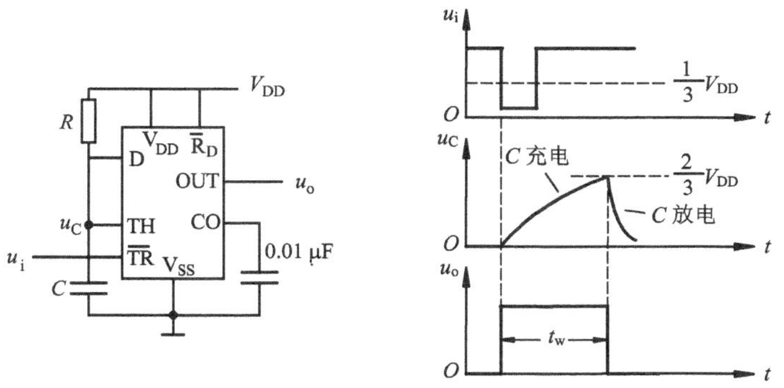

（a）　　　　（b）

图 7-32　单稳态触发器

当触发负脉冲输入后，使 $\overline{TR}$ 端电压低于$\frac{1}{3}V_{DD}$，u_o跳变为高电平，同时 V 截止，电路翻转为暂稳态。

暂稳态期间，V_{DD}通过电阻 R 对电容 C 充电，使 u_C上升，即 TH 端电压上升。当 u_C上升到$\frac{2}{3}V_{DD}$时，u_o跳变为低电平。与此同时，V 导通，C 经 V 迅速放电，使电路恢复到稳态。

该电路输出脉宽 t_w 按经验公式计算：$t_w \approx 1.1RC$。

2. 多谐振荡器

由 CC7555 组成的多谐振荡器如图 7-33（a）所示，图（b）所示是其工作波形图。

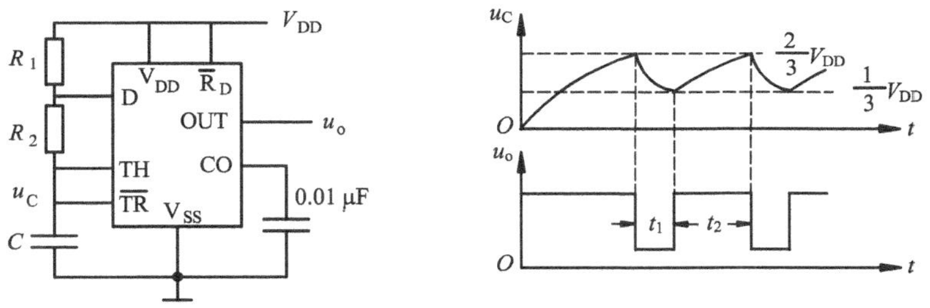

（a）　　　　（b）

图 7-33　多谐振荡器

接通电源时，电容 C 两端电压 u_C=0 V，即 TH、 $\overline{TR}$ 端的电压小于$\frac{1}{3}V_{DD}$，开关管 V 截止，输出电压 u_o为高电平。之后 V_{DD}通过 R_1、R_2对 C 充电，使 u_C上升。当 u_C上升到$\frac{2}{3}V_{DD}$时，u_o跳变为低电平，同时 V 导通。即刻 C 通过 R_2和 V 放电，使 u_C下降。当 u_C下降到$\frac{1}{3}V_{DD}$时，V 截止，u_o跳变为高电平。随之电源又通过 R_1、R_2对 C 充电，u_C上升，当 u_C上升到$\frac{2}{3}V_{DD}$时，u_o又跳变为低电平。电路重复以上过程，形成振荡。

电路进入稳定振荡后，由经验公式计算电容 C 放电时间 $t_1 \approx 0.7R_2C$；C 充电时间 $t_2 \approx 0.7(R_1+R_2)$。输出矩形波周期 $T=t_1+t_2$。占空比为 t_1/T。

将图 7-33（a）稍加改动可构成占空比可调的多谐振荡器，如图 7-34 所示。图中加了电

位器 R_P，并利用二极管 V_{D1}、V_{D2} 将电容 C 充、放电回路分开。调节 R_P 滑动端，使 R_A、R_B 比值发生变化，就可改变输出脉冲的占空比。

3. 间歇振荡器

CC7556 为双定时器，其逻辑符号如图 7-35 所示。用 CC7556 构成的间歇振荡器如图 7-36（a）所示。低频振荡器的输出控制高频振荡器，两振荡器的振荡频率可分别调节。当低频振荡输出 u_{o1} 为低电平时，将高频振荡器复位，高频振荡停止；而当 u_{o1} 为高电平时，高频振荡器输出较高频率的方波，若此时调节高频振荡频率为 1 kHz，便可使扬声器发出间歇鸣响声，图 7-36（b）是其波形图。

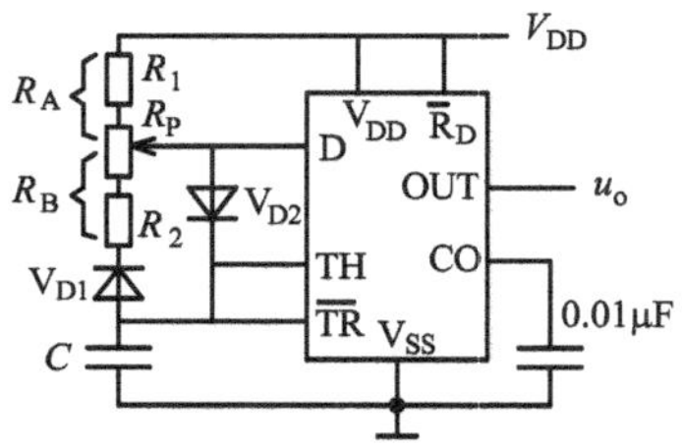

图 7-34　占空比可调的多谐振荡器

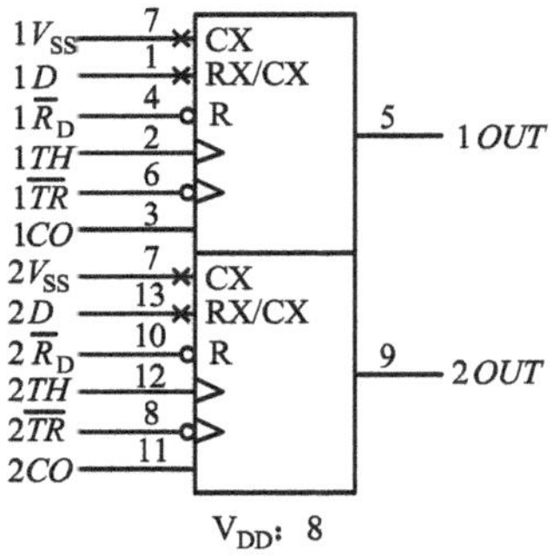

图 7-35　CC7556 逻辑符号

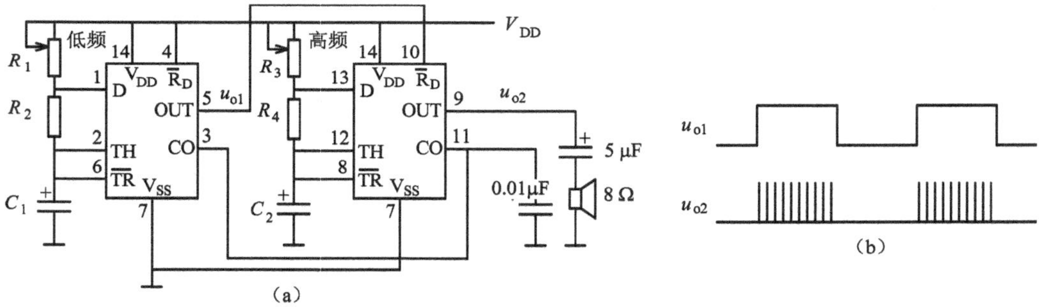

（a）　　（b）

图 7-36　间歇振荡器

4. 施密特触发器

将 CC7555 阈值输入端 TH 和触发输入端 $\overline{TR}$ 连接在一起作为触发信号 u_i 的输入端，就构成施密特触发器，如图 7-37（a）所示。当输入三角波时，便可得矩形波输出 u_o，如图（b）所示。

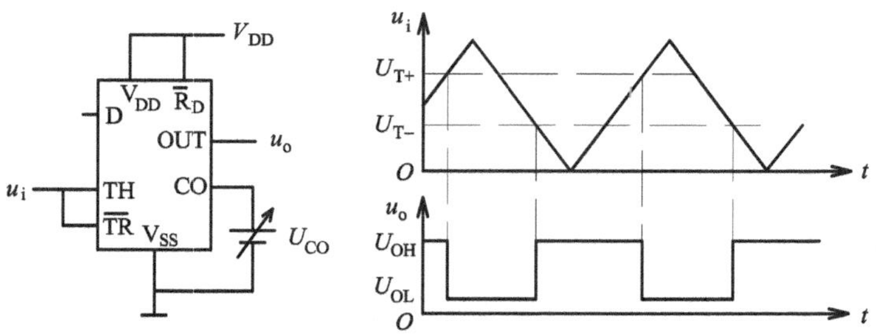

（a）　　（b）

图 7-37　施密特触发器

显然，电路正向阈值电平 $U_{T+}=\frac{2}{3}V_{DD}$，而负向阈值电平 $U_{T-}=\frac{1}{3}V_{DD}$。如果在控制端 CO 外加电压 U_{CO} 以改变比较器 C_1、C_2 的参考电压，便可以调节回差电压大小。

如果在 D 端通过一个电阻 R 与另一电源 V'_{DD} 相连，便可得到另一矩形脉冲输出 u'_o。u'_o 的幅度由 V'_{DD} 决定。

7.6　本章小结

1．利用 RC 微分电路能够将矩形脉冲变换成尖脉冲。利用 RC 积分电路可以由矩形波得到三角波、锯齿波，或从宽窄不同的矩形脉冲中选出宽脉冲。利用加速电容可以改善电阻分压器的输出波形。

由 RC 组成脉冲电路，要注意电路构成的条件。否则，即使电路形式正确，也不能实现所要求的功能。

2．施密特触发器与单稳态触发器都能对波形整形，但方法不同。前者靠输入信号电平触发翻转，输出脉宽与输入波形密切相关；后者的输出脉宽由电路定时元件决定，与输入信号无关，输入信号仅起触发作用。

3．单稳态触发器和多谐振荡器都有定时元件，单稳态电路有一个稳态和一个暂稳态，多谐振荡器有两个暂稳态。单稳态电路的主要参数是脉宽，它需要在外加信号触发下才发生状态改变，而多谐振荡器主要参数是重复周期，它不需要触发信号便可以自动转换状态。

4．定时器 555 是一种使用方便、功能灵活的集成器件，它将模拟功能与逻辑功能巧妙地结合在一起，可以用来产生脉冲、定时和对波形进行整形。

7.7　习题 7

7-1　$f(t)$ 是 RC 电路某一过渡过程中的响应，其波形如图 P7-1 所示。试证明 $f(t)$ 由 $f(t_1)$ 变化到 $f(t_2)$ 所需要的时间间隔 t_2-t_1 的计算公式为

$$t_2-t_1=\tau\ln\frac{f(\infty)-f(t_1)}{f(\infty)-f(t_2)}$$

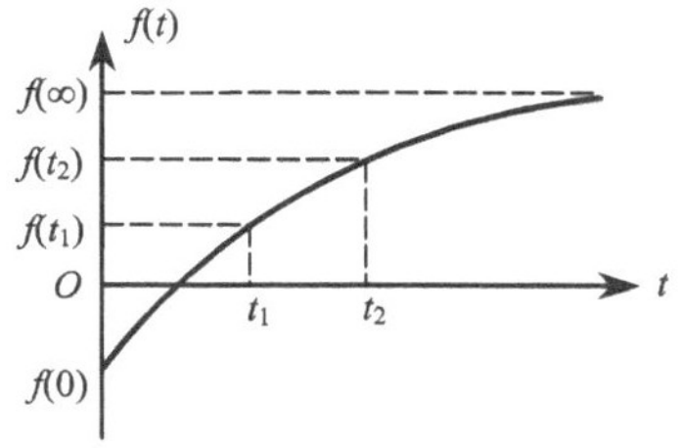

图 P7-1

7-2　分析图 P7-2（a）所示 RC 电路的功能，并根据图（b）所示 u_i 的波形，画出 u_o 的波形。

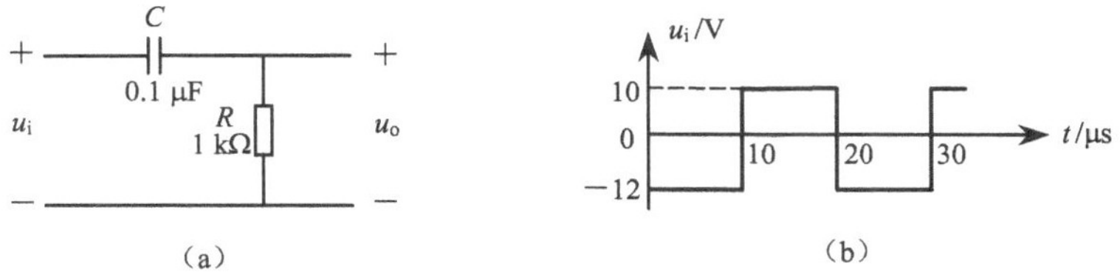

图 P7-2

7-3　利用积分电路可以从宽窄不同的矩形脉冲混合波形中选出宽脉冲。图 P7-3（a）所示是电视复合同步信号，其中，宽脉冲是帧同步脉冲，窄脉冲是行同步脉冲。现欲在电视接收机中把帧同步信号选择出来，试完成下面的工作：

（1）确定积分电路的时间常数；

（2）根据图（b）框图画电路图。

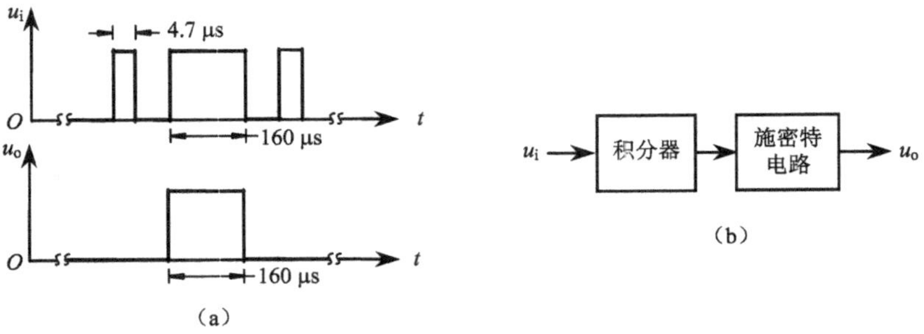

图 P7-3

7-4　图 P7-4 虚线框内为示波器探头电路，R_2、C_2 是示波器的输入电阻和输入电容。试求：

（1）输入信号经探头到示波器输入的衰减倍数 u_o/u_i 是多少？

（2）若示波器显示波形有较大上冲，微调电容 C_1 应增大还是减小？

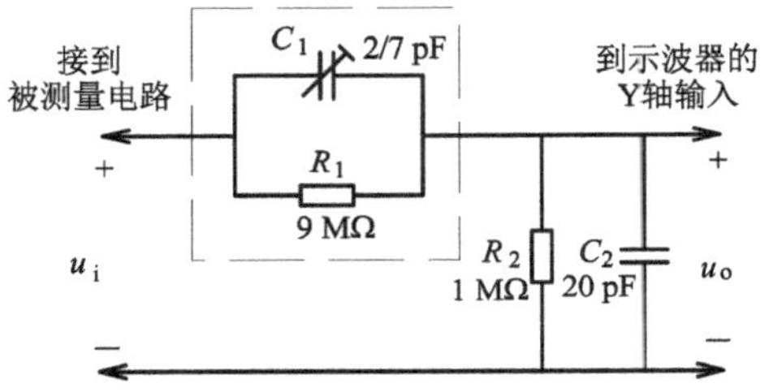

图 P7-4

7-5　机械开关在转换时会发生颤动，引起触点颤动噪声。试分析图 P7-5 所示电路的消颤原理，根据 u_i 波形定性画出 u_A 和 u_o 波形图。

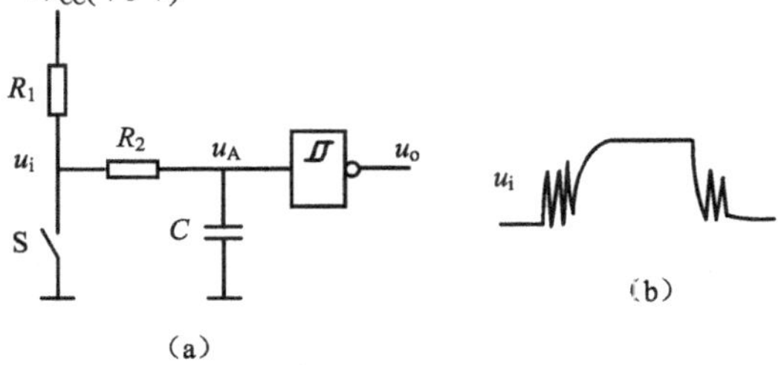

图 P7-5

7-6　图 P7-6 所示电路输入 5 μs 方波 u_i。已知：R_1=10 kΩ，C_1=50 pF，R=300 Ω，C=5 100 pF。

（1）计算输出负方波的宽度，并画输出电压 u_o 波形。

（2）如果无 R_1、C_1，应对输入信号 u_i 脉宽提出何种限制？$R_1 < R_{ON}$ 时，电路能否正常工作？

（3）G_3 有何作用？

7-7　图 P7-7 所示电路是积分型单稳态触发器，u_i 是 100 kHz 的方波，R=500 Ω，C=500 pF。

（1）试分析电路工作原理。

（2）定性画出 u_i, u_{o1}, u_{i2}, u_o 的波形。

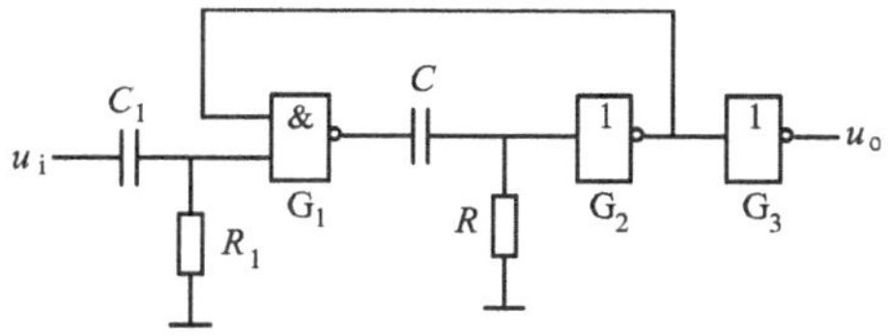

图 P7-6

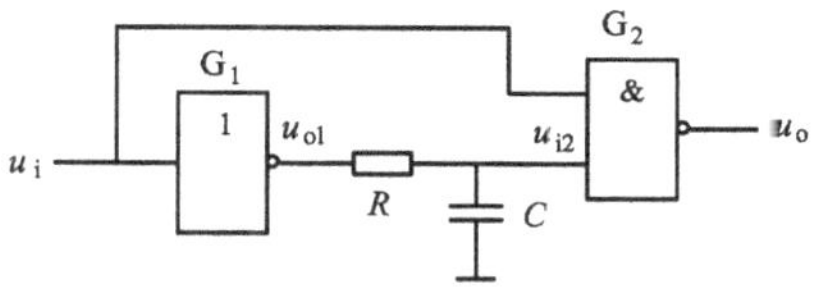

图 P7-7

7-8　请回答下列问题：

（1）用 74LS221 组成单稳态触发器时，若将 $\overline{A}$ 端接地，问如何设置 B 端信号？

（2）外接电阻、电容分别为 R_{ext}=50 kΩ，C_{ext}=100 pF，问输出脉宽 t_w 是多少？

7-9　用 74LS122 组成具有可重触发功能的单稳态触发器，问：

（1）$\overline{A_1}$=0，$\overline{A_2}$=1，B_1=0 时，B_2 为触发信号，B_2 用正脉冲触发还是负脉冲触发？

（2）若设置 $\overline{A_1}=\overline{A_2}$=0，$B_1$=1，$B_2$ 信号能否形成触发？

（3）若 $\overline{A_1}$=B_1=B_2=1，如何设置触发信号 $\overline{A_2}$？

（4）如果使用外部定时电阻，已知：R_{ext}=10 kΩ，C_{ext}=0.01 μF。求输出单次脉冲宽度 t_w。

（5）外接定时电阻、电容不变，如果触发信号第一次作用后，间隔 10 μs 第二次又作用于电路，求两次触发总输出脉冲宽度 t_w。

7-10　图 P7-8 所示是利用 7555 组成的门铃电路。每按一次按键 SB，扬声器发出频率为 1 kHz 的鸣响声，时间为 10 s，试确定 R_1 和 R_2 的阻值。

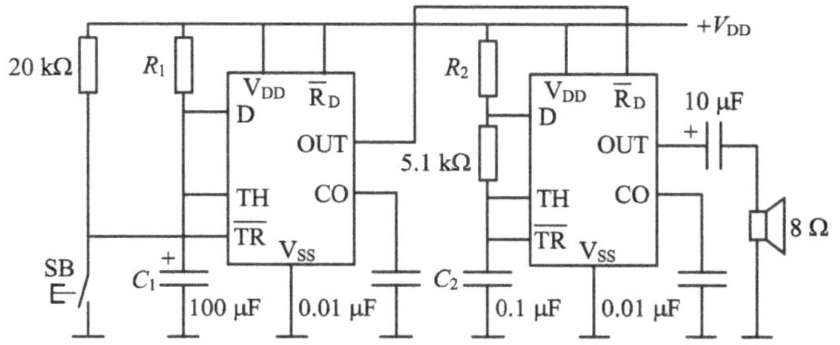

图 P7-8

7-11　对应 u_i 波形，画出图 P7-9 所示电路中 u_{o1}、u_{o2} 的波形。

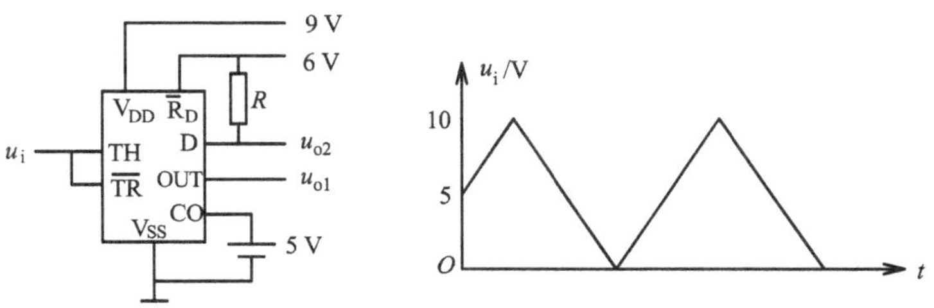

图 P7-9

7-12　用 7556 构成的电路如图 P7-10 所示。

（1）定性画出 u_{o1}、u_{o2} 的波形，说明电路功能；

（2）估算 u_{o1}、u_{o2} 的振荡频率各为多少；

（3）若在 11 脚加+5 V 参考电压，将对电路的振荡频率有何影响？

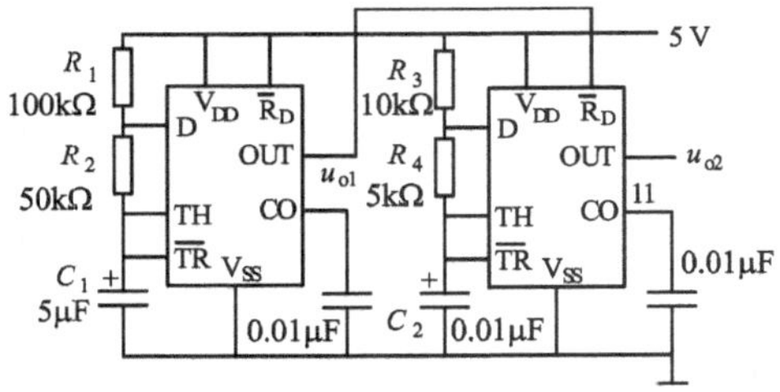

图 P7-10

7.8 实验

实验 13. 多谐振荡器

实验目的：掌握用计数器构成分频器的方法；掌握用集成振荡器外接元件构成多谐振荡器的方法。

实验用器件：74HC4060 一片，74HC112 一片。

74HC4060 是 14 位二进制异步计数器（带振荡器），逻辑图及逻辑符号如实验图 13-1 所示。其中，$\overline{CP}$为时钟输入端，下降沿有效；CR 为清零端，高电平有效；Q_3～Q_9、Q_{11}～Q_{13} 是计数输出端。74HC4060 计数器由 14 个 T'触发器依次连接组成，低位触发器输出作高位触发器的时钟，每一个触发器就是一个二分频器，因此，能实现 14 级分频，即 Q_{13} 端的输出信号频率为输入时钟$\overline{CP}$频率的 $1/2^{14}$。74HC4060 振荡电路与外接 RC 或晶体构成振荡器时，振荡频率由 OSC 和$\overline{OSC}$端的外接 RC 或晶体控制。

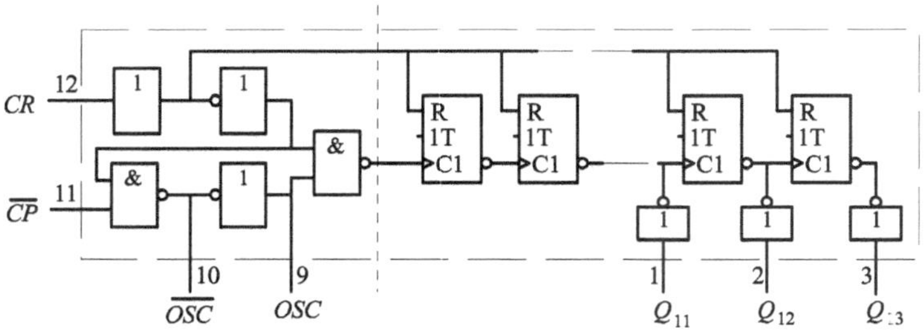

（a）

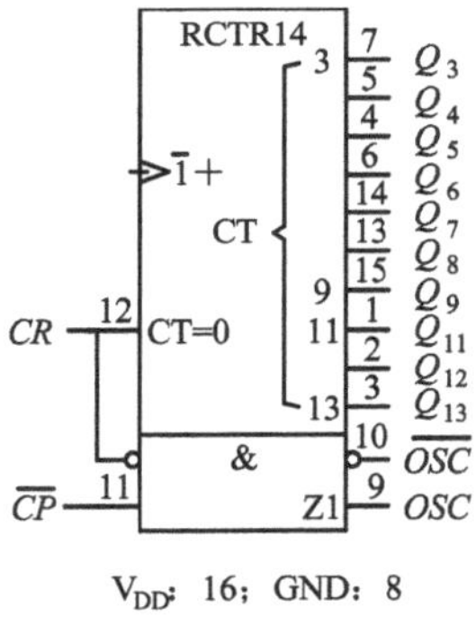

（b）

实验图 13-1

实验用设备：数字电路通用实验仪，双踪示波器，万用表。

1. 用 74HC4060 外接 RC 构成振荡器

（1）实验电路如实验图 13-2 所示，V_{DD} 取 5 V。调节 R_P，用示波器观测 9 脚波形。

（2）分别调节 R_P=4 kΩ、44 kΩ，测量振荡信号频率，并将所测值与计算值$f=\dfrac{1}{2.2（R_P+R）C}$比较。

（3）用示波器双踪显示 9 脚、7 脚波形，观测并进行比较。

2．秒信号发生器

用 74HC4060 与 74HC112 构成的秒信号发生器如实验图 13-3 所示。74HC4060 振荡器外接 32.768 kHz 晶振构成多谐振荡器，计数器与 74HC112 构成 15 级分频器，对 32.768 kHz 信号进行分频，产生秒信号。

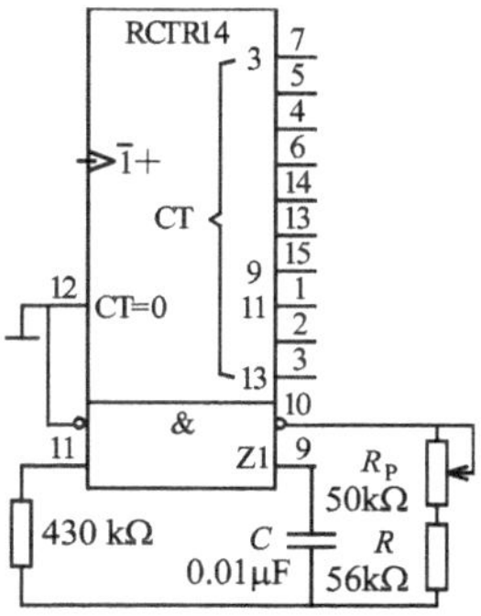

实验图 13-2

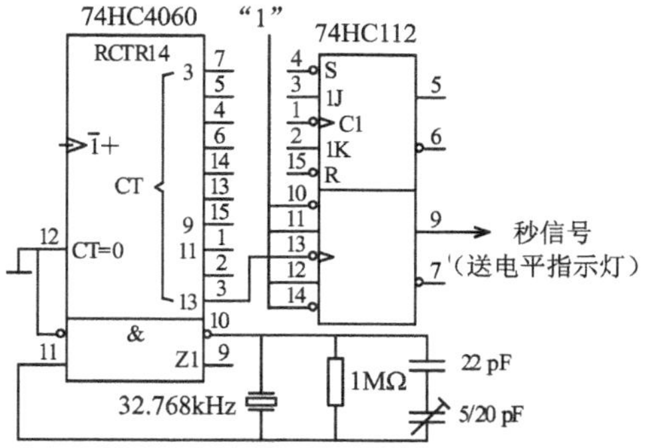

实验图 13-3

实验 14．CC7555 定时器

实验目的：进一步理解定时器的工作原理，掌握其使用方法。
实验用设备：数字电路通用实验仪，脉冲信号发生器，双踪示波器，万用表，计时器。

1．555 定时器功能测试

测试电路如实验图 14-1 所示，其中 S_1, S_2, S_3 接逻辑开关；L_1、L_2 接电平指示灯。参照表 7-4，自拟实验表格，并将测试结果填入表中。

2．多谐振荡器

实验电路参考图 7-33，取 V_{DD}=5 V，R_1=5.1 kΩ，R_2 用 5.1 kΩ电阻与 51 kΩ可变电阻串联，C=0.1 μF。调可变电阻分别取 0 Ω、51 kΩ，用示波器观测并记录 u_o、u_C 波形，记录输出脉冲的周期及脉宽，并与理论计算值比较。

3．压控振荡器

实验参考电路如实验图 14-2 所示。调 R_P，分别使 u_{CO} 为 1, 2, 3, 4, 5 V，测量输出电压周期及脉宽，并与理论计算值比较。

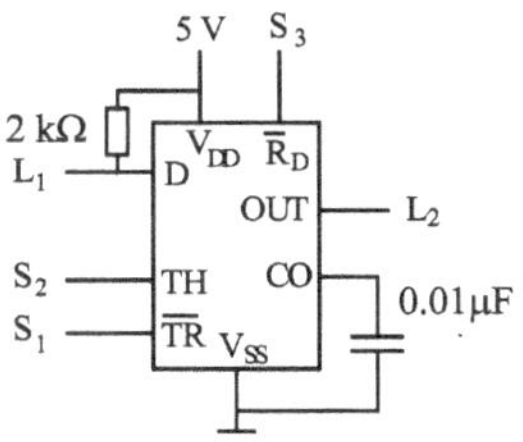

实验图 14-1

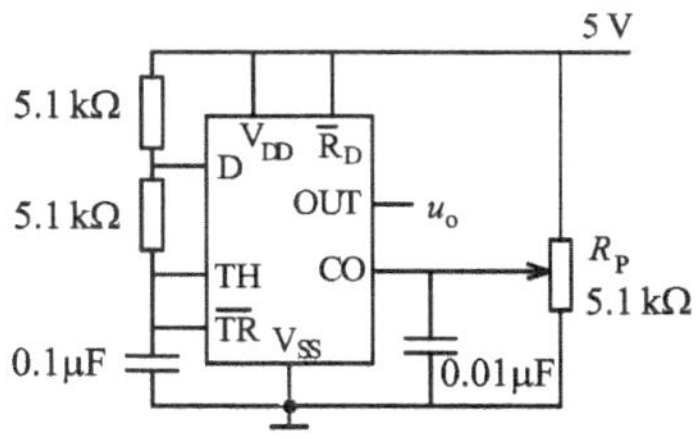

实验图 14-2

4．单稳态触发器

实验电路参考图 7-32。取 V_{DD}=5 V，R=51 kΩ，C=0.1 μF。u_i 为幅度 3 V、周期 20 μs 的方波。观测并记

录 u_i、u_o 波形，记录输出脉冲宽度，并与理论计算值比较。

5．制作实用电路

利用555定时器构成的声光控开关电路如实验图14-3所示。声光控开关是一种自动开关，通常安装在楼道或走廊上。当夜间有人走动时，开关自动接通1～2分钟后又自动熄灭，所以它对节电有显著效果。实验图14-3中，MIC为驻极体话筒，V_{D1}为光敏二极管，555定时器接成单稳态电路。白天光线较强时，光敏二极管受强光照射，使 $\overline{R}_D=0$，555定时器输出低电平，此时即使话筒有输入信号也不起作用，电灯始终不亮。夜间，无光照射光敏二极管，$\overline{R}_D=1$，因此，当话筒受到外界声音激励后，其信号通过 V_1 放大，然后触发单稳态电路，此时电灯被点亮，当 C_3 充电完毕后，电灯熄灭。

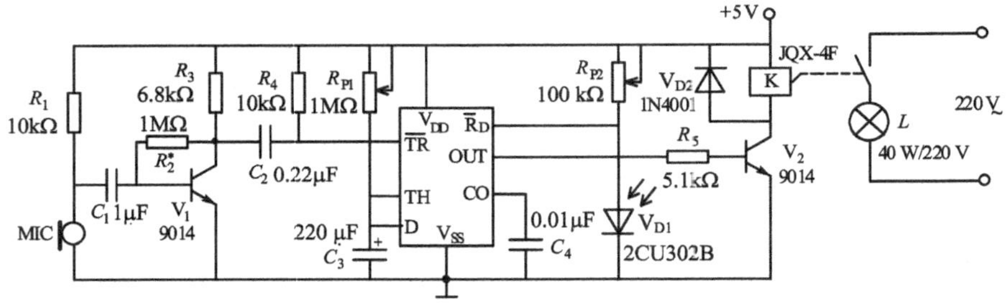

实验图14-3

调节 R_{P1} 或 C_3 可以调整电灯点亮时间的长短，调节 R_{P2} 可以调整开关对光感应的灵敏程度，即光感灵敏度。

特别指出，实验中可以用555定时器输出直接驱动实验仪的电平指示灯，以确定电灯的点亮时间。此外，接通电源后，使光敏二极管正对亮处，对驻极体话筒拍手或发出其他响动，观察电灯是否点亮；然后用深色物体遮住光敏二极管，再发出响动，观察电灯的情况。

实验15．综合实验——数字钟

实验目的：锻炼组织实验的能力，独立分析问题、解决问题的能力。

数字钟组成框图如实验图15-1所示。

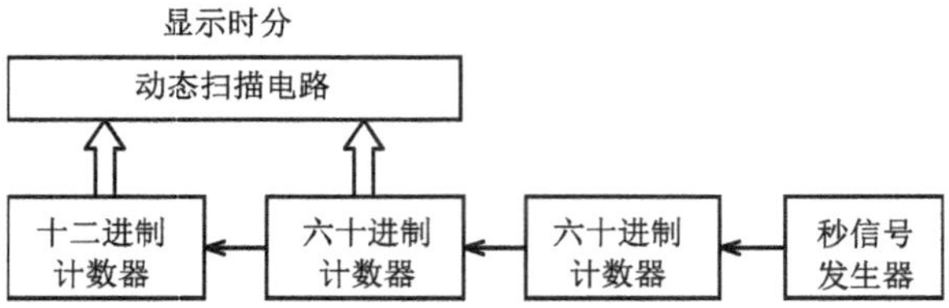

实验图15-1

实验要求：

（1）根据数字钟框图画逻辑图及工程布线图。

（2）设计实验方案。

（3）准备实验用仪器、资料、器材及表格。

（4）布置实验环境。

（5）仔细连接电路，认真检查电路无误后，通电测试，并分析、整理采集的实验数据。

（6）画同时显示“时、分、秒”的数字钟结构框图，并完成逻辑电路图及工程布线图，搭接电路测试。

（7）采用十二/二十四时显示方式，应如何修改电路？

第 8 章　数/模转换与模/数转换

本章介绍数/模转换与模/数转换的基本原理，典型数/模转换器与模/数转换器的应用电路及集成数/模转换器与模/数转换器的使用方法。

学习目标

1. 理解数/模转换、模/数转换的基本概念。
2. 理解倒 T 形电阻网络数/模转换器的工作原理。
3. 能通过查阅集成电路手册，识读典型的集成数/模转换器和模/数转换器的引脚功能，并会使用。
4. 能用数字电压表检查和观测集成数/模转换器和模/数转换器的转换特性。

随着数字技术的发展，数字系统的应用日益普及。数字系统只能对数字信号进行处理，而自然界大量出现的物理量是连续变化的模拟量，如工业过程控制中遇到的温度、压力、流量等，这些模拟量通过传感器可以变成电压或电流模拟信号，只有将这些模拟信号转换成数字信号，数字系统才能对其处理。将模拟信号转换成数字信号的电路称为模/数转换器，简记为 ADC。ADC 常被看作编码装置（因为转换后的数字信号是以编码形式送入数字系统的）。数字系统处理后的结果仍是数字信号，如用它控制伺服电机等模拟量的执行机构，还需转换为模拟信号。将数字信号转换成模拟信号的电路称为数/模转换器，简记为 DAC。DAC 又常被看作解码装置。ADC 与 DAC 是数字系统不可缺少的组成部分，是数字系统用于工业控制的重要接口电路，其作用和地位如图 8-1 所示。

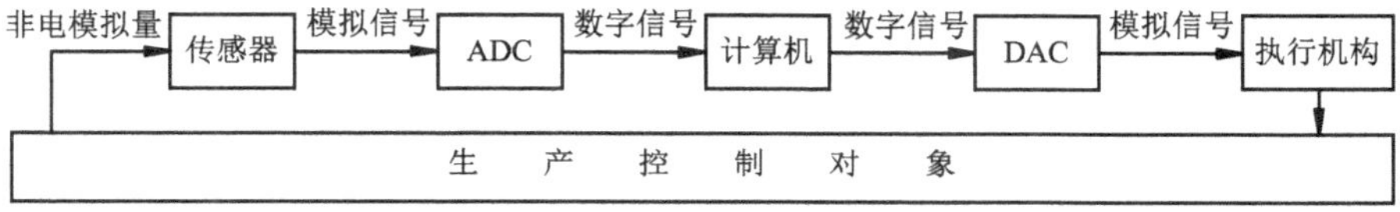

图 8-1　ADC 与 DAC 在工业控制系统中的作用

因为 DAC 的结构比较简单，而且在 ADC 中经常用到 DAC，所以首先讨论 DAC。

8.1　DAC

下面先讨论 D/A 转换的基本原理，然后介绍几种 DAC 的组成及工作原理。

8.1.1　D/A 转换的基本原理

数字量是用代码按数位组合起来表示的，每一位代码都有一定的权值。例如，二进制数 1010，第四位代码权是 2^3，代码“1”表示数值为“8”；第三位代码权是 2^2，代码“0”表示这一位没有数；第二位代码权是 2^1，代码“1”表示数值为“2”；第一位代码权是 2^0，代码“0”表示这一位没有数。这样，1010 所代表的十进制数是 8×1+4×0+2×1+1×0=10。由上可见，D/A 转换只要将数字量的每一位代码，按其权数值转换成相应的模拟量，然后将各位模拟量相加，即得与数字量成正比的模拟量。

图 8-2 所示为一个 k 位 DAC 的组成框图。首先将输入数字量存入输入寄存器，然后由寄存器输出控制模拟开关，模拟开关将根据寄存器输出的各位取值，将译码网络相应部分接参考电压源（也称基准电压源）V_{REF} 或接地，产生与各位数值成正比的电流或电压。最后，求和放大器将所有电流或电压相加放大，即得转换后的模拟电压输出。由于这种转换器是将数字量的各位代码同时转换，所以又称为并行 DAC。

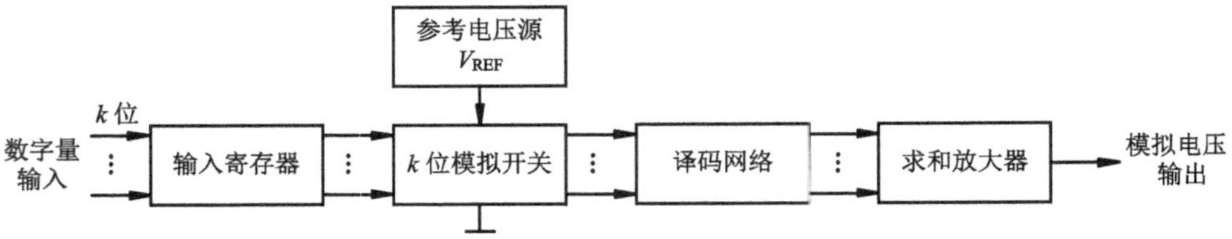

图 8-2　DAC 组成框图

DAC 输出电压 u_o 与输入数字量 N 之间的一般关系式为

$$u_o=\lambda N \tag{8-1}$$

式中，λ是与电路有关的比例常数；N 表示 k 位二进制数，即

$$N=\sum_{i=0}^{k-1} d_i\times 2^i$$

例如，3 位二进制 DAC 的 N 值变化范围是 0～（2^3-1），若λ=1 V，可求得输出电压 u_o 的变化范围是 0～7 V。图 8-3 所示是输出电压 u_o 与输入数字量 N 之间的转换关系，由图可见，当输入 3 位二进制数为 111 时，输出电压为 7V。

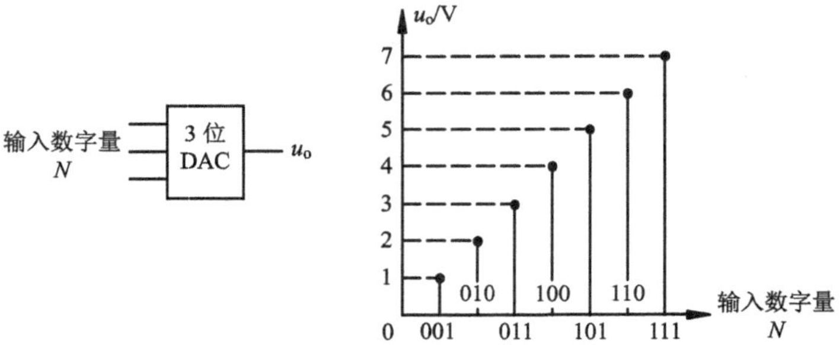

图 8-3　DAC 转换关系

8.1.2　DAC

D/A 转换的具体方法很多，倒 T 形电阻网络 DAC（又称倒 T 形权电流 DAC）是常用 DAC 之一。

1. 倒 T 形电阻网络 DAC

图 8-4 所示为 4 位倒 T 形电阻网络 DAC 的原理电路，它由三部分组成。

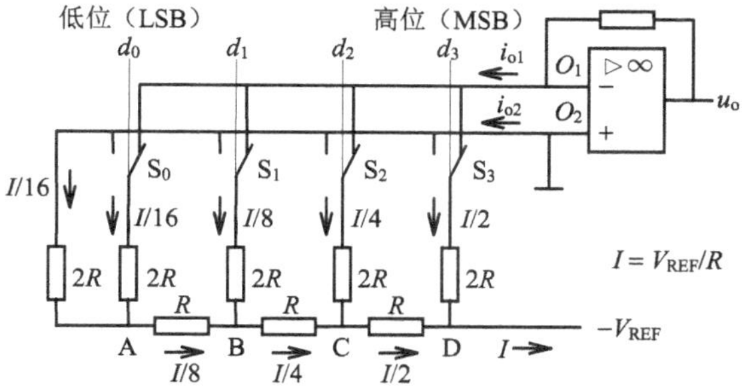

图 8-4　倒 T 形电阻网络 DAC

（1）电阻译码网络

电阻译码网络由 R 及 $2R$ 两种电阻接成倒 T 形构成。由于网络的两个输出端 O_1、O_2 都处于零电位（O_1 点为虚地），因此，无论开关 S_i 置于何位置，开关都可看作接零电位。从参考电压源看进去，整个电阻网络的等效电阻是 R，所以参考电压源提供的电流 I 为

$$I=\frac{V_{REF}}{R}$$

电流 I 在节点 D 由两路相等的电流汇集而成，即流过开关 S_3 的电流 I_3 为 $\frac{I}{2}$，另一路电流 $\frac{I}{2}$ 由节点 C 经 R 到节点 D；而在节点 C，又由两路相等的电流汇成 $\frac{I}{2}$，即流过开关 S_2 的电流 I_2 为 $\frac{I}{4}$，另一路电流 $\frac{I}{4}$ 由节点 B 经 R 到节点 C；依次类推可知，流过开关 S_1、S_0 的电流分别为 $I_1=\frac{I}{8}$、$I_0=\frac{I}{16}$。可见，各开关支路电流按权值依次减小。

S_i（i=0, 1, 2, 3）受输入数字信号 d_i 控制：d_i=1 时，S_i 接 O_1 点；d_i=0 时，S_i 接 O_2 点。由此得电阻网络输出电流

$$\begin{aligned} i_{o1}&=d_3I_3+d_2I_2+d_1I_1+d_0I_0 \\ &=d_3\times\frac{I}{2}+d_2\times\frac{I}{4}+d_1\times\frac{I}{8}+d_0\times\frac{I}{16} \end{aligned}$$

将 $I=\frac{V_{REF}}{R}$ 代入上式，并适当变换可得

$$\begin{aligned} i_{o1}&=\frac{V_{REF}}{2^4R}（d_3\times2^3+d_2\times2^2+d_1\times2^1+d_0\times2^0） \\ &=\frac{V_{REF}}{16R}N \end{aligned} \tag{8-2}$$

$$i_{o2}=\bar{d}_3I_3+\bar{d}_2I_2+\bar{d}_1I_1+\bar{d}_0I_0 \tag{8-3}$$

（2）模拟开关 S_i

S_i 是能够传输电流信号的模拟开关，又称电流开关，用双极型管构成的电路如图 8-5 中虚线框内所示，其中 I_i（i=0,1,2,3）表示权电流。输入数字信号 d_i 作用在 V_1 基极，并与 V_2 基极的基准电压比较。当 d_i=1 时，V_1 导通能力减弱，由于 I_{EE} 为常数，相应 V_2 导通能力加强，

因此 V_{B3} 下降，V_3 截止，而 V_{B4} 升高，V_4 导通，权电流 I_i 由 O_1 点通过 V_4 流入电阻网络，即电阻网络接通 O_1 点。当 d_i=0 时，V_1 导通能力加强，相应 V_2 导通能力减弱，使 V_{B3} 升高，V_3 导通，而 V_{B4} 下降，V_4 截止，权电流 I_i 由 O_2 点通过 V_3 流入电阻网络，即电阻网络接通 O_2 点。

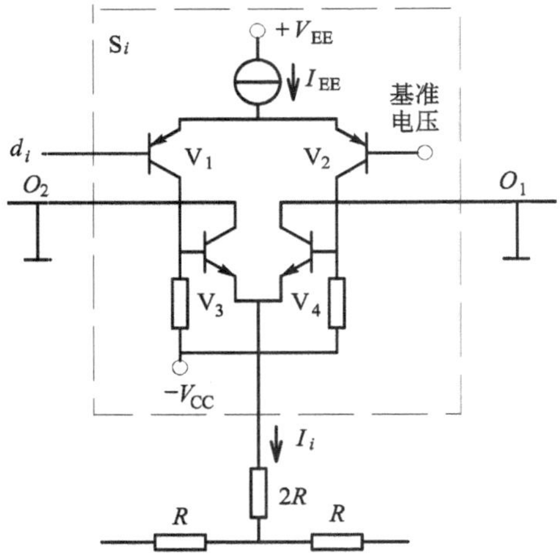

图 8-5 模拟开关

（3）运算放大器

运算放大器的作用是将电阻网络的输出电流转换成与输入数字量成正比的模拟电压输出。输出电压 u_o 为

$$u_o=i_{o1}R$$

将式（8-2）代入上式，得

$$u_o=\frac{V_{REF}}{16}N=\frac{V_{REF}}{2^4}N$$

可见，输出模拟电压正比于输入数字量。将上式推广到 k 位，有

$$u_o=\frac{V_{REF}}{2^k}N=\frac{V_{REF}}{2^k}\times(d_{k-1}\times2^{k-1}+d_{k-2}\times2^{k-2}+\cdots+d_2\times2^2+d_1\times2^1+d_0\times2^0)$$

2. 集成 DAC

将译码网络、模拟开关等集成在一块芯片上，再根据应用需要，附加一些功能电路，就构成具有各种特性、不同型号的集成 DAC 芯片。

AD7524 是一种单片 CMOS 8 位并行数/模转换器，功耗为 20 mW，供电电压范围为 +5 ～+15 V，结构框图如图 8-6 所示，引脚说明见表 8-1。AD7524 最大的特点是参考电压的极性可正可负，因而能使输出电压相应地改变极性。另一特点是片内具有输入数据寄存器，可直接与数据总线相连接。当 $\overline{CS}$ 和 $\overline{WR}$ 均为低电平时，可将来自数据总线的数据 d_0～d_7 写入寄存器，此时模拟量输出对应 8 位数据输入。在这种模式下，AD7524 与没有输入寄存器一样。但当 $\overline{CS}$（或 $\overline{WR}$）为高电平时，AD7524 处于保持模式，此时输出保持在 $\overline{CS}$（或 $\overline{WR}$）变高电平时刻输入数字量所对应的模拟量值。到 $\overline{CS}$ 与 $\overline{WR}$ 再同时为低电平时，输入数字量更新，输出模拟量随之刷新。AD7524 输出为电流型。对于电流输出型 DAC，要获得模拟电压输出，需要外加转换电路。

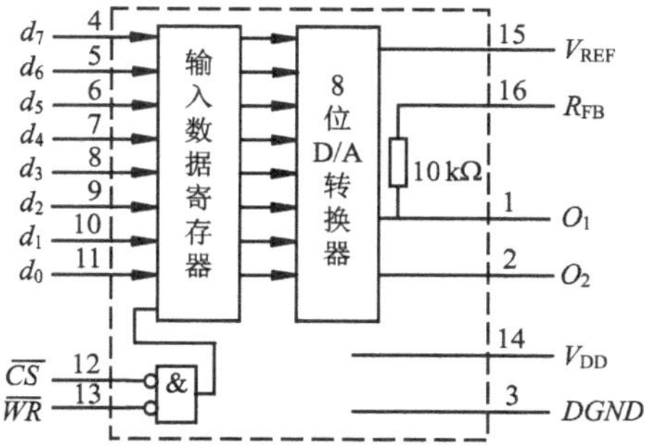

图 8-6　AD7524 结构框图

表 8-1　AD7524 引脚说明

符　号	名　称	说　明
V_{DD}	电源	供电电压范围为+5～+15 V
DGND	数字地	接数字电路地，即工作电源地与数字逻辑地
O_1	电流输出 1	DAC 中为“1”的各位权电流汇集输出端。当 DAC 各位全为 1 时，此电流最大；各位全为 0 时，此电流为 0
O_2	电流输出 2	DAC 中为“0”的各位权电流汇集输出端。当 DAC 各位全为 0 时，此电流最大；各位全为 1 时，此电流为 0
R_{FB}	外接电阻端	外部运算放大器反馈电阻连接端
V_{REF}	参考电压输入	外接参考电压输入端，取值范围为–10～+10V
$\overline{CS}$	片选	低电平有效
$\overline{WR}$	写入控制	低电平有效
d_0～d_7	数据输入	8 路并行数据输入端

图 8-7 所示是 AD7524 实用电路。图（a）输出电压为单极性，参考电压 V_{REF} 取正值时，输出电压为负；V_{REF} 取负值时，输出电压为正。输出电压范围为 0 V～±（255/256）V_{REF}。R_1、R_2 用来调整放大器增益。图（b）电路多了运算放大器 A_2，因而能输出双极性电压。图中点Σ 经 R_3 与 V_{REF} 相连，由 V_{REF} 向 A_2 提供一个与 A_1 输出电流相反的偏置电流。调整 R_3 与 R_4 的比值，使偏置电流为 A_1 输出电流的 1/2，这样 A_2 的输出就变成双极性了。在双极性输出时，输出电压范围为$-(128/128)V_{REF}$ ～$+(127/128)V_{REF}$ 。

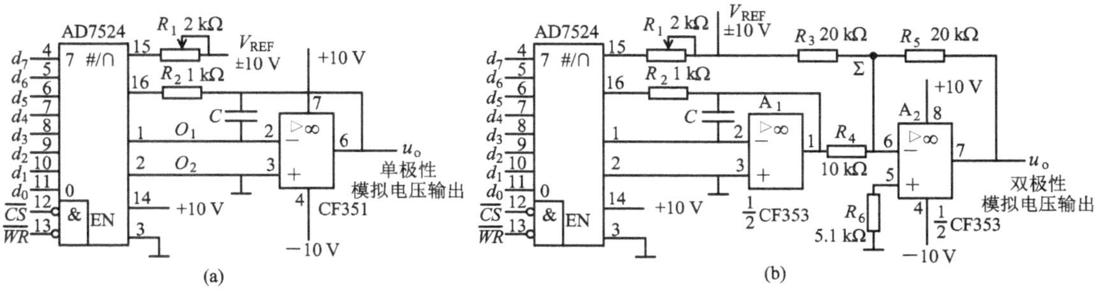

图 8-7　AD7524 实用电路

如果放大器是高速运算放大器，通常需要接补偿电容 C，其取值 10～15 pF，以对放大器进行相位补偿，消除自激振荡。

8.1.3　DAC 的主要参数

衡量 DAC 性能的参数很多，此处仅介绍主要参数。

1．静态参数

（1）分辨率

分辨率指输入数字量发生单位数码变化时，所对应输出模拟量的变化量。因此，它反映了 DAC 分辨输出最小模拟电压的能力。规定分辨率用输出模拟电压最大值 $U_{\text{o max}}$ 与最大输入码数（2^k-1）之比衡量。例如，若 $U_{\text{o max}}=10$ V，则 10 位 DAC 的分辨率为 0.009 775 V，而 8 位 DAC 的分辨率为 0.039 215 V。可见，输入数字量位数越多，分辨能力越强，分辨率越高。实际中，常用输入数字量位数表示分辨率。例如，8 位二进制 DAC，分辨率为 8 位。

（2）转换精度

DAC 的转换精度与 DAC 芯片的结构和接口配置电路有关。一般说来，不考虑其他 D/A 转换误差时，DAC 的分辨率即为其转换精度。

（3）失调误差

失调误差是指输入全为 0 码时，模拟输出值与理论输出值的偏差。单极性 DAC，模拟输出理论值为 0 V；双极性 DAC，理论值为负满量程值。

一定温度下，失调误差可通过调整措施进行补偿。有些 DAC 芯片设计有调零端；有些 DAC 无调零端，要求用户外接校正偏置电路加到运算放大器求和端，以消除失调。

（4）满值误差

满值误差又称增益误差，是指输入数码全 1 时，实际输出电压与满值的偏差值。满值误差可以通过调整运算放大器的反馈电阻值加以消除。

图 8-8 所示是一种典型的单极性 DAC 失调误差和满值误差校正电路（以 DAC-08 为例）。

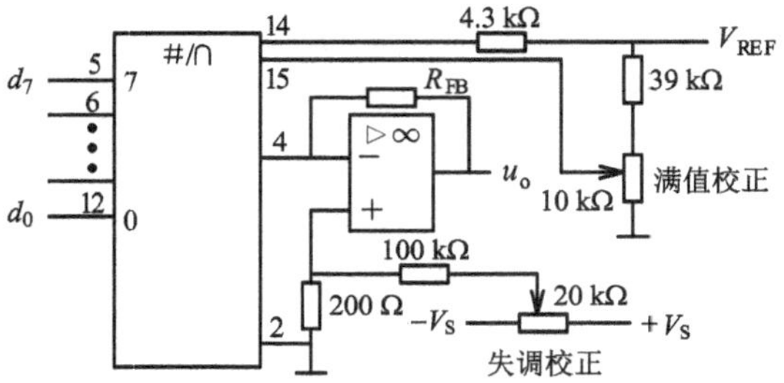

图 8-8　失调误差和满值误差校正电路

2．动态参数

建立时间 t_s 是描述 DAC 转换速度的重要参数，一般指输入数字量变化后，输出模拟量稳定到相应数值范围内所经历的时间，如图 8-9 所示。

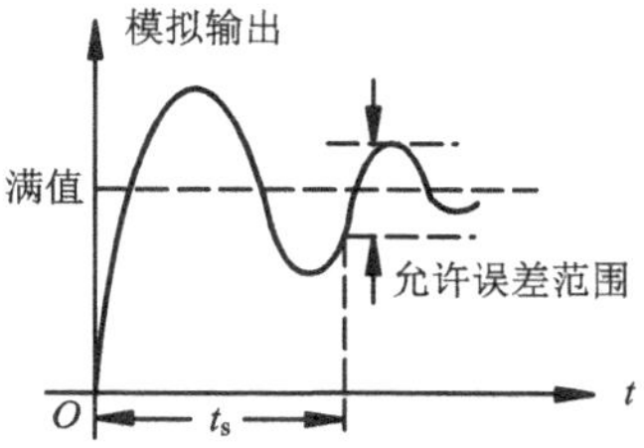

图 8-9　DAC 建立时间

DAC 的译码网络、模拟开关等均非理想器件，各种寄生参量及开关延迟等都会限制转换速度。实际建立时间的长短不仅与转换器本身的转换速度有关，还与数字量变化的大小有关。输入数字从全 0 变到全 1（或从全 1 到全 0）时，建立时间最长，称为满量程变化建立时间。手册上给出的一般都是满量程变化建立时间。

根据建立时间 t_s 的长短，DAC 分为以下几种类型：低速 $t_s \geqslant 100\ \mu s$；中速 $t_s=10 \sim 100\ \mu s$；高速 $t_s=1 \sim 10\ \mu s$；较高速 $t_s=100\ ns \sim 1\ \mu s$；超高速 $t_s < 100\ ns$。

选用 DAC 时，考虑的主要指标是转换速度与精度。

8.1.4　DAC 应用举例

1．波形发生器

（1）锯齿波发生器

把计数器输出送给 DAC，便可得到锯齿波，如图 8-10 所示。计数器所计数值按时钟脉冲频率不断增加，使 DAC 输出一个阶梯电压，再经低通滤波器滤波，便形成线性锯齿波。待计数器计满值后，自动回到全零状态，再开始下一个锯齿波。

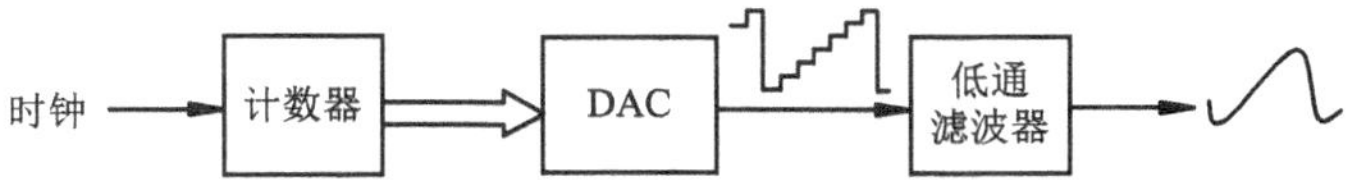

图 8-10　锯齿波发生器

阶梯信号可以用在晶体管图示仪中，作三极管的基极驱动信号，锯齿波则可以作阴极射线管显示器的行、场扫描信号。

（2）任意波形发生器

把计数器的计数值作为地址码送到只读存储器地址输入端，再把只读存储器读出数据送给 DAC，便可得到任意形状的波形。波形形状取决于只读存储器的存储数据，改换存储不同数据的只读存储器，便可得到不同形状的波形。

2．乘法器

前已介绍，DAC 的输出电压 u_o 与输入数字量 N 成正比，而且也与参考电压 V_{REF} 成正比。一般应用时，参考电压 V_{REF} 为恒定直流电压，如果将 V_{REF} 用输入信号 u_i 替换，则 DAC 的输出电压 u_o 便与输入数字量 N 和模拟信号 u_i 的乘积成正比。图 8-11 所示为用倒 T 形电阻网络实现 N 与 u_i 相乘的乘法器，根据式（8-2）可得

$$i_{o1}=\frac{V_{REF}}{16R}N=\frac{u_i}{16R}\ N$$

所以

$$u_o=-i_{o1}R_F=-\left(\frac{u_i}{16R}N\right)R_F=\lambda u_i N$$

式中，N 的取值范围为 0～15；$\lambda=-R_F/16R$ 是一个常数。

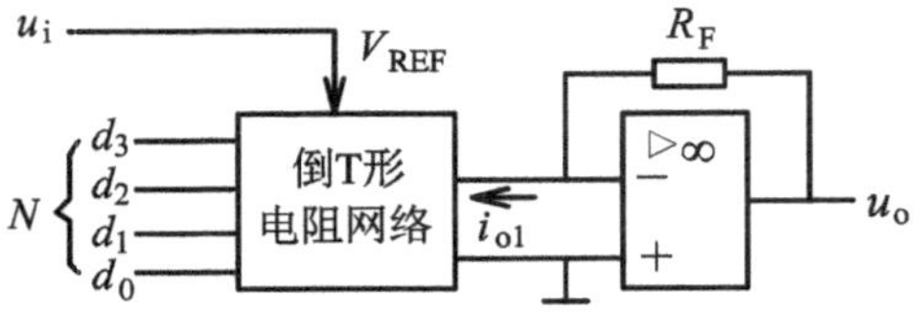

图 8-11　乘法器

8.2　ADC

8.2.1　A/D 转换的基本原理

将模拟量转换为数字量要经过量化和编码两个步骤。量化就是将模拟信号 u_i 按要求划分成某个最小量化单位 s 的整数倍。编码就是把量化数值用二进制代码表示，这个二进制代码就是 ADC 的输出。通常，量化和编码合并进行，用同一电路完成。

由于实际电路所能表示的数字量位数有限，k 位二进制代码只能代表 2^k 个数值，因此，任意一个模拟信号 u_i，不可能正好与某一量化电平（即量化单位 s 的整数倍）相等，只能接近某一个量化电平。所以，量化方法有两种：一种是只舍不入法；一种是有舍有入法。

（1）只舍不入法

当 $0s\leqslant u_i<1s$ 时，u_i 量化值取 $0s$；当 $1s\leqslant u_i<2s$ 时，u_i 量化值取 $1s$；……例如，取 $s=\frac{1}{8}$V 且采用三位二进制编码，则输入模拟电压与输出二进制代码的关系如图 8-12（a）所示。不难看出，最大量化误差为 s，即 $\frac{1}{8}$V。

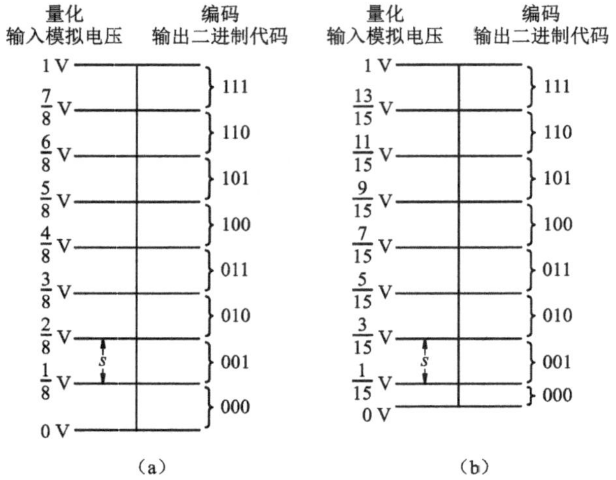

图 8-12　量化与编码关系

（2）有舍有入法

当 $0s \leqslant u_i < 0.5s$ 时，u_i 量化值取 $0s$；当 $0.5s \leqslant u_i < 1.5s$ 时，u_i 量化值取 $1s$；当 $1.5s \leqslant u_i < 2.5s$ 时，u_i 量化值取 $2s$；……有舍有入法的输入模拟电压与输出二进制代码的关系如图 8-12（b）所示。此方法的最大量化误差为 $\frac{1}{2}s$，即 $\frac{1}{15}$ V。这是因为把每一个二进制代码所表示的模拟电压值规定为它所对应的模拟电压范围中心的缘故。

对同一模拟电压来说，量化方法不同，最后的编码输出可能就不同。

例 8-1　已知某一时刻 ADC 的输入电压为 1.4 V。量化-编码电路的量化单位 s=0.5 V，采用三位二进制数编码。问：

（1）用只舍不入法，输出数字量 $D=d_2d_1d_0$=?

（2）用有舍有入法，输出数字量 $D=d_2d_1d_0$=?

解： 已知 u_i=1.4 V，s=0.5 V，所以 $u_i=2.8s$。

（1）因为 $2.0s \leqslant u_i < 3.0s$，$u_i$ 量化值取 $2s$，所以输出数字量 $D=d_2d_1d_0$=010。

（2）因为 $2.5s \leqslant u_i < 3.5s$，$u_i$ 量化值取 $3s$，所以输出数字量 $D=d_2d_1d_0$=011。

8.2.2　ADC

A/D 转换的方法主要有并行比较型、逐次逼近型和双积分型。

1．并行比较型 ADC

图 8-13 所示是 3 位并行比较型 ADC。图中，参考电压 V_{REF} 经电阻分压器形成七个比较电平 $\frac{1}{8}V_{REF}$，$\frac{2}{8}V_{REF}$，…，$\frac{7}{8}V_{REF}$，分别加到七个比较器的反相输入端。输入电压 u_i 同时加到七个比较器的同相输入端，与各参考电平进行比较。当 u_i 高于比较电平时，比较器输出 1，反之为 0。比较器输出经编码器编码，输出三位二进制代码 $D_2D_1D_0$。输入电压 u_i、比较器输出及编码器输出之间的对应关系见表 8-2。

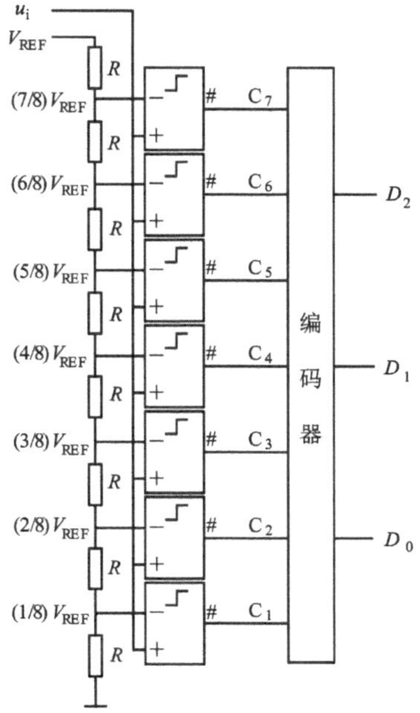

图 8-13　并行比较型 ADC

表 8-2 并行比较型 ADC 转换关系

输入电压 u_i	比较器输出							编码器输出		
	C_7	C_6	C_5	C_4	C_3	C_2	C_1	D_2	D_1	D_0
$0\ V < u_i < \frac{1}{8}V_{REF}$	0	0	0	0	0	0	0	0	0	0
$\frac{1}{8}V_{REF} < u_i < \frac{2}{8}V_{REF}$	0	0	0	0	0	0	1	0	0	1
$\frac{2}{8}V_{REF} < u_i < \frac{3}{8}V_{REF}$	0	0	0	0	0	1	1	0	1	0
$\frac{3}{8}V_{REF} < u_i < \frac{4}{8}V_{REF}$	0	0	0	0	1	1	1	0	1	1
$\frac{4}{8}V_{REF} < u_i < \frac{5}{8}V_{REF}$	0	0	0	1	1	1	1	1	0	0
$\frac{5}{8}V_{REF} < u_i < \frac{6}{8}V_{REF}$	0	0	1	1	1	1	1	1	0	1
$\frac{6}{8}V_{REF} < u_i < \frac{7}{8}V_{REF}$	0	1	1	1	1	1	1	1	1	0
$\frac{7}{8}V_{REF} < u_i < V_{REF}$	1	1	1	1	1	1	1	1	1	1

分析表 8-2，可写编码器逻辑表达式如下：

$$D_2=C_4;\ D_1=C_6+C_2\overline{C}_4;\ D_0=C_7+C_5\overline{C}_6+C_3\overline{C}_4+C_1\overline{C}_2$$

根据上式画编码器逻辑图，如图 8-14 所示。

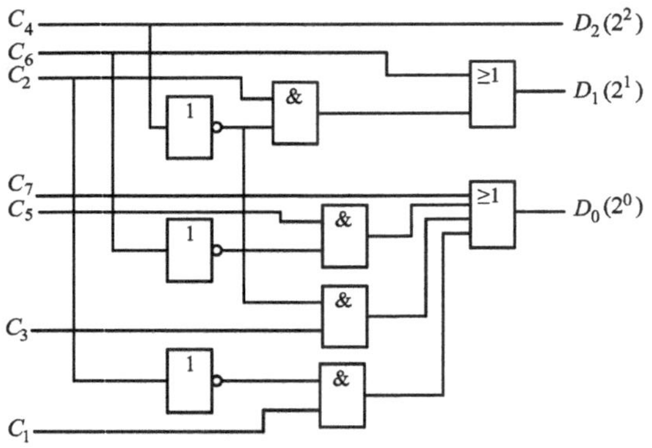

图 8-14 编码器逻辑图

并行比较型 ADC 的转换速度快，但增加转换位数时，比较器数量将大大增加，若输出 k 位二进制数码，需要（2^k-1）个比较器，因此一般只用于 $k\leqslant 4$ 的情况。

2. 逐次逼近型 ADC

逐次逼近型 A/D 转换过程与天平称量物重的过程相似。例如，有一物体质量 W=1.565 g。天平有五个砝码，质量依次为 1 g, 0.5 g, 0.25 g, 0.125 g, 0.0625 g，后一种砝码质量恰为前一种砝码质量的一半，相互间为二进制关系。为较快地用天平称出物重，采用由大到小逐次试验的方法。

（1）把物体放在左盘，1 g 砝码放在右盘，与左盘物体相比较，砝码重量不够，即 1 g＜W=1.565 g，于是把砝码留在盘中（称为留码）并记作 1；

（2）再加 0.5 g 砝码比较，因（1+0.5）g<W=1.565 g，保留这两个砝码。两次比较结果记作 11；

（3）再加 0.25 g 砝码，（1+0.5+0.25）g>W=1.565 g，取下此砝码（称为去码）。三次比较结果记作 110；

（4）再加 0.125 g 砝码，（1+0.5+0.125）g>W=1.565 g，去码，四次比较后得 1100；

（5）再加 0.062 5 g 砝码，（1+0.5+0.0625）g<W=1.565 g，留码得 11001。

所有砝码都参与比较后，得到用二进制数表示的物体质量为 11001_2。上述五个砝码的自重相当于二进制数各位代码的权，于是，所称物重为 1×1+1×0.5+1×0.062 5=1.562 5（g），它与实际物重只相差 1.565 g−1.562 5 g=0.002 5 g。显然，砝码越多，用二进制数表示物体质量的位数越多，与实际物重的误差就越小。这种用已知砝码质量逐次与未知物重进行比较，使天平上累记砝码总质量逐次逼近被称物重的方法称为逐次逼近法。

逐次逼近型 ADC 的基本组成如图 8-15 所示，工作过程如下：

启动转换后，控制电路首先将锁存器、逐次逼近逻辑寄存器 SAR 清零，同时时钟电路开始工作。当第一个时钟到达时，SAR 最高位被置 1，DAC 输入为 100…00，DAC 输出 u_{oA}（称为砝码电压）为满值输出电压 E_{oA} 的一半，即 $u_{oA}=E_{oA}/2$。u_i 与 u_{oA} 比较，若 $u_i>u_{oA}$，比较器 C 输出 1，SAR 最高位保持 1（即留码）；若 C 为 0，则去码，SAR 最高位变为 0。设此次比较结果为留码。接着第二个时钟到达，使 SAR 次高位置 1，DAC 输入变为 110…00，于是 $u_{oA}=(E_{oA}/2)+(E_{oA}/2^2)$，$u_i$ 与 u_{oA} 的比较结果决定次高位是留码还是去码。……依次类推，直到最末位，此时再来一个时钟脉冲，SAR 有溢出信号，此信号便可作为 A/D 转换结束信号 EOC，这时锁存器的锁存结果就是 A/D 转换结果。

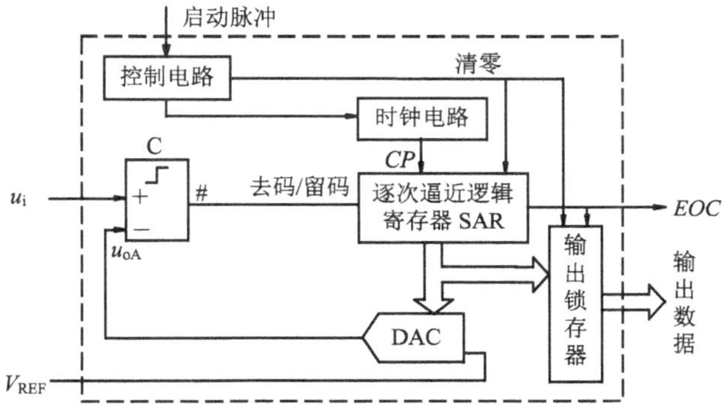

图 8-15　逐次逼近型 ADC

例 8-2　图 8-15 中，已知 E_{oA}=1 V，u_i=0.85 V，锁存器输出 5 位，求：$D=d_4d_3d_2d_1d_0$=?

解：由逐次逼近型 ADC 转换原理可知，相应于输出 D，各位的砝码电压分别为 $E_{oA}/2$, $E_{oA}/2^2$, $E_{oA}/2^3$, $E_{oA}/2^4$, $E_{oA}/2^5$，即 0.5 V, 0.25 V, 0.125 V, 0.062 5 V, 0.031 25 V。根据上述工作过程可以确定

$$d_4=1;\ d_3=1;\ d_2=0;\ d_1=1;\ d_0=1$$

所以

$$D=d_4d_3d_2d_1d_0=11011$$

逐次逼近型 ADC 的特点是转换精度高，速度较快，所以应用广泛。集成 ADC 芯片

AD574A/674A, ADC0809, AD678, AD1376/77/78 均采用此转换方式。

3. 双积分型 ADC

双积分型 ADC 又名双斜率 ADC，是一种间接 A/D 转换电路。其基本原理是，先将输入模拟电压通过积分器转换成与其平均值成正比的时间间隔，然后用计数器测量这一时间间隔，计数器输出数字量就是正比于输入模拟量的数字信号。

图 8-16 所示是双积分型 ADC 的结构框图，下面结合图 8-17 所示波形，说明其转换原理。

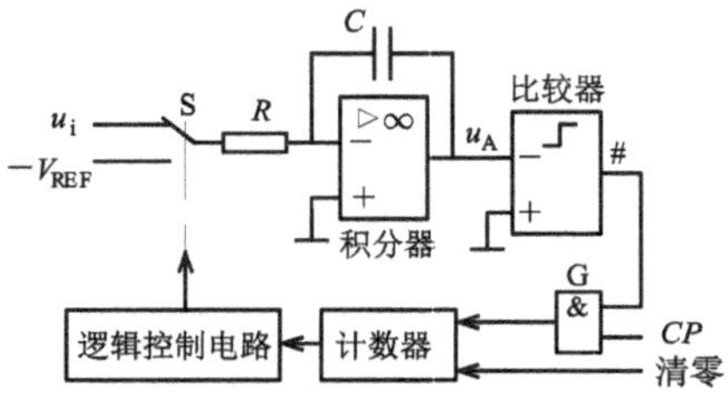

图 8-16 双积分型 ADC

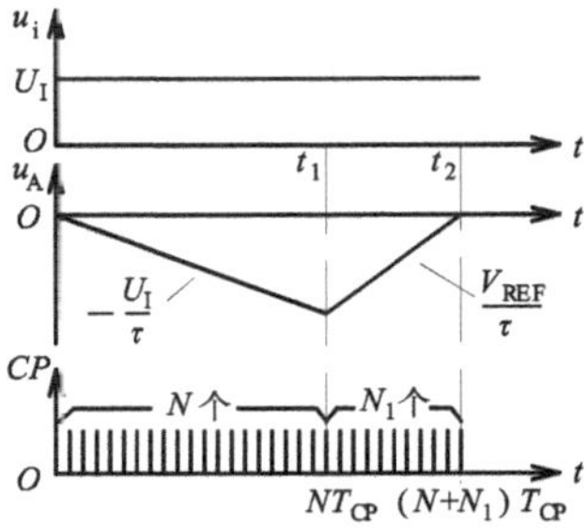

图 8-17 双积分型 ADC 波形

转换之前，计数器清零。在 t=0 时，开关 S 接模拟输入电压 u_i，电路进入第一个工作阶段——取样阶段，由集成运放与 RC 组成的积分器对 u_i 积分，积分器输出电压

$$u_A=-\frac{1}{\tau}\int_0^t u_i\,dt$$

式中，$\tau=RC$，为积分器时间常数。

设 $u_i=U_I$，则

$$u_A=-\frac{U_I}{\tau}t$$

可见 u_A 线性下降。又 $u_A<0$ V，比较器输出为 1，门 G 被打开，计数器开始计数。当计数器计数值满并由最大值回到全 0 的 t_1 时刻，产生溢出脉冲。溢出脉冲通过逻辑控制电路使开关 S 接参考电压$-V_{REF}$，积分器停止对 u_i 积分，并开始对$-V_{REF}$积分，电路进入第二个工作阶段——比较阶段。因 u_i 与$-V_{REF}$ 极性相反，所以积分器输出从初始负值 $u_A=-U_I t_1/\tau$ 、以固定斜率（V_{REF}/τ）向正方向回升。当 u_A=0 V 时，比较器输出 0，将 G 关闭，计数器停止计数，第二个工作阶段结束。因在 $t=t_1$ 时计数器已计满回零，因此，在 t_2 时刻，计数器记下的数就是（t_2-t_1）期间累计的脉冲数，记作 N_1。

设计数器容量为 N，计数脉冲 CP 周期为 T_{CP}，则取样阶段所经历的时间 $t_1=NT_{CP}$，这是一个固定值，不随 U_I 的大小而改变。但在 t_1 时刻，积分器输出 u_A 与 U_I 大小有关，即

$$u_A(t_1)=-\frac{U_I}{\tau}t_1=-\frac{U_I}{\tau}(NT_{CP})$$

由于比较阶段 u_A 以固定斜率回升，所以，$u_A(t_1)$ 绝对值越大，（t_2-t_1）越长，即 N_1 越高。可以求得 N_1 与 U_I 的关系为

$$N_1=\frac{N}{V_{REF}}U_I$$

因此，计数值 N_1 正比于输入电压 U_I，完成 A/D 转换。

实际中，双积分型 ADC，能够根据输入电压 u_i 的极性，自动改变参考电压的极性，以保证取样阶段与比较阶段积分器的输出电压 u_A 极性相反，如图 8-18 所示。

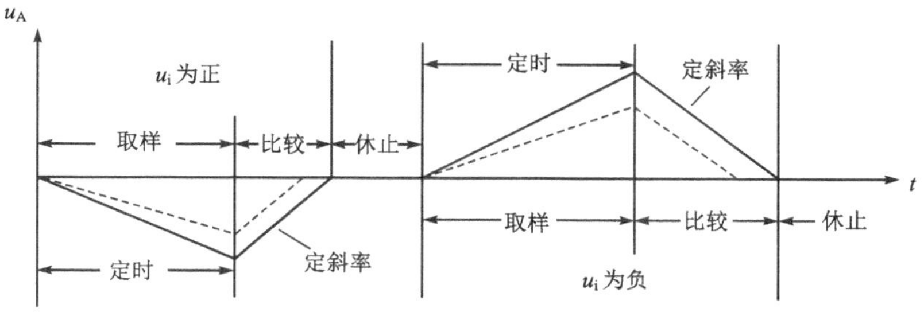

图 8-18　参考电压极性随输入电压极性而变

双积分型 ADC 有许多优点：数字量输出与积分器时间常数无关，对积分元件参数精度要求不高；其次，由于（t_2-t_1）仅正比于 u_i 在 t_1 时间内的平均值，因此，对叠加在 u_i 上的 50 Hz 工频干扰有很强的抑制能力。为此，一般选 t_1 为 20 ms 的整数倍。双积分型 ADC 的缺点是速度低，只适于对慢变化信号或直流信号进行转换，在数字测量仪器中得到广泛应用，如数字式直流电压表、数字式温度计等。

应用举例

图 8-19 所示是数字式直流电压表（或数字面板表）的外观图和结构框图，双积分 ADC 将被测直流电压转换成数字信号，然后经译码-驱动器驱动数码显示器件显示出被测电压值。

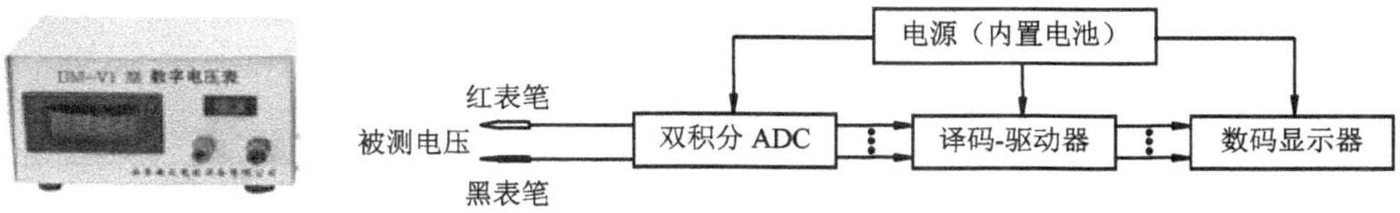

（a）　　（b）

图 8-19　数字式直流电压表

4. 集成 ADC

下面介绍常用的集成 ADC 芯片：12 位逐次逼近型 A/D 转换器 AD574A。AD574A 内部包含参考电压源电路和时钟电路，使用方便。加之转换速度快（只有 25 μs），具有良好的性能价格比，因此，是目前国内外应用较多的器件之一。

AD574A 为 28 脚双列直插式封装，图 8-20 所示是其结构框图。它由两部分组成，一部分是模拟芯片，另一部分是数字芯片。为了减小在转换时数字信号对模拟信号的干扰，以提高转换精度，通常集成 A/D 或 D/A 转换器在芯片内部分设两个地，一个是数字信号地 *DGND*，另一个是模拟信号地 *AGND*。在芯片外围电路中，*AGND* 与 *DGND* 总有一处相连。AD574A 其他引脚的说明见表 8-3。

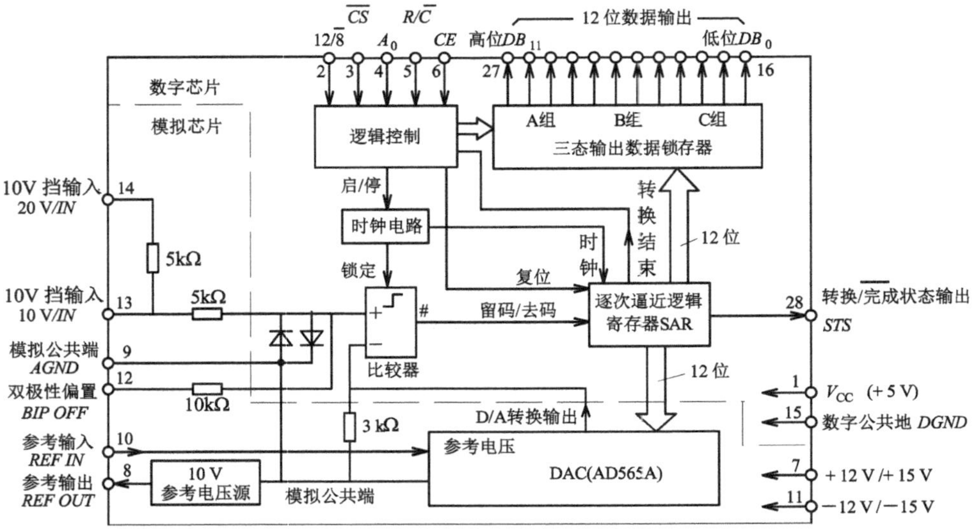

图 8-20 AD574A 结构框图

表 8-3 AD574A 引脚说明

引脚号	符 号	名 称	说 明
1	V_{CC}	电源	数字芯片正电源电压输入端。电源电压为+5 V
11	−12 V/−15 V	电源	为 DAC 提供负电源电压。电源电压值为−12 V 或−15 V
7	+12 V/+15 V	电源	为 DAC 提供正电源电压，并为参考电压源提供正电源电压
8	*REF OUT*	参考输出	内部+10 V 参考电压源电压输出端
10	*REF IN*	参考输入	参考电压输入端。或外接参考电压输入，或通过电阻连 8 脚，使用 8 脚提供电压
12	*BIP OFF*	双极性偏置	通过选择该端连接方式，设置允许输入电压极性为双极性或单极性
13	10 V/*IN*	10 V 量程输入	0～10 V 模拟电压输入端
14	20 V/*IN*	20 V 量程输入	0～20 V 模拟电压输入端
16～27	DB_0～DB_{11}	数据输出端	12 位数据输出端。DB_0 为低位（LSB），DB_{11} 为高位（MSB）
3	$\overline{CS}$	片选	低电平有效
6	*CE*	片使能	片使能信号端，高电平有效。正常使用时，只有 CE=1 且 $\overline{CS}$=0，芯片才能工作
5	$R/\overline{C}$	读/转换控制	$R/\overline{C}$=0 时，启动转换；$R/\overline{C}$=1 时，读出数据
28	*STS*	标志输出	STS=1，表示 A/D 转换正在进行；STS=0，表示 A/D 转换完成，可以读出数据
4	A_0	数据输出长度控制	在转换之前，如果 A_0=0，按完整的 12 位 A/D 转换方式工作；如果 A_0=1，按 8 位 A/D 转换方式工作 在读操作（$R/\overline{C}$=1）期间，如果 A_0=0，允许三态缓冲器输出转换结果的高 8 位；如果 A_0=1，允许三态缓冲器输出转换结果的低 4 位 A_0 控制一般要和 $12/\overline{8}$ 端控制信号结合使用
2	$12/\overline{8}$	数据输出格式控制	（$12/\overline{8}$）=1 时，对应 12 位并行输出 （$12/\overline{8}$）=0 时，与 A_0 配合，使数据分为 8 位双字节两次输出：A_0=0 时，输出高 8 位；A_0=1 时，输出低 4 位，并用 4 个 0 补足尾随的 4 位 须注意，$12/\overline{8}$ 端只能用硬布线接到+5 V 或 0 V 上

AD574A 工作过程如下：当逻辑控制电路接到转换指令（$\overline{CS}$=0, CE=1, $R/\overline{C}$=0）后，立即启动时钟电路，同时将 SAR 清零。第一个时钟送入 SAR 后，输入信号首先与 DAC 对应的 SAR 最高位输出电压在比较器中相比较，判断 SAR 最高位的取舍。然后在时钟控制下，按顺序逐次进行比较，一直到 SAR 各位数码都被确定，这时 SAR 向逻辑控制电路送回结束信号，转换结束，时钟电路输出状态变低，将比较器锁定。当外部输入读数指令（$\overline{CS}$=0, CE=1, $R/\overline{C}$=1）时，逻辑控制电路发出指令，三态输出数据锁存器向外输出数字信号，将数据读出。

AD574A 可为单极性输入或双极性输入，如图 8-21 所示。其操作方式见表 8-4。

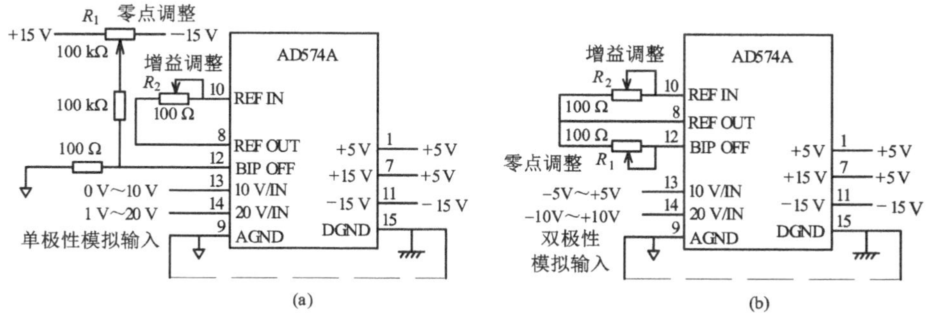

图 8-21　AD574A 输入电路与参考源电路

表 8-4　AD574A 操作方式表

CE	$\overline{CS}$	$R/\overline{C}$	$12/\overline{8}$	A_0	工作状态
0	×	×	×	×	禁止
×	1	×	×	×	禁止
1	0	0	×	0	启动 12 位转换
1	0	0	×	1	启动 8 位转换
1	0	1	接 1 脚（+5 V）	×	12 位并行输出有效
1	0	1	接 15 脚（0 V）	0	高 8 位并行输出有效
1	0	1	接 15 脚（0 V）	1	低 4 位加上尾随 4 个 0 输出有效

5. 取样-保持电路

在介绍以上各种 ADC 时没有考虑输入模拟信号的变化。事实上，对于高速变化的模拟信号，在 A/D 转换前必须先经过取样-保持环节。这是因为 A/D 转换需要一定的时间，要将时间上连续变化的模拟量变成时间上离散的数字量，就需要每隔一定时间间隔对模拟信号进行一次测量，抽取样值，并保持取样电压直到下一个取样时刻。原则上只有对直流或变化十分缓慢的信号才可以不使用取样-保持电路。

图 8-22 所示为一种简单的取样-保持电路。图中，G 是模拟开关，A_1、A_2 均接成跟随器，C_H 为保持电容。取样期间，取样脉冲 S（t）为高电平，G 接通，C_H 两端电压 u_C 及输出电压 u_o 跟随输入电压 u_i 变化，即 $u_o=u_C=u_i$；保持期间，S（t）为低电平，G 断开，若集成运算放大器的输入电阻足够大，则 C_H 两端的电压几乎不变，一直保持到下一个取样信号到来。当 G 再接通时，u_o 又跟随 u_i 变化。图 8-22（b）所示是 u_i、u_o 波形，其中细实线是 u_i，粗实线是 u_o。

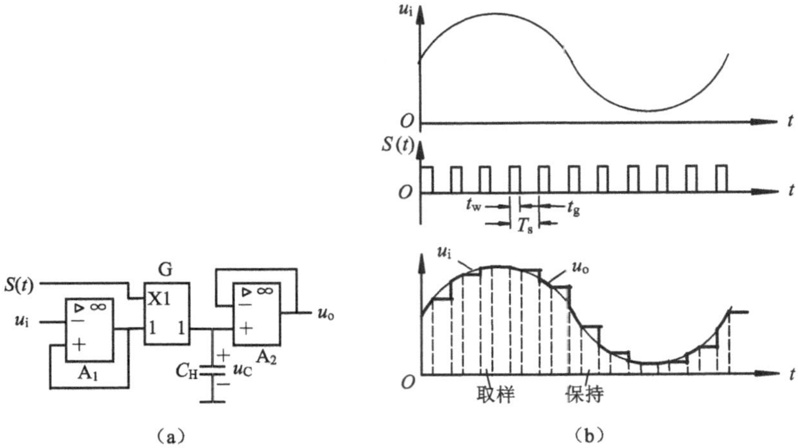

图 8-22 取样-保持电路

为了保证取样的精度，要求取样周期 T_s 必须满足

$$T_s \leqslant \frac{1}{2f_{i\max}} \tag{8-4}$$

上式称为取样定理。其中 $f_{i\max}$ 是输入模拟信号 u_i 中的最高频率分量。通常选取取样频率 f_s 为

$$f_s=1/T_s=（2.5\sim3）f_{i\max} \tag{8-5}$$

8.2.3 ADC 的主要参数

（1）分辨率与量化误差

分辨率又称分解度，是描述 ADC 转换精度的参数，习惯上用输出二进制数位数或者 BCD 码位数表示。因为对同一模拟电压，描述它的数字量位数越多，则量化单位越小，转换精度越高。例如，ADC0809 的分辨率为 8 位，即该转换器输出数据可用 2^8 个二进制数进行量化，分辨率为 1*s*（手册上记作 1 LSB）。

BCD 码输出的 ADC，用位数表示分辨率的方法举例说明如下：ICL7135 双积分式 ADC 分辨率为 $4\frac{1}{2}$ 位，意味着输出满度字为 $0001\ 1001\ 1001\ 1001\ 1001_{BCD}$，对应十进制数为 19 999。

量化误差和分辨率是统一的。量化误差是由于用有限个数字量对模拟数值进行离散取值（量化）而引起的误差。因此，量化误差理论上为一个单位分辨率，即 1 LSB 或±1/2 LSB。提高分辨率可减少量化误差。

（2）转换时间与转换速率

转换时间定义为 ADC 完成一次完整转换所需要的时间，即从输入端加入信号到输出端出现相应数码的时间。

转换速率是转换时间的倒数。

目前，转换时间最短的 ADC 为全并行型 ADC，用双极型或 CMOS 工艺制作的高速型转换时间为 5～50 ns，即转换速率达 20～200 MHz。其次是逐次比较型 ADC，若采用双极型制造工艺，转换时间达到了 0.4 μs，即转换速率为 2.5 MHz。

ADC 按转换时间分类：转换时间在 20～300 μs 的为中速型；大于 300 μs 的为低速型；小于 20 μs 的为高速型。

选用 ADC，要考虑的主要参数是转换速度和分辨率。

8.3　本章小结

1．ADC 与 DAC 是模拟系统与数字系统间的接口电路。评价 ADC 与 DAC 的主要指标是转换精度和速度。

2．DAC 是利用权电流求和及电流-电压放大器使输出电压与输入数字量成正比的。

3．ADC 包括取样-保持电路和量化-编码电路两部分。取样-保持电路有许多集成产品，可供直接选用。本章介绍了三种量化-编码电路。其中速度最快的是并行比较型。逐次逼近型的速度略低一些，在需要质量好而速度较快的转换器件时是最常用的。双积分型的转换速度最慢，由于有抑制 50 Hz 市电干扰的优点，在数字式直流电压表中得到广泛应用。

8.4　习题 7

8-1　DAC 的功能是什么？

8-2　有一个 8 位 DAC 的满值输出为 10 V。求输入为 10110010 时的输出模拟电压。

8-3　在图 8-4 所示的 DAC 中，输入数字量为 8 位，R=1 kΩ，V_{REF}=1 V。求：

（1）输入为全 1 时的输出电压；

（2）输入为全 0 时的输出电压；

（3）输入为 10110010 时的输出电压。

8-4　ADC 的功能是什么？

8-5　在图 8-13 中，若 V_{REF}=8 V，输入电压 u_i=2.82 V，求输出数字量。

8-6　画出输出为 2 位二进制数码的并行 ADC 原理图，并推导编码器逻辑表达式。

8-7　在图 8-15 中，若 E_{oA}=6 V，输入电压 u_i=2.82 V，ADC 输出 5 位，求输出数字量。

8-8　在图 8-16 中，若 V_{REF}=6 V，计数器模 16，输入电压 u_i=2.82 V，求输出数字量。

8-9　双积分型 ADC 为什么要求 $|u_i| \leqslant |V_{REF}|$，且要求 u_i 与 V_{REF} 极性相反？

8-10　已知 AD574A 转换输出为 12 位二进制码。求输入量程分别为 0～10 V、0～20 V 时的分辨率值及最大总量化误差。

8-11　为什么在集成 ADC 或 DAC 中分设模拟地和数字地？

8-12　如果图 8-19 所示的数字电压表能够测量交流电压，那么需要增加什么电路部分？ADC 能否使用并行比较型或逐次逼近型？

8.5　实验

实验 16.　DAC

实验目的：进一步理解 D/A 转换原理，熟悉 DAC 的使用方法。

实验用设备：数字电路通用实验仪，双电压直流电源，数字电压表。

实验用器件：AD7524 一片，CF353 一片。

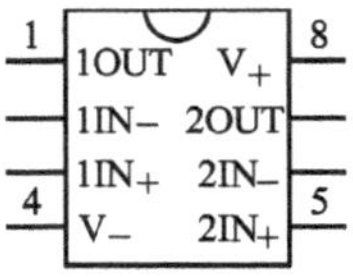

实验图 16-1

说明：CF353 为双运算放大器，内部有失调电压调节，输入电流小，输入电阻高。极限参数为：电源电压±18 V；差模输入电压±30 V；共模输入电压±15 V。引脚排列见实验图 16-1。

实验参考电路见图 8-7。

（1）将实验仪逻辑开关 S_0～S_7 接至 AD7524 数据输入端 d_0～d_7，开关 S_8、S_9 分别接至 AD7524 片选端 $\overline{CS}$ 与写控制端 $\overline{WR}$ 。

（2）检查电路连接无误后，接通电源。按实验表 16-1 输入数字量 d_7～d_0，用数字电压表测量输出电压 u_o，并与理论计算值比较。

实验表 16-1

使能输入		数据输入								单极性输出 u_o（V）		双极性输出 u_o（V）	
		d_7	d_6	d_5	d_4	d_3	d_2	d_1	d_0	测量值	计算值	测量值	计算值
0	0	0	0	0	0	0	0	0	0				
		0	0	0	0	0	0	0	1				
		0	0	0	0	0	0	1	0				
		0	0	0	0	0	0	1	1				
		0	0	0	0	0	1	0	0				
		……											
		1	1	1	1	1	1	1	0				
		1	1	1	1	1	1	1	1				
×	1	0	0	0	0	0	0	0	0				
		0	0	0	0	0	0	0	1				
		0	0	0	0	0	0	1	0				
		……											
		1	1	1	1	1	1	1	0				
		1	1	1	1	1	1	1	1				
1	×	0	0	0	0	0	0	0	0				
		0	0	0	0	0	0	0	1				
		0	0	0	0	0	0	1	0				
		……											
		1	1	1	1	1	1	1	0				
		1	1	1	1	1	1	1	1				

目标检测

一、单项选择题

1．与十进制数 29.125 对应的二进制数、十六进制数是____。

A　10111.001、1D.2　　B　11101.001、2.1D

C　11101.001、1D.2　　D　10111.001、2.1D

2．与二进制数 101101.101 对应的十进制数、十六进制数、八进制数是____。

A　45.625、2A.D、52.5　　B　45.625、2D.A、55.5

C　42.125、2D.A、55.5　　D　42.125、2A.D、52.5

3．与 19.5_{10} 对应的 8421BCD 码是___。

A　10011.1000　　B　11111.0101　　C　11000.0111　　D　11001.0101

4．图 T1 中，能实现 $F=A\overline{B}+\overline{A}B$ 的逻辑电路是____。

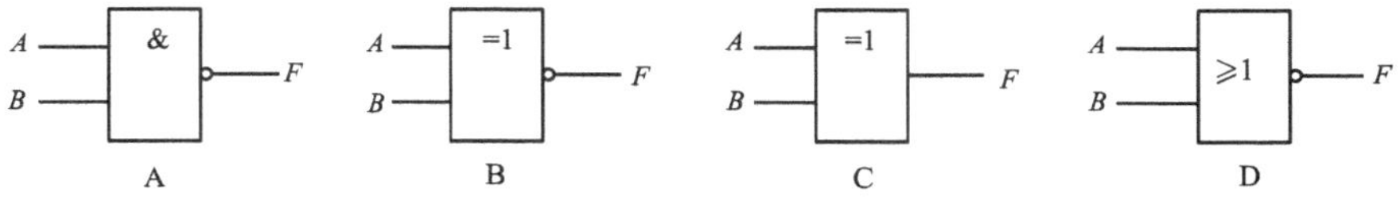

图 T1

5．完成图 T2 所示波形关系的逻辑函数表达式为_____。

A　$F=\overline{A+B}$　　B　$F=\overline{AB}$　　C　$F=A\oplus B$　　D　$F=AB$

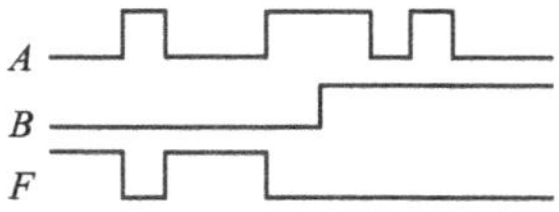

图 T2

6．某真值表见表 T1，完成该真值表功能的波形图是图 T3 中的____。

表 T1

A	B	Y
0	0	1
0	1	0
1	0	0
1	1	1

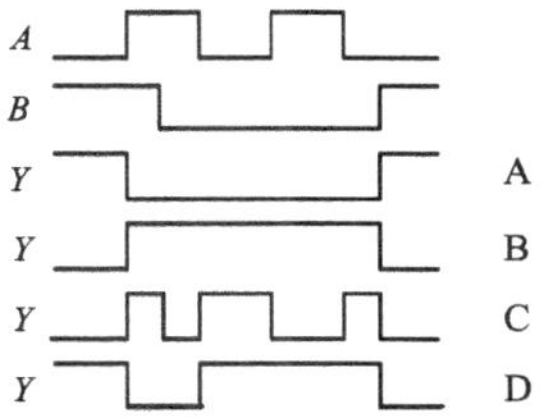

图 T3

7．与 $AB+\overline{A}C+\overline{B}C$ 相等的表达式是______。

A $AB+\overline{A}C$　　B $AB+\overline{B}C$　　C $AB+C$　　D $\overline{A}C+\overline{B}C$

8．与 $AB+\overline{B\overline{C}+\overline{CD}}$ 对应的对偶式、反函数是______。

A $A+B\ \overline{B+\overline{C}\ \overline{C+D}}$、$(\overline{A}+\overline{B})\ \overline{(\overline{B}+C)\ \overline{\overline{C}+\overline{D}}}$

B $(A+B)\ \overline{B+\overline{C}\ \overline{C+D}}$、$(\overline{A}+\overline{B})\ \overline{(\overline{B}+C)\ \overline{\overline{C}+\overline{D}}}$

C $(\overline{A}+\overline{B})\ \overline{(B+\overline{C})\ \overline{C+D}}$、$(A+B)\ \overline{(B+\overline{C})\ \overline{C+D}}$

D $(A+B)\ \overline{(B+\overline{C})\ \overline{C+D}}$、$(\overline{A}+\overline{B})\ \overline{(\overline{B}+C)\ \overline{\overline{C}+\overline{D}}}$

9．$F=B\overline{C}\,\overline{D}+\overline{A}\,\overline{B}D+AD+\overline{A}B\overline{C}+\overline{A}BCD$ 的最简或非式为_____。

A $\overline{\overline{\overline{B}+\overline{D}}+\overline{C+\overline{D}}}$　　B $\overline{\overline{D}+\overline{\overline{B}+C}}$

C $\overline{\overline{B+D}+\overline{\overline{C}+D}}$　　D $\overline{\overline{\overline{B}+\overline{D}}\ \overline{C+\overline{D}}}$

10．在用图 T4 所示卡诺图化简逻辑函数时，按要求正确画圈的是____。

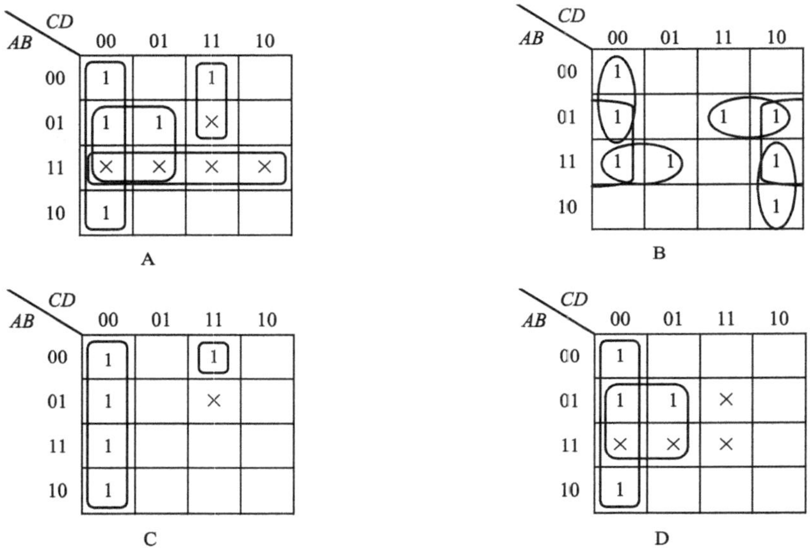

图 T4

11．中规模数字集成电路包含____个门电路。

A 1～10　　B 10～100　　C 100～1 000　　D 1 000 以上

12．在数字电路中，正逻辑规定用___分别表示高、低电平。

A 1、0　　B 0、1　　C 0、0　　D 1、1

13．以下逻辑门电路中，输出端能直接实现线逻辑的 TTL 门电路是____。

A OC 门　　B 与非门　　C 3S 门　　D 异或门

14．在印制电路板上，每隔 5 块左右的数字集成电路就加接一个 0.01～0.1 μF 的电容，此电容是___。

A 检波电容　　B 积分电容　　C 隔直流电容　　D 抗干扰滤波电容

15．图 T5 所示 TTL 电路中，当$\overline{EN}$=0、1 时，F 分别是____。

A $\overline{A}$、$\overline{B}$　　B $\overline{A}$、$\overline{A+B}$　　C $\overline{A+B}$、$\overline{B}$　　D $\overline{A+B}$、$\overline{A}$

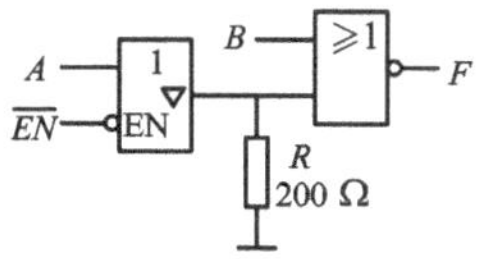

图 T5

16. TTL 门电路特性如图 T6（a）所示，图（b）电路中输出电压 U_O=0.2 V 的是____。

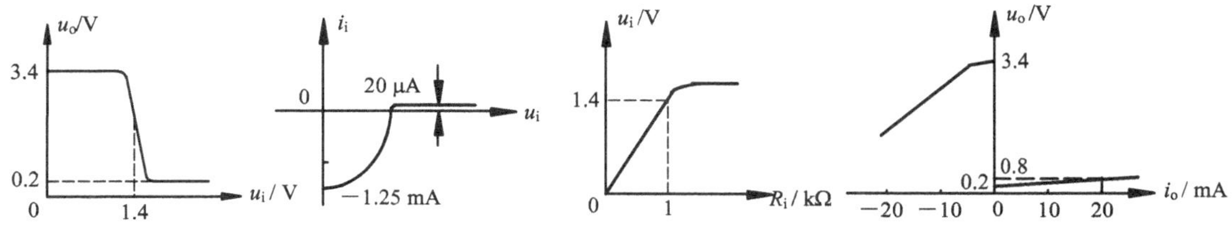

（a）

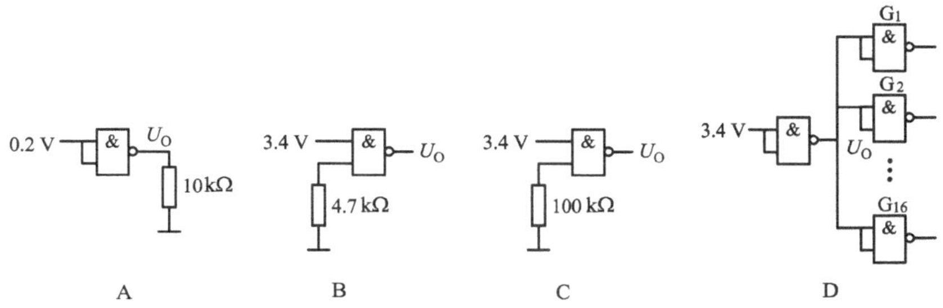

（b）

图 T6

17. 图 T7 所示电路中 TTL 门参数：I_{IH}=15 μA，I_{IS}=1. 5 mA，I_{OH}=400 μA，I_{OL}=15 mA，则该电路的扇出系数 N_O 为____。

A　13　　B　14　　C　10　　D　26

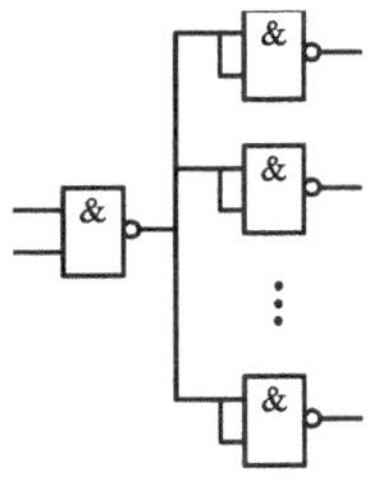

图 T7

18. ____触发器存在空翻。

A　边沿触发　　B　上升沿触发

C　下降沿触发　　D　电平触发

19. ____被称为锁存器。

A　同步触发器　　B　主从触发器

C　边沿触发器　　D　集成触发器

20. 当 T 触发器的 T=1 时，触发器具有____功能。

A　保持　　B　禁止　　C　计数　　D　复位

21. 图 T8 所示的 CMOS 电路，能实现 $F=\overline{AB}$ 的电路是____。

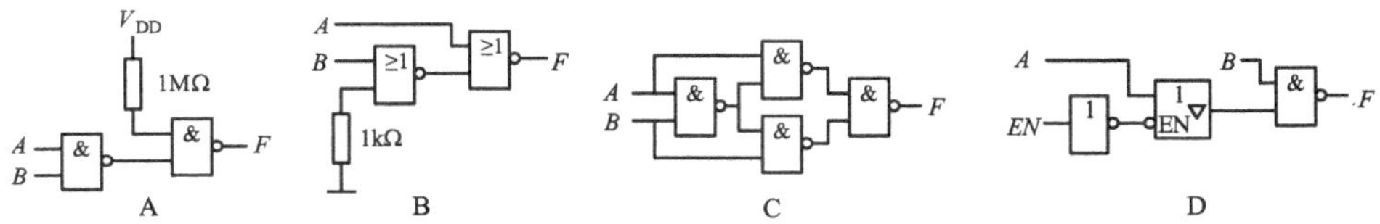

图 T8

22．下降沿 JK 触发器，当现态为 0 时，只要 CP 下降沿前时刻____，对应 CP 下降沿触发器状态就翻转。

A　K=0　　B　K=1　　C　J=0　　D　J=1

23．时序电路的异步复位信号作用于复位端时，可使时序电路____复位。

A　在 CP 上升沿　　B　在 CP 下降沿　　C　在 CP 为高电平期间　　D　立即

24．某触发器的状态图如图 T9 所示，则该触发器的逻辑功能属____。

A　RS 触发器　　B　T 触发器　　C　JK 触发器　　D　D 触发器

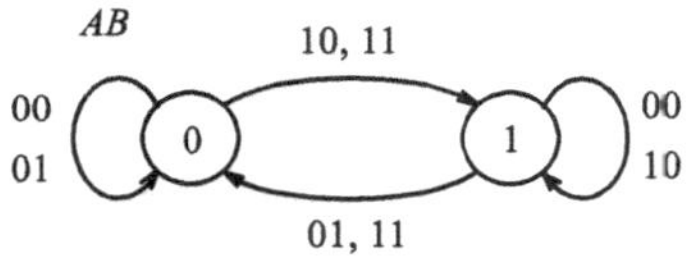

图 T9

25．存在一次翻转现象的触发器是____。

A　同步 JK 触发器　　B　主从 JK 触发器

C　上边沿 JK 触发器　　D　负边沿 JK 触发器

26．组合逻辑电路与时序逻辑电路的主要区别是______。

A　输出信号是否与前一时刻电路状态有关

B　是否有时钟信号

C　是否包含门电路

D　包含门电路的数量

27．要组成十二进制计数器，至少应有____级触发器。

A　2　　B　4　　C　5　　D　10

28．5 级触发器组成的计数器，其最大模是_____。

A　五进制　　B　十进制　　C　三十二进制　　D　六十四进制

29．图 T10 所示状态图中，能自启动的时序电路是_____。

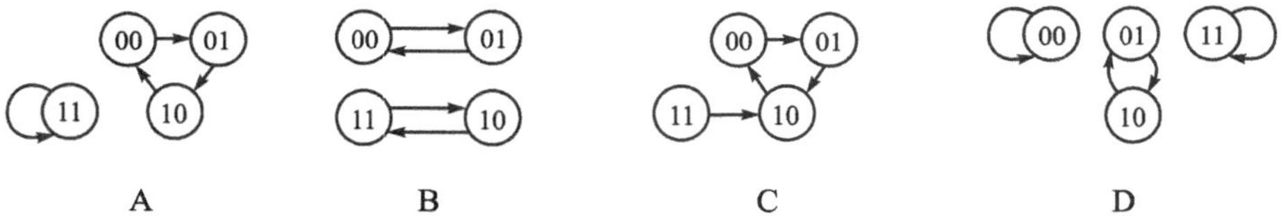

图 T10

30．图 T11 波形图所对应的状态图为____。

A　000→001→010→011→100→101→000

B　000→001→100→011→101→010→000

C　000→001→010→011→100→101→110

D　000→001→011→010→110→100→000

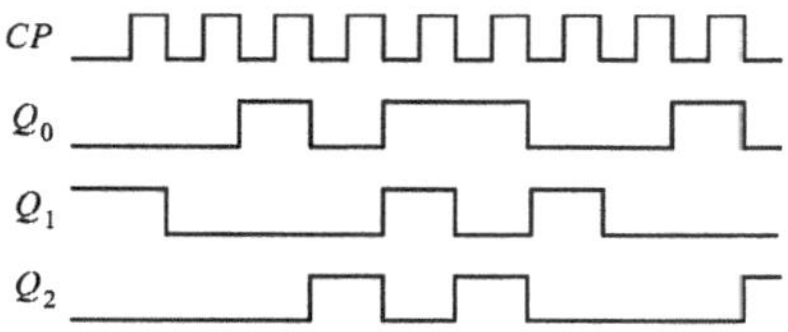

图 T11

31．已知左移移存器的现态为1101，其次态为____。

A　1110或0110　　B　1011或1010　　C　1001或0110　　D　0010或0101

32．图T12中，____为365进制计数器。

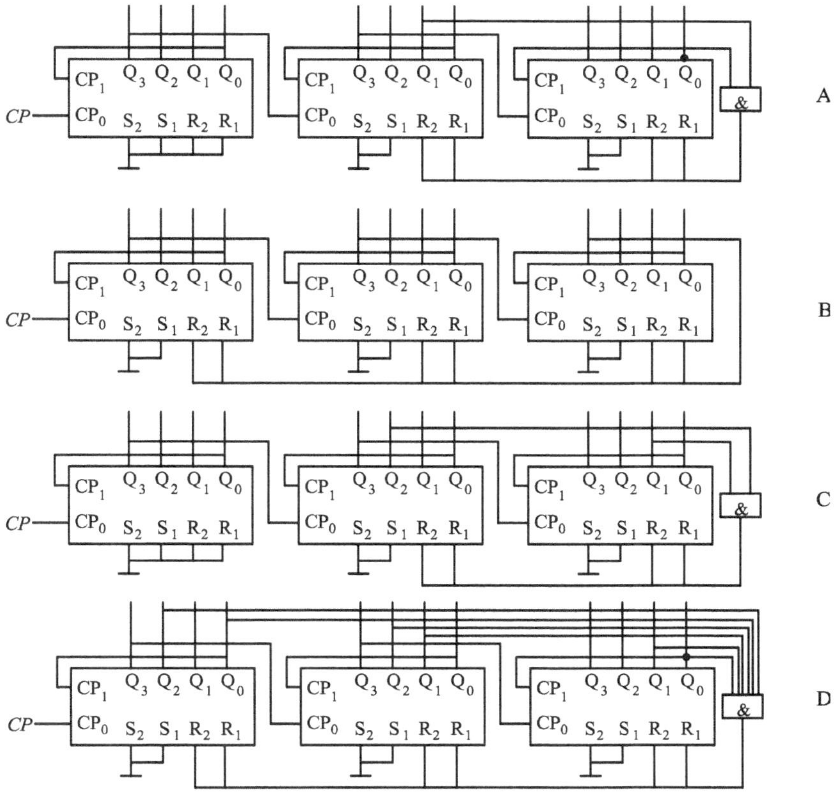

图T12

33．一个字节是____个二进制位。

A　1　　B　8　　C　10　　D　16

34．对存储器进行读/写时，是对一个____进行读/写。

A　存储矩阵　　B　存储单元　　C　字节　　D　存储位

35．存储器的存储容量为64 KB，如果采用双译码方式，则行地址线与列地址线的线数分别为______。

A　8，8　　B　10，6　　C　1024，64　　D　无法确定

36．PLD是____器件。

A　开关　　B　放大　　C　稳压　　D　可编程

37．RC电路，输出电压取自电阻两端，当输入电压周期 T=10 μs，占空比为1/2，R=15 kΩ，C=20 pF时，输出电压波形为____。

A　三角波　　B　锯齿波　　C　尖脉冲　　D　矩形波

38．如果脉冲分压器加速电容为5 pF，与之并联的电阻为10 MΩ，负载电阻和电容分别为1 MΩ、20 pF，则加速电容的补偿是____。

A　过补偿　　B　最佳补偿　　C　欠补偿　　D　无法确定

39．将输入不规则的波形转换为脉冲宽度和幅度都相等的矩形波，可以选用____。

A 施密特触发器 B 多谐振荡器 C 单稳态触发器 D 数据选择器

40．能定时的电路是____。

A 译码电路 B 多谐振荡电路 C 施密特电路 D 单稳态电路

41．将正弦波变为同频率的矩形波，应选用______。

A 施密特触发器 B 多谐振荡器 C 单稳态触发器 D 脉冲分配器

42．555 定时器的阈值输入端是____脚。

A 2 B 4 C 5 D 6

43．555 定时器，改变电压控制端电压，可改变____。

A 触发输入端电平 B 定时器输出高、低电平

C 放电管开关电平 D 置 0 端电平

44．555 定时器置 0 端不用时，一般与____相连。

A 阈值输入端 B 触发输入端 C 地 D 电源正端

45．图 T13 所示的单稳态电路，当改变控制端电压值时，可以改变____。

A 输出电压高、低电平 B 输出电压脉冲宽度

C 输出电压周期 D 输出电压频率

46．图 T14 所示是救护车发音电路，第一级与第二级电路分别为____。

A 单稳态触发器、单稳态触发器 B 单稳态触发器、多谐振荡器

C 多谐振荡器、单稳态触发器 D 多谐振荡器、多谐振荡器

47．图 T14 所示电路，调节____可以调节音响效果。

A R_1 B R_2 C R_5 D R_6

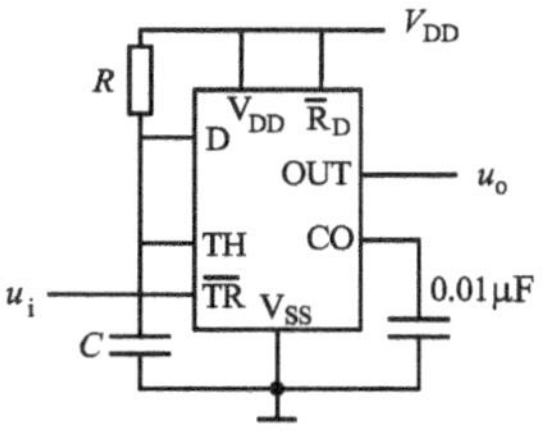

图 T13

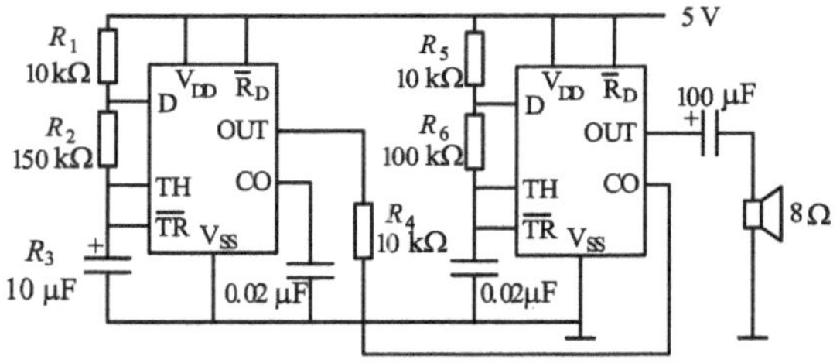

图 T14

48．8 位 DAC 基准电压 V_{REF}=−12 V，当输入为 00000001 时，u_o=−___ mV。

A 1 B 46.875 C 11 953.125 D 12 000

49．DAC 最小分辨电压为 5 mV，最大满刻度输出电压为 10 V，则输入数字量的位数是____位。

A 8 B 10 C 11 D 12

50．在需要抑制 50 Hz 市电干扰，并且转换速度要求不高的情况下，可以选用____ADC。

A 并行比较型 B 逐次逼近型 C 双积分型 D 集成型

二、多项选择题

1．脉冲电路的作用是____。

A 产生脉冲信号 B 放大脉冲信号 C 变换脉冲信号 D 传送脉冲信号

2．数字电路能够对数字信号进行____。

A　运算　　B　存储　　C　整形　　D　编、解码

3．以下____是 $A\overline{B}C$ 的逻辑相邻项。

A　ABC　　B　$\overline{A}B\overline{C}$　　C　$A\overline{B}\,\overline{C}$　　D　$\overline{A}\,\overline{B}C$

4．化简 $F=\sum m(0,2,5,7,8)$，约束条件 $AB+AC=0$ 的最简结果是____。

A　$BD+\overline{B}\,\overline{D}$　　B　$(\overline{B}+D)(\overline{A}+B+D)$

C　$(B+D)(\overline{B}+\overline{D})$　　D　$\overline{(B+D)(\overline{B}+\overline{D})}$

5．TTL 电路如图 T15 所示，电路中有错误的是____。

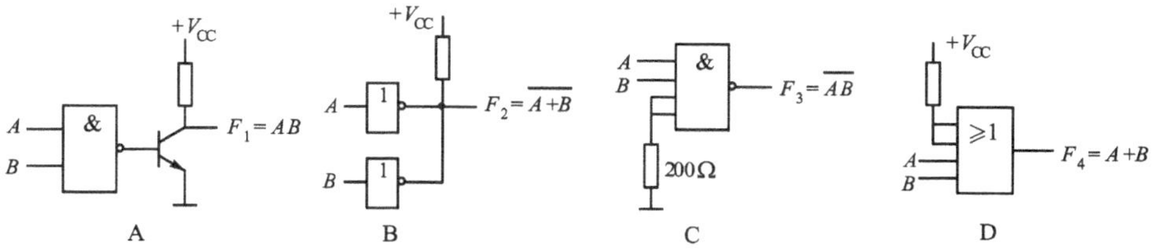

图 T15

6．以下_______系列是 TTL 电路。

A　54　　B　LS　　C　4000　　D　74HC

7．接口电路的作用是____。

A　增加扇入、扇出系数　　B　提供负载门所要求的驱动能力

C　匹配驱动门与负载门电平　　D　实现 TTL 与 CMOS 门的连接

8．利用_______能实现总线的分时复用。

A　OC 门　　B　三态门

C　数据选择器及数据分配器　　D　双向开关

9．时钟信号是_______。

A　控制信号　　B　输入信号　　C　输出信号　　D　矩形信号

10．为防止 JK 触发器发生一次翻转，应_____。

A　减小 CP 脉冲宽度　　B　在 CP 有效期保持 J、K 信号不变

C　减小 J 信号宽度　　D　减小 K 信号宽度

11．计数器能够____。

A　累计脉冲个数　　B　对脉冲信号分频

C　将串行数据转变成并行数据　　D　定时

12．图 T16 中为六进制计数器的电路是____。

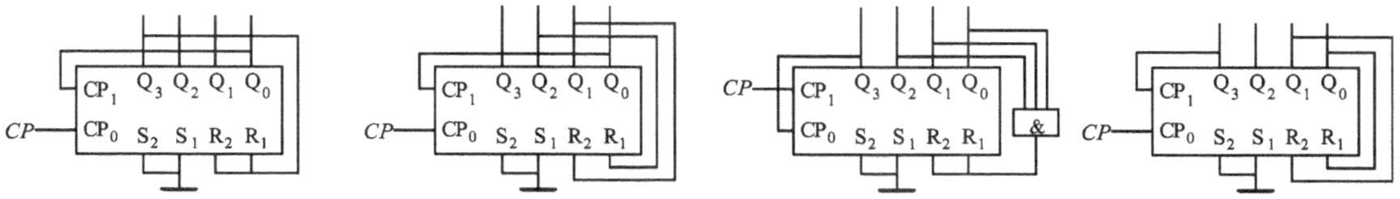

图 T16

13．图 T17 中，能构成十一进制计数器的是____。

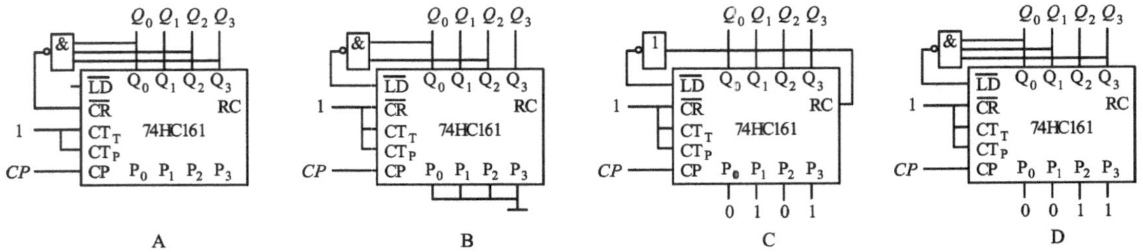

图 T17

14．ROM 的特点有______。

A　可以读数据　　B　可以写数据　　C　非破坏性读出　　D　易失性

15．与 SRAM 相比较，DRAM 的优点是_______。

A　存取速度快　　B　不需要刷新　　C　功耗低　　D　集成度高

16．存储器两个最重要的指标是______。

A　译码结构形式　　B　存储容量　　C　单元位数　　D　读取速度

17．以下属于电擦除可编程的 ROM 是_______。

A　PROM　　B　EPROM　　C　E^2PROM　　D　Flash ROM

18．1K=_____。

A　1 000　　B　1 024　　C　2^{10}　　D　2^{20}

19．单稳态电路的主要特点有_____。

A　具有一个稳态和一个暂稳态

B　在外来触发脉冲作用下，电路能从稳态翻转为暂稳态

C　在暂稳态持续一段时间后，能自动返回到稳态

D　暂稳态持续时间的长短与触发脉冲无关，而是由电路参数决定

20．单稳态电路的主要用途有_____。

A　定时　　B　整形　　C　延时　　D　计数

21．施密特电路的主要特点有_____。

A　有两个稳态

B　两个稳态要依靠输入信号维持

C　依靠输入信号幅度变化来实现两种状态的转换

D　输出与输入电压间具有滞回特性，所以具有很好的抗干扰能力

22．施密特电路的主要用途有_____。

A　定时　　B　整形　　C　波形变换　　D　幅度鉴别

23．555 定时器的置 0 端是_____。

A　同步置 0　　B　直接置 0　　C　同步复位　　D　直接复位

24．DAC 的主要参数有_____。

A　分辨率　　B　转换精度　　C　失调误差　　D　满值误差

25．ADC 的主要参数有_____。

A　量化误差　　B　分辨率　　C　转换时间　　D　转换速率

三、判断以下各题的正误

1．广义地讲，凡不连续的非正弦电压、电流信号都可以称为脉冲信号。

2．既然约束项所对应的逻辑函数值可看作 1，也可看作 0，因此对输入变量可以不作任何要求。

3．调试数字电路时，连接电源的正确步骤是，先接入直流电源，再接交流电源。断电时，先断开直流电源，再断交流电源。

4．数字电路通电后，可以任意插拔电路中的元器件。

5．每块数字集成电路在工作时，都要连接上直流电源。

6．有源推拉式输出的门电路输出端可以并联。

7．同一块集成电路中的同类型 CMOS 门电路可以并联使用，以提高驱动能力。

8．门电路的噪声容限越小，抗干扰能力越强。

9．门电路工作时的功耗越大越好。

10．低电平有效的三态门，当使能端为低电平时，输出端呈高阻态。

11．三态门的输出端可以直接相连，但同一时刻只能允许一个三态门有效，其他三态门要处于高阻状态。

12．门电路的传输延迟时间越小，所允许的最高工作频率越高。

13．存放 CMOS 电路的容器可以是任意材料制成的。

14．MOS 数字集成电路，未用的输入端允许悬空。

15．优先编码器只对同时输入的信号中的优先级别最高的一个信号编码。

16．奇偶校验电路的功能是，利用输出信号的逻辑取值反映输入信号中含 1 的总个数是奇数还是偶数。

17．三态门与数据选择器的输出端都能接数据总线，且两者的工作原理相同。

18．4 位数值比较器进行数值比较时，是从低位到高位进行比较。

19．ALU 能够执行算术运算和逻辑运算。

20．全加器的功能是将本位的两个数与低位的进位数相加，得本位和。

21．组合逻辑电路中有竞争就一定会导致冒险发生。

22．Cache 是 RAM 中存储速度最慢的。

23．与 E^2PROM 相比，Flash Memory 的集成度高，成本低。

24．单稳态电路与施密特电路的整形作用相同。

25．晶体振荡器的振荡频率取决于晶体的标称串联谐振频率。在调试中，如果出现停振现象，可适当调整电路中电阻的阻值。

读者意见反馈表

书名：数字与脉冲电路（第2版）　　**主编：**徐新艳　　**责任编辑：**宋兆武　韩玲玲

谢谢您关注本书！烦请填写该表。您的意见对我们出版优秀教材、服务教学，十分重要。如果您认为本书有助于您的教学工作，请您认真地填写表格并寄回。**我们将定期给您发送我社相关教材的出版资讯或目录，或者寄送相关样书。**

个人资料

姓名________年龄____联系电话________（办）________（宅）________（手机）

学校________________专业________职称/职务________

通信地址________________ 邮编________E-mail________

您校开设课程的情况为：

本校是否开设相关专业的课程　□是，课程名称为________________　□否

您所讲授的课程是________________课时________

所用教材________________出版单位________印刷册数____

本书可否作为您校的教材？

□是，会用于________________课程教学　□否

影响您选定教材的因素（可复选）：

□内容　□作者　□封面设计　□教材页码　□价格　□出版社

□是否获奖　□上级要求　□广告　□其他________________

您对本书质量满意的方面有（可复选）：

□内容　□封面设计　□价格　□版式设计　□其他________

您希望本书在哪些方面加以改进？

□内容　□篇幅结构　□封面设计　□增加配套教材　□价格

可详细填写：________________________________

____

您还希望得到哪些专业方向教材的出版信息？

____

谢谢您的配合，请将该反馈表寄至以下地址。如果需要了解更详细的信息或有著作计划，请与我们直接联系。

通信地址：北京市万寿路173信箱　中等职业教育教材事业部　　**邮编：**100036

http://www.hxedu.com.cn　　E-mail:ve@phei.com.cn　　**电话：**010-88254600；88254591

反侵权盗版声明